JN441265

기초분석화학

황 훈 저

자유아카데미

머리말

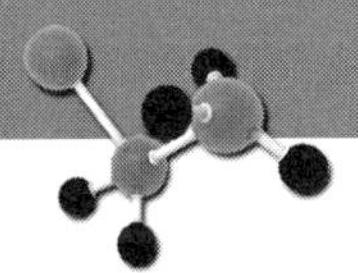

이 교재는 고전적 분석 기법들을 다루는 한 학기용 교과목을 위해 제작되었습니다. 따라서 이 교재에 실려 있는 주제들의 내용과 난이도는, 학부 과정의 학생들이 한 학기라는 짧은 시간 동안 큰 어려움 없이 습득할 수 있을 정도의 수준으로 조정되어 있다고 생각합니다. 이 교재의 전반부에서는 다양한 고전 분석 기법들에 관련된 내용들을 정량적으로 다루는 과정에서 필수적으로 요구되는 주제들인 유효 숫자와 측정값의 통계적 처리 그리고 분석화학에서의 농도를 취급하고 있습니다. 중반부에서는 산과 염기, 난용성염 그리고 EDTA 관련 화학 반응들에 대한 정량적인 취급을 다루고 있으며, 후반부에서는 산-염기 적정분석, 침전 적정분석 그리고 EDTA 적정분석 기법들을 다루고 있습니다.

학부 과정의 학생들이 이 교재에 실려 있는 주제들에 관련된 개념과 원리들을 적절히 이해할 수 있다면, 향후 이 교재에 포함되지 않은 다양한 화학적 분석 기법들을 다루는 과정에서도 그리 큰 어려움은 겪지 않을 것으로 기대합니다. 만일 이 교재를 사용하실 교수님들과 학생들이 이 교재에서 다루고는 있지만 부족한 내용들이 있거나, 이 교재에서 다루지 않는 다양한 화학적 분석 기법들에 관한 정보가 필요한 경우에는 분석화학 관련 전문서적이나 자료들을 참고하시기 바랍니다.

마지막으로 이 교재의 내용 중 이런저런 크고 작은 오류들이 발견될 가능성이 있습니다. 저자로서 그러한 오류들에 대해 미리 사과를 드리며, 이 교재를 사용하실 담당 교수님들과 학생들이 해당 오류들을 적절히 정정하여 주실 것을 부탁드립니다.

2012년 12월

황 훈

목 차

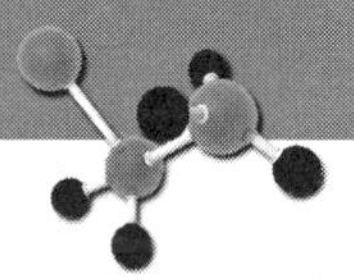

제5장 | 산과 염기 III

제6장 | 난용성 염의 용해도와 침전

제7장 EDTA 착물화 반응

제8장 적정분석

1 유효 숫자와 측정값의 통계적 처리

$[H_3O^+] = \underline{1.34} \times 10^{-6}$ M

pH $= -\log(\underline{1.34} \times 10^{-6})$

$= 5.872895202 = 5.\underline{873}$

신뢰 한계 = 평균값 ± $ts \div N^{\frac{1}{2}}$

1.1 측정값에 관련된 불확실성

1.1.1 개별 측정값의 불확실성

부피 측정값의 불확실성

비커(beaker), 눈금 실린더(graduated cylinder), 뷰렛(burette 또는 buret), 부피측정 피펫(volumetric pipette 또는 volumetric pipet)이나 눈금 피펫(graduated pipette) 그리고 부피측정 플라스크(volumetric flask) 등과 같은 도구들은 일정 부피(volume)의 용액(solution)을 제조하거나 주어진 용기에 담겨있는 용액의 일정 부피를 채취하여 다른 용기에 옮기는 작업 등과 같이 용액을 정량적으로 다루는 작업에 사용한다. 그런데 용액의 부피를 다루는 이러한 도구들은 각각 주어진 크기의 불확실성(uncertainty)을 가진다. 따라서 불확실성을 가진 도구들을 사용하여 다루는 용액의 부피도 역시 최소한 같은 크기의 불확실성을 가질 수밖에 없다. 그림 1-1은 각각 주어진 크기의 세부 눈금들이 표시되어 있는 비커와 눈금 실린더 그리고 뷰렛에 담겨있는 용액의 부피를 읽어내는 작업을 보여주고 있다.

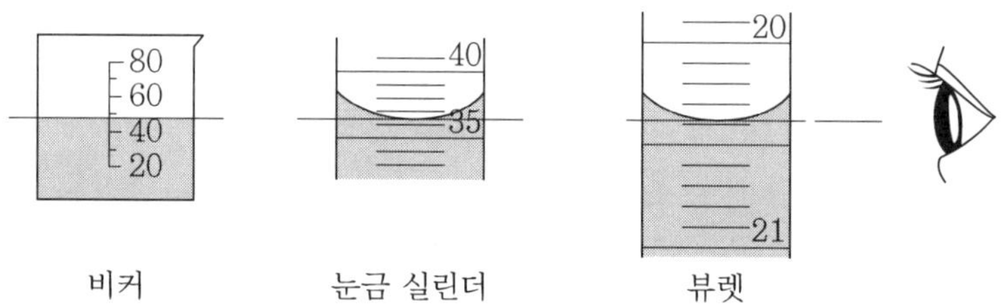

그림 1-1. 다양한 크기의 세부 눈금 척도를 가진 비커, 눈금 실린더 그리고 뷰렛에 담겨 있는 용액의 부피 읽어내기

이제 이들 기구들을 사용하여 용액의 부피를 다루는 작업에서 발생하는 부피 측정값의 불확실성과 그 크기에 관하여 알아보기로 한다.

가. 비커를 사용하는 경우 발생하는 불확실성과 그 크기

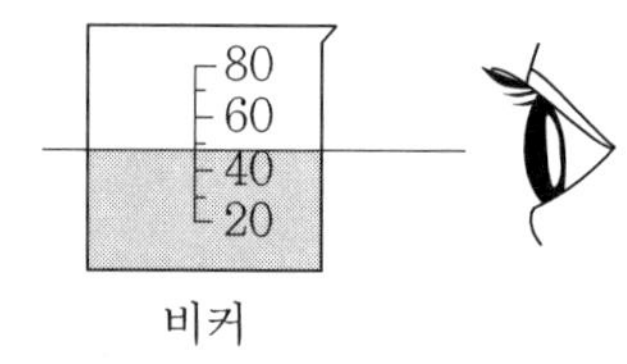

그림 1-1의 비커에는 10 mL 단위의 세부 눈금들이 표시되어 있으며, 이러한 세부 눈금들을 가진 비커에 담긴 용액의 경우 1 mL 단위까지 그 부피 측정값을 읽어낼 수 있다. 즉, 한 실험자는 그림 1-1의 비커에 담긴 용액의 부피를 47 mL라는 측정값으로 읽어낼 수 있는 반면, 다른 실험자는 48 mL라는 측정값으로 읽어낼 수도 있는 것이다. 이와 같이 부피 측정값을 구성하는 수치들 중 1 mL 단위에 해당하는 수치는 실험자의 주관적인 판단 기준에 근거

하여 읽어낼 수밖에 없는 불확실한 수치이다. 그러므로 주어진 실험자가 이 비커를 사용하여 읽어내는 부피 측정값은 최소 ±1 mL 정도의 불확실성을 가질 수밖에 없는 것이다.

나. 눈금 실린더를 사용하는 경우 발생하는 불확실성의 크기

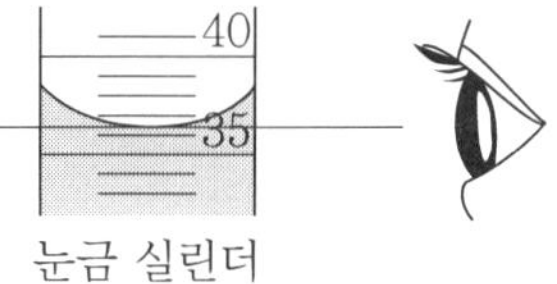

그림 1-1의 눈금 실린더에는 1 mL 단위로 세분화된 눈금들이 표시되어 있다. 이러한 세부눈금들을 가진 눈금 실린더에 담겨있는 용액의 부피는 0.1 mL 단위의 측정값으로 읽어낼 수 있다. 예를 들어 한 실험자는 눈금 실린더에 담겨있는 용액의 부피로 36.5 mL라는 측정값을 얻을 수 있는 반면, 다른 실험자는 36.4 mL라는 측정값을 얻을 수도 있는 것이다. 이와 같이 부피 측정값을 구성하는 수치들 중 0.1 mL 단위에 해당하는 수치는 실험자의 주관적인 판단 기준에 근거하여 읽어낼 수밖에 없는 불확실한 수치이다. 그러므로 주어진 실험자가 이 눈금 실린더를 사용하여 읽어내는 부피 측정값은 최소 ±0.1 mL 정도의 불확실성을 소유할 수밖에 없는 것이다.

다. 뷰렛을 사용하는 경우 발생하는 불확실성의 크기

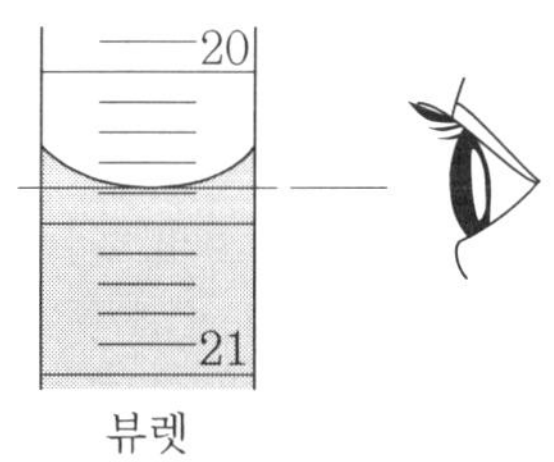

그림 1-1의 뷰렛에는 0.1 mL 단위로 세분화된 눈금들이 표시되어 있으므로, 주어진 실험자는 이 뷰렛에 담긴 용액의 부피를 소수점 이하 두 자리인 0.01 mL까지의 측정값으로 읽어낼 수 있다. 예를 들어 주어진 실험자가 뷰렛에 담긴 용액의 부피로 20.37 mL라는 측정값을 읽어낼 수 있는 반면, 다른 실험자는 20.38 mL라는 측정값으로 읽어낼 수도 있는 것이다. 이 측정값 중 0.01 mL에 해당하는 수치는 실험자의 주관적인 판단 기준에 근거하여 읽어낼 수밖에 없는 불확실한 수치이므로, 주어진 실험자가 이 뷰렛을 사용하여 읽어내는 부피 측정값은 최소 ±0.01 mL의 불확실성을 가질 수밖에 없는 것이다.

그림 1-2는 주어진 크기의 세부눈금을 가진 뷰렛에 담겨있는 용액의 부피를 읽어내는 효율적인 방법을 소개하고 있다.

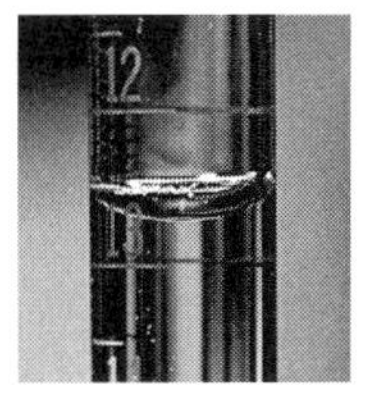

그림 1-2. 뷰렛에 담긴 용액의 메니스커스(meniscus)면이 가리키는 눈금 읽기
뷰렛의 눈금을 읽을 때에는 뷰렛의 뒤에 까만 사각형 부분이 있는 흰 종이를 대고 읽는 것이 도움이 된다. 수용액의 메니스커스면이 12.6 mL 눈금과 12.7 mL 눈금 사이에 위치해 있음을 볼 수 있다.

무게 측정값의 불확실성

화학 저울

여기서는 g 단위의 무게를 소수점 이하 네 자리까지 측정할 수 있는 화학 저울(chemical balance)을 사용하는 경우를 예로 들어본다. 주어진 부피의 용액이 나타내는 무게를 알아내기 위해 화학 저울을 사용하는 경우에는 그 용액의 무게는 3회 이상 반복하여 측정한다. 만일 주어진 용액의 무게를 4회 반복하여 측정한 결과 10.0109 g, 10.0107 g, 10.0108 g 그리고 10.0108 g라는 측정값들이 얻어졌다면, 그 결과는 다음과 같이 보고한다.

> 용액의 무게 = 평균값(average) ± 표준 편차(standard deviation)
> = 10.0108 ± 0.0001 g
>
> 여기서
>
> - 평균값은 3회 이상 반복하여 얻은 무게 측정값들의 대표하는 값(nominal value)이다.
> - 표준 편차는 평균값이 소유하는 불확실성이라 할 수 있으며, 여기서는 표준 편차를 구하는 방법은 다루지 않는다.
>
> ➜ 의미: 4회 반복하여 측정하여 얻어진 용액의 무게 측정값들을 대표하는 측정값은 10.0108 g이다. 그러나 실제 무게 측정 과정에서는 10.0107 g 이상과 10.0109 g 이하 사이의 측정값들도 얻어졌다.

이와 같이 화학 저울을 사용한 무게 측정에서 「평균값 ± 불확실성」의 형태로 무게 측정값을 보고하는 이유는 다음과 같다.

> **「평균값 ± 불확실성」의 형태로 무게 측정값을 보고하는 이유**
>
> 소수점 이하 네 자리까지 무게를 측정할 수 있는 화학 저울의 경우 무게 측정에서 발생할 수 있는 다양한 요인들(예: 무게를 측정하기 전에 0점을 얻는 단계에서 주변의 진동 등에 의한 영향으로 저울의 수치가 「0.0000 g」를 유지하지 못하고 조금씩 변하는 현상)에 의해, 무게 측정값의 소수점 이하 네 번째 자리의 수는 어느 정도의 불확실성(예: ±0.0001 g)을 갖게 된다. 따라서 무게 측정 결과의 신뢰도(degree of reliability)를 높이기 위해서는 주어진 물질의 무게를 최소 3회 이상 반복하여 측정한 후, 평균값을 그 물질의 무게를 대표하는 값으로 보고하면서 그 평균값이 가지는 불확실성도 함께 보고하게 된다.

1.1.2 개별 측정값들을 사용한 계산 결과가 가지는 불확실성

앞에서 주어진 크기의 불확실성을 소유하는 측정 도구들을 사용함에 따라 부피 측정값과 무게 측정값이 가지게 되는 불확실성과 그 크기에 관하여 알아보았다. 만일 주어진 크기의 불확실성을 소유하는 측정값들을 사용하여 「덧셈이나 뺄셈 또는 곱셈이나 나눗셈」과 같은 계산들을 수행하는 경우, 그 계산 결과에는 각 측정값들이 소유한 불확실성들이 전달될 수밖에 없다.

예를 들어보자. 어떤 수용액의 부피 측정값(10.00 ± 0.02 mL)과 무게 측정값(10.0108 ±0.0001 g)을 사용하여, 그 수용액의 밀도(density: 주어진 부피의 물질이 나타내는 무게, g/mL)를 구해보자. 우선 무게 평균값과 부피 평균값만을 사용하여 다음과 같이 수용액의 밀도를 구할 수 있다.

수용액의 밀도
= (수용액의 무게, 단위: g) ÷ (수용액의 부피, 단위: mL)
= (10.0108 g) ÷ (10.00 mL)
= 1.00108 g/mL ➜ 1.001 g/mL (∵ 유효 숫자 개념)

그런데 밀도를 얻기 위해 사용한 무게 측정값과 부피 측정값은 각각 주어진 크기의 불확실성을 소유하고 있었으므로, 계산 결과 얻은 밀도에도 각 측정값들의 불확실성들이 전달될 수밖에 없다. 따라서 수용액의 밀도를 보고하는 경우, 그 밀도가 가지는 불확실성의 크기를 구하여 밀도와 함께 보고해야 한다.

이제 각 유형의 계산에서 계산 결과가 가지게 되는 불확실성의 크기를 결정하는 방법에 관해 알아보기로 한다.

◎ 덧셈과 뺄셈에서 계산 결과가 가지게 되는 불확실성

불확실성을 소유한 측정값들을 사용한 더하기와 빼기에서는, 다음과 같은 식을 사용하여 계산 결과가 가지게 되는 불확실성($e_{결과}$)을 구한다.

$$e_{결과} = (e_1^2 + e_2^2 + e_3^2)^{\frac{1}{2}}$$

$e_{결과}$: 계산 결과의 불확실성
e_1, e_2, e_3: 계산에 사용한 각 측정값의 불확실성

다음의 예를 살펴보자.

예제 1-1

다음의 측정값들을 모두 더한 값은 어떻게 보고해야 하는가?
1.06 ± 0.02, 2.20 ± 0.03, 0.55 ± 0.01, 0.00924 ± 0.00008

풀이 평균값들만을 모두 더한 결과는 다음과 같다.

$$1.06 + 2.20 + 0.55 + 0.00924 = 3.81924$$
$$\Rightarrow 3.82$$
(∵ 유효 숫자 개념)

이제 덧셈 결과(3.82)가 소유하게 될 불확실성을 구한다.

덧셈 결과의 불확실성 = $e_{결과}$
$= (e_1^2 + e_2^2 + e_3^2 + e_4^2)^{\frac{1}{2}}$
$= (0.02^2 + 0.03^2 + 0.01^2 + 0.00008^2)^{\frac{1}{2}}$
$= (0.0004 + 0.0009 + 0.0001 + 0.000000006)^{\frac{1}{2}}$
$= (0.0014)^{\frac{1}{2}}$ (∵ 유효 숫자 개념)
$= 0.03741657387$
$\Rightarrow 0.037$ (∵ 유효 숫자 개념)

이제 덧셈의 결과와 그 불확실성은 다음과 같이 보고한다.

3.82 ± 0.037
⇒ **3.82 ± 0.04**
➜ 불확실성의 소수점 이하 자리수가 덧셈 결과의 소수점 이하 자리수보다 더 많은 경우, 덧셈 결과의 소수점 이하 자리 수에 맞추어준다.

○ 곱셈과 나눗셈에서 계산 결과가 가지게 되는 불확실성

측정값들을 사용한 곱하기와 나누기에서, 계산 결과가 가지는 불확실성($e_{결과}$)을 구하는 방법은 다음과 같다.

$$\%상대e_{결과} = \{(\%상대e_1)^2 + (\%상대e_2)^2 + (\%상대e_3)^2\}^{\frac{1}{2}}$$

%상대$e_{결과}$: 계산 결과의 %상대불확실성
%상대e_1,%상대e_2,%상대e_3: 계산에 사용한 각 수치의 %상대불확실성

※ 「%상대e」는 「%상대불확실성」으로 읽으며, 다음과 같이 구한다.

%상대e = {(측정값의 불확실성) ÷ (측정값)} × 10^2
%상대$e_{결과}$ = {(계산 결과의 불확실성) ÷ (계산 결과)} × 10^2

다음과 같은 예를 살펴보자.

예제 1-2

무게는 10.0108 ± 0.0001 g이고 부피는 10.00 ± 0.02 mL인 수용액의 밀도를 구하시오.

풀이 수용액의 무게 평균값과 부피 평균값을 사용하여 밀도를 구한다.

밀도 = $\frac{무게}{부피}$
= (10.0108 g) ÷ (10.00 mL)
= 1.00108 g/mL
⇒ 1.001 g/mL (∵ 유효 숫자 개념)

이제 밀도의 불확실성을 구한다.

- 각 측정값의 「%상대e」를 구한다.

무게 측정값의 %상대e = (0.0001 ÷ 10.0108) × 10^2
= 0.000998921
⇒ 0.001 (∵ 유효 숫자)

부피 측정값의 %상대e = (0.02 ÷ 10.00) × 10^2 = 0.2

- 계산 결과(밀도)의 「%상대e」를 구한다.

%상대$e_{결과}$ = $\{(0.001)^2 + (0.2)^2\}^{\frac{1}{2}}$
= $(0.000001 + 0.04)^{\frac{1}{2}}$
= $(0.04)^{\frac{1}{2}}$ (∵ 유효 숫자)
= 0.2

- 계산 결과(밀도)의 불확실성($e_{결과}$)을 구한다.

$e_{결과}$ = (밀도) × (%상대$e_{결과}$ ÷ 10^2)
= 1.001 × (0.2 ÷ 10^2)
= 0.002 (∵ 유효 숫자)

따라서 수용액의 밀도와 그 불확실성은 다음과 같이 보고한다.

1.001 ± 0.002 g/mL

1.1.3 유효 숫자

이제 유효 숫자(significant figure)에 관해 알아보자. 먼저 유효 숫자의 중요성을 말해주는 이야기 하나를 소개한다.

유효 숫자 이야기

영철이는 무게가 83 g인 정육면체 형태의 금속 조각이 필요하였다. 영철이는 밀도가 8.67 g/cm^{3}인 금속 덩어리를 구할 수 있었고, 유효 숫자라는 개념은 학생들을 괴롭히기 위해 만들어진 것일 뿐 실제로는 별다른 의미가 없다고 생각한 영철이는 다음과 같은 계산 과정을 통해 그 금속 조각으로부터 만들어질 정육면체 금속 조각 한 변의 길이를 구하였다.

- 정육면체 금속 조각의 무게 = 83 g
- 금속 덩어리의 밀도 = 8.67 g/cm^3

- 정육면체 금속 조각의 부피
  = 무게 ÷ 밀도 = (83 g) ÷ (8.67 g/cm^3)
  = 9.573 cm^3

- 정육면체 금속 조각 한 변의 길이
  = $(\text{부피})^{\frac{1}{3}}$
  = $(9.573\ \text{cm}^3)^{\frac{1}{3}}$
  = 2.123 cm

영철이는 친구가 추천한 공작실을 찾아가 그곳 기술자에게 자신의 금속 덩어리를 건네며, 한 변의 길이가 2.123 cm인 정육면체 금속 조각을 만들어 줄 것을 요청하였다. 그러자 기술자는 의아해하며 "학생이 원하는 정육면체 금속 조각을 만들어 줄 수는 있지만 비용이 아주 많이 들 것입니다."라고 대답했다. 영철이는 마음속으로 자신을 그 공작실에 소개했던 친구가 비슷한 작업에 대한 비용으로 50,000원을 지불했다는 사실을 떠올리며, "괜찮습니다. 아주 중요한 조각이니까, 비용은 걱정하지 마세요."라고 답하였다.

정육면체 금속 조각을 받기로 약속한 날 다시 공작실로 찾아간 영철에게 기술자는 48시간만 더 기다려 달라고 요청하였고, 이틀 후 영철은 다시 공작실을 방문하였다. 기술자는 영철에게 금속 조각을 하나 건네주었는데, 그 금속 조각은 아름다운 광택을 내뿜으며 정확한 정육면체 형태를 나타내고 있었다. 기분이 무척 좋아진 영철이 제작비용을 물어보자 그 기술자는 "20만원입니다."라고 대답하였다. 영철이는 깜짝 놀라며 "아니, 이곳을 소개시켜 주었던 친구가 얼마 전에 비슷한 작업의 대가로 지불한 돈은 50,000원이라고 했는데요?"라고 반문하였다.

그러자 기술자는 다음과 같이 말했다.

"학생! 저번에 그 학생은 한 변의 길이가 「2.1 cm」인 정육면체를 만들어 달라고 했었지만, 학생은 한 변이 「2.123 cm」인 정육면체 조각을 원했지 않았습니까? 내가 그 수치를 정확하게 지켜 조각을 만드느라고 얼마나 고생을 했는지 알아요? 다른 일들에는 전혀 신경도 못쓰고 그 조각을 만들었다가 뭉개버리는 과정을 얼마나 많이 반복해야 했는지 알아요? 사실은 20만원보다 더 많은 비용을 청구해야 하겠지만 학생이니 그 정도로 결정한 것입니다."

이 이야기에서 영철은 한 변의 길이가 얼마인 정육면체 금속 조각의 제작을 부탁해야 했을까? 영철은 유효 숫자의 개념을 적용하여 정육면체 금속 조각 한 변의 길이를 다음과 같이 구했어야 했다.

정육면체 금속 조각 한 변의 길이 구하기

- 정육면체 금속 조각의 무게 = 83 g
  금속 덩어리의 밀도 = 8.67 g/mL
- 정육면체 금속 조각의 부피 = 무게 ÷ 밀도
  $= (83\ \text{g}) \div (8.67\ \text{g/cm}^3) = 9.57323106\ \text{cm}^3$
  $\Rightarrow 9.6\ \text{cm}^3$
- 정육면체 금속 조각 한 변의 길이
  $= (\text{부피})^{\frac{1}{3}} = (9.6\ \text{cm}^3)^{\frac{1}{3}} = 2.125317138\ \text{cm}$
  $\Rightarrow 2.1\ \text{cm}$

◎ 유효 숫자란 무엇인가?

주어진 측정값에서 유효 숫자란 주어진 측정값을 구성하는 숫자(number)들 중에서 의미를 가지는 숫자들이다. 이제 유효 숫자에 관련한 사항들을 자세히 알아보기로 한다.

◎ 주어진 측정값을 구성하는 숫자들 중 불확실성을 소유한 숫자는 유효 숫자로 받아 들여야 하는가?

앞에서 언급한 바와 같이 주어진 크기의 불확실성을 소유한 도구를 사용하여 얻게 되는 측정값의 경우, 그 측정값을 구성하는 숫자들 중 적어도 마지막 자리의 숫자는 어느 정도의 불확실성을 내포할 수밖에 없다. 그렇다면 주어진 측정값에서 불확실성을 소유하는 그 마지막 자리의 숫자는 유효 숫자에 포함되는가? 답은 「포함된다.」이다. 왜냐하면 그 마지막 자리의 숫자는 비록 주어진 크기의 불확실성을 소유하고 있기는 하지만, 그 나름대로의 의미를 가지기 때문이다. 다음은 뷰렛을 사용하여 얻는 부피 측정값의 마지막 자리수가 유효 숫자인 이유를 보여준다.

뷰렛에 실린 수용액의 메니스커스면이 가리키는 위치

만일 어떤 실험 수행자가 뷰렛의 내부에 채워진 수용액의 메니스커스면이 가리키는 눈금을 12.68 mL로 읽었다면, 메니스커스면이 가리키는 위치가 그의 눈에는 12.65 mL보다는 더 높지만 12.70 mL보다는 더 낮게 보였을 것은 확실하다.

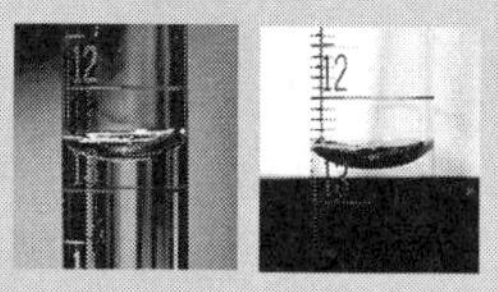

다시 말해 12.68 mL라는 측정값에서 1, 2, 그리고 6은 확실한 의미를 부여할 수 있는 숫자들이다. 반면에, 마지막 자리의 숫자 8의 경우 불확실성을 내포하는 숫자이다. 그러나 비록 8이 불확실성을 소유하기는 하지만, 다음과 같은 이유 때문에 그 나름대로의 의미를 가질 수 있는 것이다.

> 의심의 여지없이 메니스커스면이 가리키는 위치는 12.65 mL와 12.70 mL의 사이에 위치하고 있었으므로, 마지막 자리의 숫자는 0, 1, 2, 3, 4, 5는 될 수 없다.

즉, 12.68 mL라는 부피 측정값의 마지막 자리의 숫자인 8은 불확실성을 소유하기는 하지만, 나름대로의 의미는 부여할 수 있는 숫자이다.

결국 주어진 측정값에서 유효 숫자의 수(의미를 가지는 숫자들의 수)를 판단하는 작업에서는, 그 측정값의 마지막 자리 숫자도 포함시켜야 하는 것이다.

○ 측정값의 과학적 표기와 유효 숫자

가. 측정값은 「과학적 표기」로 표현하는 것이 좋다.

주어진 측정값이 가지는 유효 숫자들을 정확하게 전달하기 위해서는 과학적 표기법(scientific notation, $x \times 10^y$)을 사용하여 나타내는 것이 좋다.

그림 1-3을 살펴보자. 자신의 키가 170 cm로 측정된 사람이 다른 사람들에게 자신의 키는 168 cm 또는 169 cm를 반올림한 수치가 아니고 정확히 170 cm라는 점을 확실히 전달하고 싶다면 (170 cm라는 수치의 마지막 자리의 숫자인 0에 의미를 부여하고 싶다면), 과학적인 표기법에 근거하여 1.70×10^2 cm로 표현해야 한다.

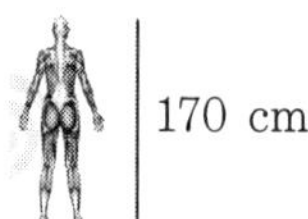

40 kg

169 cm를 반올림?　　　　43 kg을 반내림?

170 cm ⇒ 1.70×10^2 cm　　　　40 kg ⇒ 4.0×10^1 kg

그림 1-3. 키와 몸무게의 과학적 표기

마찬가지로 몸무게가 40 kg으로 측정된 사람은 몸무게 측정치(40 kg)에서 마지막 자리 수인 0에 확실한 의미를 부여하고 싶다면, 과학적인 표기법에 근거하여 4.0×10^{1} kg로 나타내어야 한다.

나. 올바른 과학적 표기법

다음은 주어진 측정값의 올바른 과학적 표기법에 관련하여 몇 가지 지켜야 할 사항들을 보여준다.

과학적 표기법 (「$x \times 10^{y}$」)에서 지켜야 할 사항

- x는 1 이상이고 10보다는 작아야 한다.

  | 0.94×10^{-4}의 경우 9.4×10^{-5}로 바꾸어 표현해야 하고, 126×10^{-4}의 경우에도 1.26×10^{-2}로 바꾸어 표현해야 한다.

※ 그렇다면 0.94×10^{-4} 또는 126×10^{-4}와 같은 표현이 필요한(가능한) 경우는 없을까?

만일 주어진 실험을 통해 얻어진 두 개 이상의 측정값들을 단순히 서로 비교하는 경우, 효율적인 비교를 위해 0.94×10^{-4} 또는 126×10^{-4}와 같은 표현들을 그대로 사용할 수 있다. 예를 들어 만일 춘천, 원주, 강릉, 그리고 삼척에서 채취한 토양 시료 중에 함유된 특정 성분 A의 농도가 각각

0.94×10^{-4} ppm, 19.4×10^{-4} ppm, 1.0×10^{-2} ppm, 9.4×10^{-3} ppm

로 얻어졌다면, 이 경우 모든 농도 값들을

0.0094×10^{-2} ppm, 0.194×10^{-2} ppm, 1.0×10^{-2} ppm, 0.94×10^{-2} ppm

으로 변화시킴으로서 지역별 농도 비교의 수월성을 높일 수 있다.

- y는 0이 아닌 정수이어야 한다.

  | $1.0\times10^{-2.5}$ M의 경우 3.2×10^{-3} M로 바꾸어 표현해야 하고, $1.0\times10^{-0.25}$ ppm의 경우에도 5.6×10^{-1} ppm로 바꾸어 표현해야 한다.

다. 과학적 표기에서의 유효 숫자들

주어진 측정값을 과학적 표기법($x \times 10^{y}$)에 근거하여 나타낸 경우, 과학적 표기에서 x를 구성하는 모든 숫자들은 유효 숫자들이다. 다음은 몇 가지 과학적 표기들에서의 유효 숫자들을 보여준다.

$[H^+] = \underline{3.2}\times10^{-3}$ M　　$K_w = \underline{1.0}\times10^{-14}$ M　　$K_{sp} = \underline{1.40}\times10^{-10}$ M

유효 숫자: [3, 2]　　[1, 0]　　[1, 4, 0]

$[Ca^{2+}] = \underline{1.020}\times10^{-5}$ M

유효 숫자: [1, 0, 2, 0]

라. 1보다 작은 측정값에서 소수점 앞의 0과 소수점 바로 뒤의 0(들)은 유효 숫자인가?

주어진 측정값이 1보다 작은 경우, 그 측정값에서 소수점 앞의 0과 소수점 바로 뒤의 0(들)은 유효 숫자인가? 이러한 0들은 해당 측정값을 과학적 표기로 바꾸는 과정에서 사라질 수 있으므로, 유효 숫자가 아니다. 다음의 예들을 살펴보자.

예제 1-3

0.0012 g과 같은 무게 측정값에서 유효 숫자들을 찾으시오.

풀이 0.0012 g의 경우 과학적 표기법에 근거하여 다음과 같이 나타낼 수 있다.

0.0012 g　⇒　1.2×10^{-3} g

즉, 무게 측정값인 $\underline{0.00}12$ g의 밑줄 친 부분에 위치한 세 개의 0들은 과학적 표기로의 변환 과정에서 10^{-3}의 형태로 사라지므로, 유효 숫자들로 취급하지 않는다. 따라서

0.0012 g에서 유효 숫자들은 1과 2 두 개이다.

예제 1-4

0.0200 g과 같은 무게 측정값에서 유효 숫자들을 찾으시오.

풀이 0.0200 g의 경우 과학적 표기법에 근거하여

0.0200 g　⇒　2.00×10^{-2} g

로 바꾸어 표현할 수 있다.

- $\underline{0.0}2\underline{00}$ g의 2 앞의 밑줄 친 부분에 위치한 두 개의 0들은 10^{-2}의 형태로 사라지므로, 유효 숫자로 받아들이지 않는다.
- 2 바로 뒤의 0의 경우, 무게 측정값의 마지막 자리의 숫자가 아니므로 당연히 유효 숫자이다.

• 마지막 자리의 0은 불확실성을 소유하기는 하지만, 유효 숫자로 취급한다.

따라서

0.0200 g에서 유효 숫자들은 밑줄이 쳐진 2, 0, 0 세 개이다.

마. 소수점이 없는 측정값을 구성하는 숫자들 중 뒤 부분의 0(들)은 유효 숫자인가?

어떤 물질의 무게를 단순히 100 g이라고 말하는 경우, 그 물질의 실제 무게가 정확하게 100 g인지, 실제 무게는 101 g이지만 100 g이라고 반내림을 하여 간단히 표현한 것인지, 실제 무게는 98 g이지만 100 g이라고 반올림하여 간단히 표현한 값인지, 또는 실제 무게는 111 g이지만 100 g이라고 간단히 표현한 것인지 알 수가 없다. 그러므로 소수점이 없는 측정값의 경우, 그 측정값을 구성하는 뒤 부분의 0(들)에 관련하여 다음과 같은 내용을 기억해 두는 것이 좋다.

- 100 g에서 모든 0들에 의미를 부여하고 싶다면, 1.00×10^{2} g (유효 숫자: 3개)와 같이 표현하는 것이 좋다.
- 100 g에서 처음의 0에만 의미를 부여하고 싶다면, 1.0×10^{2} g (유효 숫자: 2개)와 같이 표현하는 것이 좋다.
- 100 g에서 모든 0들에 의미를 부여하지 않는다면, 1×10^{2} g (유효 숫자: 1개)와 같이 표현하는 것이 좋다.

○ 주어진 측정값의 단위를 변환하는 과정에서 유효 숫자의 수는 변하지 말아야 한다.

예를 들어 다음과 같이 어떤 물질의 밀도를 몇 가지 다른 단위들의 값으로 바꾸어 표현하는 경우, 원래 밀도가 가지고 있던 유효 숫자들의 수는 변하지 말아야 한다.

밀도	8.67 g/mL =	0.00867 kg/mL =	8.67×10^{-3} kg/mL
유효 숫자 개수:	3개	3개	3개
무게	83 mg =	8.3×10^{-2} g	
유효 숫자 개수:	2개	2개	

측정값들을 사용하는 계산에서의 유효 숫자

가. 곱셈과 나눗셈

곱하기와 나누기에서 계산 결과가 가지는 유효 숫자의 수는, 그 계산에 사용된 수치들 중에서 가장 적은 수의 유효 숫자를 가지는 수치의 유효 숫자의 수보다 더 많아질 수 없다. 다음의 예들을 살펴보자.

예제 1-5

부피 = 무게÷밀도 = $(83\ \text{g}) \div (8.67\ \text{g/cm}^3) = 9.5732410611\ \text{cm}^3 \Rightarrow ?$

풀이 $(\underline{83}\ \text{g}) \div (\underline{8.67}\ \text{g/cm}^3) = 9.5732410611\ \text{cm}^3 \Rightarrow \underline{9.6}\ \text{cm}^3$

유효 숫자 개수: 2개 3개 2개

예제 1-6

한 변의 길이 = $(9.6\ \text{cm}^3)^{\frac{1}{3}} = 2.125317138\ \text{cm} \Rightarrow ?$

풀이 $(\underline{9.6}\ \text{cm}^3)^{\frac{1}{3}} = 2.125317138\ \text{cm} \Rightarrow \underline{2.1}\ \text{cm}$

유효 숫자 개수: 2개 2개

예제 1-7

$(1.2\times10^{-2}\ \text{cm}) \times (1.204\times10^{-3}\ \text{cm})$의 계산 결과를 구하시오.

풀이 $(1.2\times10^{-2}\ \text{cm})$ (유효 숫자 2개) × $(1.204\times10^{-3}\ \text{cm})$ (유효 숫자 4개)
$= 1.4448\times10^{-5}\ \text{cm}^2$
$\Rightarrow 1.4\times10^{-5}\ \text{cm}^2$ (유효 숫자 2개)

나. 덧셈과 뺄셈

더하기와 빼기에서 계산 결과는, 그 계산에 사용된 수치들 중에서 가장 정확도가 낮은 수의 정확도보다 더 정확하게 표현하지 못한다. 다음의 예들을 살펴보자.

예제 1-8

0.123 + 1.23 + 2.34675 = ?

풀이

	0.<u>123</u>	+	1.<u>23</u>	+	2.<u>34675</u>	=	3.69975	=	3.<u>70</u>
소수점 이하 자리 수	세 자리		두 자리		다섯 자리				두 자리

예제 1-9

$1.234\times10^{-2} + 1.234\times10^{-4} = ?$

풀이

- (방법 1)
  모든 측정치들을 $\times10^{-4}$인 표현으로 통일한 후, 덧셈을 수행한다.
  $1.234\times10^{-2} + 1.234\times10^{-4} = 123.4\times10^{-4} + 1.234\times10^{-4} = 124.6\times10^{-4}$
- (방법 2)
  모든 측정치들을 $\times10^{-2}$인 표현으로 통일한 후, 덧셈을 수행한다.
  $1.234\times10^{-2} + 1.234\times10^{-4} = 1.234\times10^{-2} + 0.01234\times10^{-2} = 1.246\times10^{-2}$

※ 앞에서 언급한 바와 같이 특별히 요구되는 경우가 아니라면, 이 계산 결과는 1.246×10^{-2}로 보고해야 한다.

예제 1-10

$1.1\times10^{-2} + 1.00\times10^{-4}$의 계산 결과를 구하시오.

풀이

- (방법 1)
  $1.1\times10^{-2} + 1.00\times10^{-4}$
  $= 1.1\times10^{-2}$ (소수점 이하 한 자리) $+ 0.0100\times10^{-2}$ (소수점 이하 네 자리)
  $= 1.1100\times10^{-2}$
  $\Rightarrow 1.1\times10^{-2}$ (소수점 이하 한 자리)

- (방법 2)

  $1.1\times10^{-2} + 1.00\times10^{-4}$

  $= 110\times10^{-4} + 1.00\times10^{-4}$

그러나 이 경우 1.1×10^{-2}를 110×10^{-4}로 바꾸는 과정에서 유효 숫자의 수가 변했으므로(증가하였으므로) 사용할 수 없다. 따라서 다음과 같이 진행한다.

$1.1\times10^{-2} + 1.00\times10^{-4}$

$= 11\times10^{-3}$(소수점 이하 자리 없음) + 0.100×10^{-3} (소수점 이하 세 자리)

$= 11.100\times10^{-3}$

$\Rightarrow 11\times10^{-3}$ (소수점 이하 자리 없음)

$\Rightarrow 1.1\times10^{-2}$ (과학적 표기법)

주어진 측정값의 단순 배수를 구하거나 백분율을 구하는 경우

가. 주어진 측정값의 단순 배수

주어진 물질의 무게를 구한 후 그 물질 여러 개의 무게를 표현하고자 한다면, 원래 무게(측정값)의 소수점 이하 자리수를 고려해야 한다.

예제 1-11

(a) 무게가 0.100 g인 물질을 반으로 나누어 얻은 무게의 값을 구하시오.

(b) 15.7 g의 $\frac{1}{3}$ 만큼의 무게를 구하시오.

(c) 무게가 0.100 g인 물질 15개의 무게를 구하시오.

풀이

(a) 0.100 g ÷ 2 = 0.050 g

이 계산에서 2는 측정값이 아니고 측정값의 단순 배수($\frac{1}{2}$ 배)를 의미하므로, 유효 숫자 개념이 적용되지 않는다. 따라서 이 계산에서는 곱하기와 나누기에 관련된 유효 숫자 개념을 적용하지 않는다.

또한,

	0.<u>100</u> g ÷ 2 = 0.0<u>500</u> g	
유효 숫자의 수	3개	3개

와 같이 표현하는 것도 옳지 않다. 왜냐하면, 소수점 이하 세 자리까지의 정

확도를 가진 0.100 g이라는 무게 측정값을 반으로 나누어 소수점 이하 자리수가 네 자리인 0.0500 g이라는 수치로 보고할 수는 없기 때문이다. 따라서 이 경우 더하기와 빼기에 관련된 유효 숫자 개념을 적용한다. 즉, 소수점 이하 세 자리까지의 정확도를 가진 0.100 g이라는 무게를 반으로 나누어 얻는 무게는 소수점 이하 자리수가 세 자리인 0.050 g이라는 수치이어야 한다.

$$0.\underline{100}\ \text{g} \div 2 = 0.\underline{050}\ \text{g}$$

소수점 이하 자리 수　3자리　3자리

(b) 15.7 g ÷ 3 = 5.2 g

여기서 「÷3」은 측정값이 아니라 주어진 측정값의 단순 배수($\frac{1}{3}$배)를 의미하므로 유효 숫자 개념이 적용되지 않는다. 따라서 이 계산에서는 곱하기와 나누기에 관련된 유효 숫자 개념을 적용하지 않는다. 또한,

$$\underline{15.7}\ \text{g} \div 3 = 5.233333\ \text{g} = \underline{5.23}\ \text{g}$$

유효 숫자의 수　3개　3개

와 같이 표현하는 것도 옳지 않다. 왜냐하면, 소수점 이하 한 자리까지의 정확도를 가진 15.7 g이라는 무게 측정값을 삼등분하여 소수점 이하 자리수가 두 자리인 5.23 g이라는 수치로 보고할 수는 없기 때문이다. 따라서 이 경우 더하기와 빼기에 관련된 유효 숫자 개념을 적용한다.
다시 말해 소수점 이하 한 자리까지의 정확도를 가진 15.7 g이라는 무게를 삼등분하여 얻는 무게는 소수점 이하 자리수가 한 자리인 5.2 g이라는 수치가 되어야 한다.

$$15.\underline{7}\ \text{g} \div 3 = 5.\underline{2}\ \text{g}$$

소수점 이하 자리 수　한 자리　한 자리

(c) 0.100 g × 15 = 1.500 g
이 계산에서 15는 측정값이 아니고, 주어진 측정값의 단순 배수(15배)를 의미하므로 유효 숫자 개념이 적용되지 않는다. 그러므로 이러한 계산에서는 곱하기와 나누기에 관련된 유효 숫자 개념을 적용하지 않는다. 또한,

$$0.\underline{100}\ \text{g} \times 15 = \underline{1.50}\ \text{g}$$

유효 숫자의 수　3개　3개

와 같은 계산 결과도 틀린 것이다. 왜냐하면 소수점 이하 세 자리까지의 정확도를 가진 0.100 g이라는 무게의 15배에 해당하는 무게로 소수점 이하 자리수가 두 자리인 1.50 g이라는 수치로 보고할 수 없기 때문이다. 따라서 이 경우 더하기와 빼기에 관련된 유효 숫자 개념을 적용한다.

※ 다음과 같은 내용을 살펴보면, 위 계산 결과를 소수점 이하 3자리까지 표현해야 하는 이유를 더 쉽게 받아들일 수 있을 것이다.

$$0.100\text{ g} \times 15$$
$$= 0.100\text{ g} + 0.100\text{ g} + 0.100\text{ g} + 0.100\text{ g} + 0.100\text{ g} + 0.100\text{ g}$$
$$+ 0.100\text{ g} + 0.100\text{ g} + 0.100\text{ g} + 0.100\text{ g} + 0.100\text{ g} + 0.100\text{ g}$$
$$+ 0.100\text{ g} + 0.100\text{ g} + 0.100\text{ g}$$
$$= 1.500\text{ g}$$

그러나 다음과 같은 예들의 경우, 단순 배수의 개념을 적용하지 않음을 유의해야 한다.

예제 1-12

주어진 NaCl 수용액 100.0 mL에 0.95 g의 NaCl이 녹아 있다. 이 NaCl 수용액의 부피가 1.00 L라면, 그 속에 녹아 있는 NaCl의 무게를 구하시오.

⊕풀이 이 경우 100.0 mL와 1.00 L는 유효 숫자의 수와 소수점 이하 자리수가 서로 다르므로, 1.00 L는 100.0 mL의 10배라고 할 수 없다. 따라서 다음과 같이 답을 구해야 한다.

$$1.00\text{ L} = 1.00\times10^3\text{ mL이므로}$$
$$100.0\text{ mL} : 0.95\text{ g} = 1.00\times10^3\text{ mL} : x$$
$$\Rightarrow$$
$$x = \frac{(0.95\text{ g})(1.00\times10^3\text{ mL})}{(100.0\text{ mL})}$$
$$= 9.5\text{ g (유효 숫자 2개)}$$

따라서 NaCl 수용액 1.00 L에 녹아 있는 NaCl의 무게는 9.5 g이다.

예제 1-13

주어진 NaCl 수용액의 밀도는 1.051 g/mL이다. 이 NaCl 수용액 1 L의 무게를 구해보자.

⊕풀이 NaCl 수용액의 밀도인 1.051 g/mL이 의미하는 것은 NaCl 수용액 1 mL의 무게는 1.051 g이다. 그러나 이 경우 NaCl 수용액의 부피인 1 mL에는 유효숫자의 개념을 적용하지 않는다. 따라서 NaCl 수용액 1 L의 무게는 다음과 같이 구해야 한다.

1.051 g/mL
= $(1.051\times10^3$ g$)/(10^3$ mL$)$
= $(1.051\times10^3$ g$)/$L

따라서 NaCl 수용액 1 L의 무게는 1.051×10^2 g이다.

나. 주어진 측정값이 관련된 백분율 구하기

만일 주어진 분율을 근거로 백분율을 구하고자 한다면, 그 과정에서 분율에 곱해 주는 100의 경우 유효 숫자의 개념을 적용하지 않는다. 따라서 백분율을 구하는 과정에서 분율에 곱해 주는 100의 경우 10^2으로 표현하는 것이 좋다.

예제 1-14

(a) 분율이 0.1020인 경우
(b) 분율이 0.01234인 경우

백분율을 구하시오.

풀이

(a) 백분율 = 분율 $\times$ 10^2
= 0.1020 (유효 숫자 4개) $\times$ 10^2 (유효 숫자 개념 적용하지 않음)
= 0.1020 (유효 숫자 4개) $\times$ 10^2
= 10.20% (유효 숫자 4개) 또는 1.020×10^1% (과학적 표기)

(b) 백분율
= 분율 $\times$ 10^2
= 0.01234 (유효 숫자 4개) $\times$ 10^2
= 1.234% (유효 숫자 4개)

log 계산에서의 유효 숫자

예를 들어

$$\log(0.0234) = -1.630784143$$

의 경우 log(0.0234)에서 0.0234의 유효 숫자가 3개이므로 계산 결과 역시 3개의 유효 숫자만을 가져야 한다. 따라서

$$\log(0.0234) = -1.631$$

가 되어야 한다. 다음은 $-1.\underline{631}$에서 -1을 유효 숫자로 취급하지 않는 이유를 보여준다.

$$\log(0.\underline{0234}) = \log(\underline{2.34}\times10^{-2}) = \log(\underline{2.34}) + \log(10^{-2}) = 0.\underline{569} + (-2) = -1.\underline{631}$$

유효 숫자 3개 3개 3개 3개 3개

$$10^{-1.631} = (10^{-1}) \times (10^{-0.\underline{631}}) = (10^{-1}) \times (0.\underline{234}) = 0.\underline{234}\times10^{-1} = \underline{2.34}\times10^{-2}$$

유효 숫자 3개 3개 3개 3개

다음의 예들을 살펴보면서, log 계산에 익숙해질 수 있도록 해보자.

예제 1-15

$pH = -\log[H^+]$

(a) $[H^+] = 10^{-5}$ M인 수용액의 pH를 구하시오.

(b) $[H^+] = 1\times10^{-5}$ M인 수용액의 pH를 구하시오.

(c) $[H^+] = 1.0\times10^{-5}$ M인 수용액의 pH를 구하시오.

(d) $[H^+] = 1.00\times10^{-5}$ M인 수용액의 pH를 구하시오.

풀이

(a) $[H^+] = 10^{-5}$ M $\Rightarrow$ pH = 5

$$pH = -\log[H^+] = -\log(10^{-5}) = 5$$

유효 숫자 0개 0개

(b) $[H^+] = 1\times10^{-5}$ M $\Rightarrow$ pH = 5.0

$$pH = -\log[H^+] = -\log(\underline{1}\times10^{-5}) = 5.\underline{0}$$

유효 숫자 1개 1개

(c) $[H^+] = 1.0\times10^{-5}$ M $\Rightarrow$ pH = 5.00

$$pH = -\log[H^+] = -\log(\underline{1.0}\times10^{-5}) = 5.\underline{00}$$

유효 숫자 2개 2개

(d) $[H^+] = 1.00$ M $\Rightarrow$ pH = 5.000

$$pH = -\log[H^+] = -\log(\underline{1.00}\times10^{-5}) = 5.\underline{000}$$

유효 숫자 3개 3개

예제 1-16

24°C에서 $K_w = 1.00\times10^{-14}$이고, 25°C에서는 $K_w = 1.01\times10^{-14}$이다. 각 온도에서 pK_w를 구하시오. 그리고 만일 25°C에서는 $K_w = 1.0\times10^{-14}$이라면, 25°C에서 pK_w를 구하시오.

풀이

24°C에서 $K_w = 1.00\times10^{-14}$

$pK_w = -\log(K_w) = -\log(\underline{1.00}\times10^{-14}) = 14.\underline{000}$

유효 숫자 3개 3개

25°C에서

$K_w = 1.01\times10^{-14}$ $pK_w = -\log(\underline{1.01}\times10^{-14}) = 13.9956786 \Rightarrow 13.\underline{996}$

유효 숫자 3개 3개

$K_w = 1.0\times10^{-14}$ $pK_w = -\log(\underline{1.0}\times10^{-14}) = 14.\underline{00}$

유효 숫자 2개 2개

예제 1-17

(a) 어떤 수용액에서 pCa = 3.457인 경우, 이 수용액 속 $[Ca^{2+}]$의 값을 구하시오.
(b) pH = 6.90인 수용액 속 $[H^+]$의 값을 구하시오.

풀이

(a) pCa = 3.457 $\Rightarrow$ $[Ca^{2+}] = 3.49\times10^{-4}$ M

pCa = 3.457

$[Ca^{2+}] = 10^{-pCa}$ M $= 10^{-3.\underline{457}}$ M $= 0.00034914$ M $\Rightarrow \underline{3.49}\times10^{-4}$ M

유효 숫자 3개 3개

(b) pH = 6.90 $\Rightarrow$ $[H^+] = 1.3\times10^{-7}$ M

pH = 6.90

$[H^+] = 10^{-pH}$ M $= 10^{-6.\underline{90}}$ M $= 0.0000001258925412$ M $\Rightarrow$ $\underline{1.3}\times10^{-7}$ M

유효 숫자 2개 2개

(+ 반올림)

예제 1-18

$pH = pK_a + \log(\frac{[A^-]}{[HA]})$은 완충 용액의 pH를 구하는 식이다.

(a) $[HA] = 0.0030$ M, $[A^-] = 0.0300$ M 그리고 $K_a = 1.75\times10^{-5}$인 완충 용액의 pH를 구하시오.

(b) $[A^-] : [HA] = 3 : 4$이고, $K_a = 1.75\times10^{-5}$인 완충 용액의 pH를 구하시오.

(c) $[A^-] : [HA] = 4 : 1$이고, $K_a = 1.75\times10^{-5}$인 완충 용액의 pH를 구하시오.

풀이

(a) $pH = pK_a + \log(\frac{[A^-]}{[HA]})$

$= -\log K_a + \log(\frac{[A^-]}{[HA]})$

$= -\log(1.75\times10^{-5}) + \log(\frac{0.0300}{0.0030})$

$= 4.757 + \log(\underline{10})$

(유효 숫자 두 개)

$= 4.757 + 1.00$

$= 5.\underline{76}$ (소수점 이하 두 자리)

(b) $pH = pK_a + \log(\frac{[A^-]}{[HA]})$

$= -\log K_a + \log(\frac{[A^-]}{[HA]})$

$= -\log(1.75\times10^{-5}) + \log(\underline{\frac{3}{4}})$

($\frac{3}{4}$: 단순 비율)

$= -\log(1.75\times10^{-5}) - 0.124938736$ (계산기 결과)

$= 4.757 - 0.124938736 = 4.\underline{632}$ (소수점 이하 3자리)

(c) $pH = pK_a + \log(\frac{[A^-]}{[HA]})$

$= -\log K_a + \log(\frac{[A^-]}{[HA]})$

$= -\log(1.75\times10^{-5}) + \log(\underline{\frac{4}{1}})$

($\frac{4}{1}$: 단순 비율)

$= 4.757 + 0.602059991$ (계산기 결과)

$= 5.\underline{359}$ (소수점 이하 3자리)

다음의 표 1-1은 log 계산에 관련된 내용들을 정리하여 보여준다.

표 1-1. 유효 숫자 개념을 적용한 log 계산

$[H^+]$	$pH = -log[H^+]$	pH	$[H^+] = 10^{-pH}$
10^{-7} M (유효 숫자: 없음)	**7** (유효 숫자: 없음)	4 (유효 숫자: 없음) (참고 4)	**10^{-4} M** (유효 숫자: 없음)
3.00×10^{-7} M (유효 숫자: 3개)	계산기 결과 6.522878745 ↓ **6.523** (유효 숫자: 3개) (반올림) (참고 3)	8.789 (유효 숫자: 3개) (참고 7)	계산기 결과 0.000000001625548756 ↓ **1.63×10^{-9} M** (유효 숫자: 3개) (반올림)
2×10^{-7} M (유효 숫자: 1개)	계산기 결과 6.698970004 ↓ **6.7** (유효 숫자: 1개) (반올림) (참고 1)	3.5 (유효 숫자: 1개) (참고 5)	계산기 결과 0.000316227 ↓ **3×10^{-4} M** (유효 숫자: 1개)
2.0×10^{-7} M (유효 숫자: 2개)	계산기 결과 6.698970004 ↓ **6.70** (유효 숫자: 2개) (반올림) (참고 2)	3.50 (유효 숫자: 2개) (참고 6)	계산기 결과 0.000316227 ↓ **3.2×10^{-4} M** (유효 숫자: 2개) (반올림)

(참고 1) 6.7의 경우 유효 숫자가 2개이지만, log 계산 결과라면, 유효 숫자는 1개(6.7에서 7)로 취급함.

(참고 2) 6.70의 경우 유효 숫자가 3개이지만, log 계산 결과라면, 유효 숫자는 2개(6.70에서 7, 0)로 취급함.

(참고 3) 6.523의 경우 유효 숫자가 4개이지만, log 계산에서 얻은 결과라면, 유효 숫자는 3개(6.523에서 5, 2, 3)로 취급함.

(참고 4) 4의 경우 유효 숫자가 1개이지만, 역 log 계산에 사용하는 경우, 유효 숫자는 없는 것으로 취급함.

(참고 5) 3.5의 경우 유효 숫자가 2개이지만, 역 log 계산에 사용하는 경우, 유효 숫자는 1개(3.5에서 5)로 취급함.

(참고 6) 3.50의 경우 유효 숫자가 3개이지만, 역 log 계산에 사용하는 경우, 유효 숫자는 2개(3.50에서 5, 0)로 취급함.

(참고 7) 8.789의 경우 유효 숫자가 4개이지만, 역 log 계산에 사용하는 경우, 유효 숫자는 3개(8.789에서 7, 8, 9)로 취급함.

1.2 오차와 편차

1.2.1 진정한 참값과 인위적 참값

현대의 기술로 제조할 수 있는 가장 순수한 물인 초 순수(ultra pure water)에 순도(purity)가 100.0%인 질산 납(lead nitrate, $Pb(NO_3)_2(s)$)을 녹여 Pb^{2+} 이온의 농도가 1.00 ppm(w/v)인 수용액을 제조한 후, 강원분석연구소에 의뢰하여 수용액 중 Pb^{2+} 이온의 농도를 알아보았다.

연구소는 분석 결과로

$$[Pb^{2+}] = 0.95 \pm 0.02 \text{ ppm(w/v)}$$

라는 결과를 제시하였다. 여기서 1.00 ppm(w/v)는 참값(true value)이고, 0.95 ppm(w/v)는 연구소에서 구한 측정값들을 대표하는 값(평균치, average value)이다. 그리고 참값과 연구소의 분석 결과를 비교하면, 연구소의 분석 결과는 정확도(degree of accuracy)가 그리 높지 않은 것으로 받아들일 수 있다.

측정값의 정확도

주어진 측정값의 정확도는 그 측정값이 참값에 얼마나 가까운가를 나타낸다. 그리고 주어진 측정값과 참값 사이의 차이를 오차(error)라고 하고, 오차는 주어진 측정값이 소유하는 정확도의 척도로 활용될 수 있다.

그런데 여기서 1.00 ppm(w/v)는 진정한 참값(「true」 true value)이 아닌 임의의 참값(「arbitrary」 true value) 또는 인위적 참값(「artificial」 true value)일 뿐이다. 그 이유는 농도가 1.00 ppm(w/v)인 Pb^{2+} 이온 수용액의 제조과정에서 사용한 물에 현재의 기술로는 측정할 수 없는 매우 작은 양의 Pb^{2+} 이온이 존재하고 있었을 수도 있으며, 질산 납 시약의 순도(purity)도 역시 불확실성을 가지기 때문이다.

이처럼 물질에 관한 정량적인 정보를 얻기 위해 사용하는 도구(또는 장비)나 수단(또는 방법) 그리고 물질들은 그 제작(제조) 과정에서 물리적 능력에서의 한계에 기인하는 불확실성을 내포하고 있다. 결국 주어진 시료(sample)에 함유된 분석 대상 성분의 진정한 참값은 알아낼 수는 없는 것이다. 따라서 이후에 등장하는 참값들은 모두 임의의 참값(인위적인 참값)들로 받아들이기로 한다.

1.2.2 오차와 편차

◎ 오차

주어진 측정값이 나타내는 오차(error)란 그 측정값과 참값 사이의 차이를 지칭하며, 그 측정값의 정확도를 나타내는 척도이다. 그림 1-4는 정확도와 관련된 예를 보여준다.

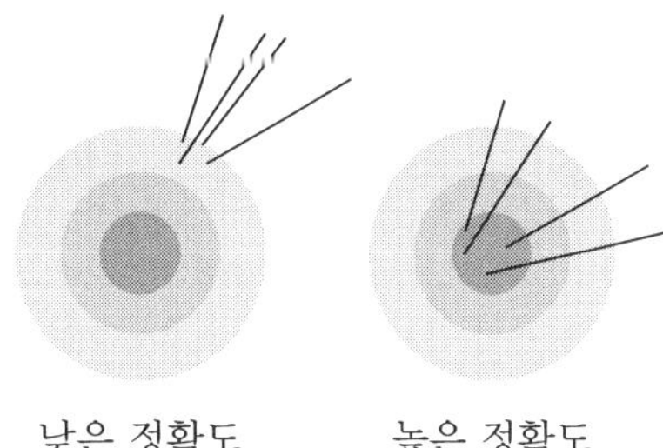

그림 1-4. 정확도

가. 측정 가능 오차

보정(correction) 작업을 통해 그 크기가 감소될 수 있는 오차들을 지칭하며, 계통 오차(systematic error)라고도 부른다. 다음과 같은 네 가지 종류로 분류할 수 있다.

측정 가능 오차(determinate error)

- **방법 오차(error of method)**: 실험 수행방법을 잘못 선택하여 발생하는 오차
- **개인 오차(personal error)**: 실험 수행자의 개인적인 정확한 실험 수행 능력에 따라 발생하는 오차
- **기기 오차(instrumental error)**: 실험에서 사용하는 기기 자체가 소유한 불확실성에 의해 발생하는 오차
- **조작 오차(operational error)**: 주어진 기기를 잘못 조작하여 발생하는 오차

만일 뛰어난 실험 수행 능력을 가진 연구자가 최상의 컨디션을 유지하는 날에, 그 어떤 실수도 범하지 않고, 올바른 분석법을 사용하여, 고가의 정밀 기기를 정확하게 조작하여 실험을 수행한다면, 그가 얻을 측정치들에서는 이러한 유형의 오차들의 크기가 거의 무시할 수 있을 정도로 최소화될 수 있다.

나. 측정 불가능 오차

측정 불가능 오차(indeterminate error)란 보정이 불가능한 오차이며, 우발 오차(random error)라고도 한다. 실험에 사용한 기기나 장비의 측정 능력의 한계에 기인하거나 연구자의 능력으로는 알 수 없는 요인들에 의해 발생한다.

그러나 그림 1-5에서 볼 수 있는 것처럼 실험을 수많이 반복 수행하여 얻어진 결과들을 살펴보면, 주어진 크기의 +쪽 우발 오차와 −쪽 우발 오차가 발생할 확률이 서로 동일한 현상을 얻게 된다. 즉, 우발 오차들의 크기가 0을 중심으로 +와 −쪽으로 대칭적인 정규 분포(normal distribution) 또는 Gaussian 분포 형태를 나타낸다.

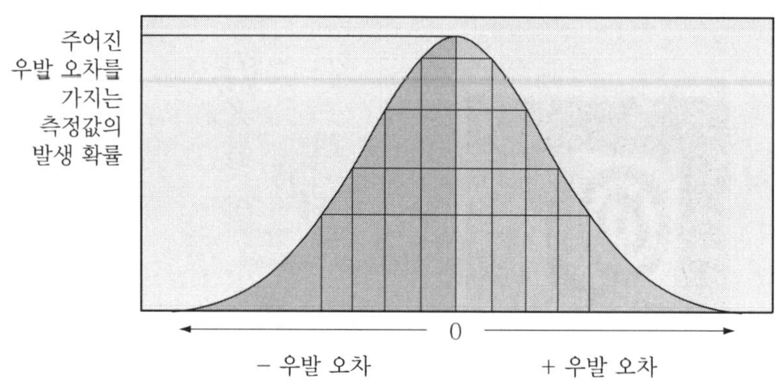

그림 1-5. 우발 오차의 정규 분포(normal distribution of random error)

다시 말해 주어진 실험을 아주 여러 번 반복 수행하여 얻어진 결과들의 경우에는 특정 크기의 + 우발 오차와 같은 크기의 − 우발 오차는 그 발생 확률이 같아지는 것이다. 결국 주어진 실험의 반복 수행 횟수가 많아짐에 따라 우발 오차에 의한 영향은 작아지지만, 반복 수행 횟수가 작아지면 우발 오차에 있어서의 대칭성이 사라지면서 우발 오차에 의한 영향을 무시할 수 없게 됨을 의미한다.

◎ 편차

편차(deviation)란 측정값들의 평균치와 각 측정값 사이의 차이이며, 실험값의 정밀도(degree of precision) 또는 재현성(reproducibility)을 표현하는 척도이다. 그림 1-6은 정밀도의 예를 보여준다.

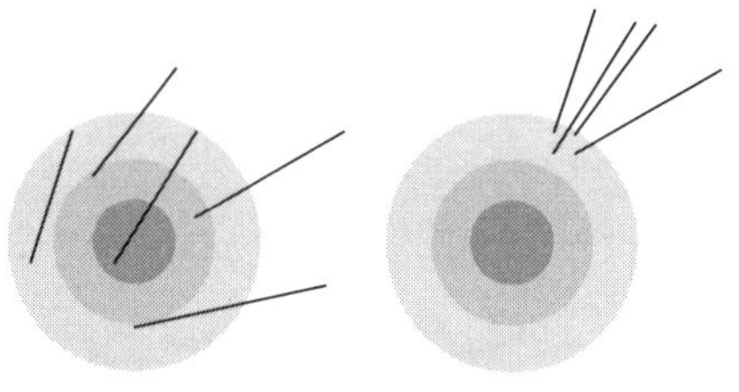

그림 1-6. 정밀도

실험 결과들이 보여주는 정밀도와 정확도는 상호 연관성을 가지지 않는다. 다시 말해 정확도가 높은 실험 방법이라고 해서 정밀도도 높다고 말할 수 없는 것이며, 정밀도가 높은 실험 방법이 반드시 정확도가 높은 실험 방법은 아닌 것이다.

가장 바람직한 실험 결과는 정확도와 정밀도가 모두 높은 것이라 할 수 있다.

가. 표준 편차

일반적으로 주어진 실험 방법(실험 결과)의 정밀도를 표현하기 위해서는 다음과 같은 두 가지 종류의 표준 편차(standard deviation)들을 사용한다.

두 가지 종류의 표준 편차

• **진정한 표준 편차(population standard deviation, σ_n)**

주어진 실험의 반복 수행 횟수(N)가 충분히 클 경우(N ≥ 300) 적용하는 표준 편차

$$\sigma_n = \{(\Sigma편차^2) \div (자유도)\}^{\frac{1}{2}} = \{(\Sigma x_i^2) \div N\}^{\frac{1}{2}}$$

• **표본 표준 편차(sample standard deviation, s 또는 σ_{n-1})**

주어진 실험의 반복 수행 횟수가 그리 많지 않을 경우(N = 3, 4, 5, 6, 7, 8 등) 적용하는 표준 편차

$$\sigma_{n-1} = \{(\Sigma편차^2) \div (자유도)\}^{\frac{1}{2}} = \{(\Sigma x_i^2) \div (N - 1)\}^{\frac{1}{2}}$$

자유도(degree of freedom)

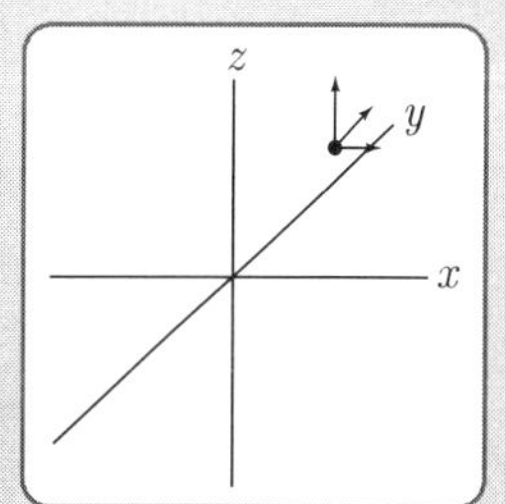

3차원 공간에서 한 점은 3가지 방향으로의 이동이 가능하고, 따라서 3개의 자유도가 부여된다. 그러나 측정값의 경우 각 측정값에는 1개씩의 자유도만을 부여한다. 예를 들면, 5번의 반복 수행에서 얻은 5개의 측정값들은 각각 독립적인 실험에서 얻어진 수치이므로, 각 수치의 자유도는 1이 되어 5개 측정값 전체의 자유도는 5가 된다.

그런데 이들 5개의 측정값들을 사용하여 평균값을 구하는 경우, 각 측정값은 평균값을 구하는 과정에 $\frac{1}{5}$씩 기여를 하면서 각 측정값은 $\frac{1}{5}$의 자유도를 잃어버린다. 따라서 각 측정값들의 자유도는 $\frac{4}{5}$로 줄어들고, 5개의 측정값들이 가지는 전체 자유도는 $(\frac{4}{5})\times5 = 4$가 된다. 즉, N번의 반복 측정에서 얻은 N개의 측정치들로부터 평균치를 구하는 경우 측정치들의 자유도는 N - 1이 된다. 그러나 측정횟수가 아주 많으면(N > 300), N - 1 ≒ N의 관계가 성립할 수 있으므로 자유도 = N으로 생각하여도 무방하다.

즉, 3~6회 정도의 반복 실험으로 얻어진 결과들을 근거로 정밀도를 표현하고자 한다면, 반드시 표본 표준 편차를 사용해야 한다. 특히 계산기에 탑재된 통계 기능을 사용하는 경우 대부분의 계산기들이 두 가지 표준 편차기능들을 모두 다 탑재하고 있으므로, 표본 표준 편차를 나타내는 기능을 선택해야 함을 잊지 말아야 할 것이다. 다음과 같은 예를 살펴보자.

예제 1-19

어떤 실험 결과들이 7.06, 7.04, 7.19, 7.10, 7.07, 7.09 ppm(w/w)로 얻어졌다. 표준 편차를 구하시오.

풀이 평균값 = (7.06 + 7.04 + 7.19 + 7.10 + 7.07 + 7.09) ÷ 6 = 7.09

편차: 0.03, 0.05, 0.10, 0.01, 0.02, 0.00

(편차)^2: 0.0009, 0.003, 0.010, 0.0001, 0.0004, 0.0000 ?

0.0025의 반올림

소수점 이하 자리수 결정 불가능!
따라서 다음 식에서는 고려하지 않음!

표준 편차

= {(0.0009 + 0.003 + 0.010 + 0.0001 + 0.0004 + [0 / 0.00 / 0.000 / 0.0000]) ÷ (6 − 1)}$^{\frac{1}{2}}$

소수점 이하 네 자리 / 세 자리 / 세 자리 / 네 자리 / 네 자리 / 소수점 이하 자리수 아무 의미 없음

= (0.0144 ÷ 5)$^{\frac{1}{2}}$

소수점 이하 세 자리이어야 함

= (0.014 ÷ 5)$^{\frac{1}{2}}$

유효숫자 2개 / 여기서 5는 자유도이므로 유효숫자의 개념을 적용하지 않음.

= (0.0028)$^{\frac{1}{2}}$ = 0.053 = 0.05

유효숫자 2개 / 유효숫자 2개 / 평균값이 소수점 이하 두 자리를 가지므로 표준편차도 역시 소수점 이하 두 자리까지만 표현

나. 상대 표준 편차: (표준 편차 ÷ 평균)

주어진 실험에서 얻어진 측정값들의 표준 편차가 작다는 것은 해당 실험 방법(분석법)의 재현성이 높다는 의미이다. 그러나 두 가지 이상의 실험 방법들을 사용하여 얻어진 결과들을 근거로 그 실험 방법들의 재현성을 서로 비교하고자 한다면, 반드시 상대 표준 편차(relative standard deviation)를 사용해야 한다.

표 1-2에서 볼 수 있는 것처럼 표준 편차들을 비교하는 경우, 방법 A가 보다 더 높은 재현성을 나타내는 것으로 볼 수 있다. 그러나 상대 표준 편차를 구해보면 방법 B가 더 높은 재현성을 보이는 것을 알 수 있다.

표 1-2. 실험 방법들의 재현성 비교

방법 A (10 g 정도의 시료를 사용하는 실험)		방법 B (100 g 정도의 시료를 사용하는 실험)	
측정 횟수	무게 측정치 (g)	측정 횟수	무게 측정치 (g)
1	10.00	1	101.00
2	10.10	2	100.50
3	10.00	3	101.00
4	10.00	4	100.00
평균	10.00	평균	100.60
표준 편차	± 0.10	표준 편차	± 0.50
상대 표준 편차	(± 0.10) ÷ 10.0 = ± 0.010	상대 표준 편차	(± 0.50) ÷ 100.60 = ± 0.0050

1.3 신뢰 한계와 신뢰도

1.3.1 반복 실험의 횟수

일반적으로 무한히 많은 반복 실험들을 수행하여 얻게 될 평균값은 진정한 평균값, 즉 참값에 아주 가까운 값이 될 수 있을 것이라는 기대를 가지는 것은 그리 무리가 아닐 것이다. 따라서 적은 횟수(N = 3~4번)의 반복 실험들을 통해 얻는 평균값보다 훨씬 더 많은 횟수의 반복 실험을 통해 얻는 평균값이 진정한 평균값에 보다 더 접근할 것이라는 기대감을 가지는 것은 당연하다. 그러나 그러한 기대감을 충족시키기 위해서 실험의 반복 횟수를 늘려만 가는 것은, 오히려 지루함과 무리함을 수반하여 오히려 실험 수행의 효율성을 떨어뜨릴 수도 있다.

1.3.2 신뢰 한계와 신뢰도

이제 주어진 횟수의 반복 실험을 수행하면서 그 실험으로부터 얻게 될 평균값이 진정한 평균값에 얼마나 접근할 수 있는지를 판단하기 위해, 주어진 횟수의 반복 실험을 통해 얻는 평균값이 진정한 평균값에 얼마나 접근하는가를 나타내는 신뢰 한계(confidence limits)와 신뢰도(confidence level)를 다루어 본다.

다음은 신뢰도와 신뢰 한계가 활용되고 있는 한 여론 조사의 내용을 보여준다.

여론 조사 결과에서 사용하는 신뢰도와 신뢰 한계

한 방송사가 여론 조사 전문 기관인 코리아여론센터에 의뢰해 17대 총선 후보등록 마감일에 전국의 유권자 1995명을 대상으로 실시한 여론 조사의 결과를 발표하였다.

> 총선에서 지지할 후보의 소속 정당은 A당 40.0%, B당 20.0%, C당 10.0%, D당 5.0%의 순으로 나타났고, 이 결과는 95% 신뢰 수준에 ±4.0%의 최대 허용 오차를 가진다.

이와 같은 여론 조사의 결과가 의미하는 내용은 다음과 같다.

> • 각 정당에 대한 실제 지지율
>
> A당: 44.0%와 36.0%의 사이　B당: 24.0%와 16.0%의 사이
> C당: 14.0%와 6.0%의 사이　D당: 9.0%와 1.0%의 사이
>
> 신뢰도: 95 %

주어진 횟수의 반복 실험을 통하여 얻은 측정값들을 사용하여 평균값을 구한 후, 그 평균값을 중심으로 +와 −쪽으로 일정 크기의 범위를 설정하고 그 범위 내에 참값(진정한 평균값)이 존재할 것이라는 기대감을 부여할 수 있다. 이렇게 정해진 범위를 신뢰 한계라고 하며, 그 신뢰 한계에 대한 확신의 정도를 「신뢰도」라 한다. 신뢰 한계는 다음과 같은 식을 사용하여 구한다.

$$\text{신뢰 한계} = \text{평균값} \pm (ts \div N^{\frac{1}{2}})$$

(t: student t값, s: 표본 표준 편차, N: 반복 수행 횟수)

신뢰 한계를 결정하는 주요 변수인 t값들을 보여주는 표 1-3을 살펴보면, 다음과 같은 내용을 알 수 있다.

주어진 신뢰도에서 신뢰 한계가 좁아지기를 원한다면, 반복 수행 횟수를 늘림으로써, t값이 작아지게 만들어야 하고, 주어진 반복 수행 횟수에서 신뢰도를 높이고자 한다면, 큰 t값을 사용하여 신뢰 한계를 넓어지게 해야 한다. 그리고 초기 영역(실험 반복 수행 횟수가 3회 → 4회 → 5회로 증가하는 영역)에서는 주어진 실험의 반복 수행 횟수가 증가하면, t값은 뚜렷하게 감소한다. 그러나 일정 수준 이상의 반복 수행 횟수의 영역(실험 반복 수행 횟수가 5회 → 6회 → 7회 → 무한대로 증가하는 영역)에서는 반복 수행 횟수의 증가로 인한 t값 감소는 그리 크게 발생하지 않음도 볼 수 있다.

표 1-3. 신뢰도에 따른 student t값

신뢰도 / 반복 수행 횟수	50%	90%	95%	99%	99.9%
3회	0.816	2.92	4.30	9.93	31.60
4회	0.765	2.35	3.18	5.84	12.92
5회	0.741	2.13	2.78	4.60	8.61
6회	0.727	2.02	2.57	4.03	6.87
7회	0.718	1.94	2.45	3.71	5.96
무한대	0.674	1.64	1.96	2.62	3.29

다음과 같은 예를 살펴보자.

예제 1-20

어떤 실험 결과들이 7.06, 7.04, 7.19, 7.10, 7.07, 7.09 ppm(w/w)로 얻어졌다. 95 % 신뢰도를 가질 수 있는 신뢰 한계를 구하시오.

풀이 평균값 = (7.06 + 7.04 + 7.19 + 7.10 + 7.07 + 7.09) ÷ 6 = 7.09

표준 편차 = s(또는 σ_{n-1}) = $\{(\Sigma x_i^2) \div \text{자유도}\}^{\frac{1}{2}} = \{(\Sigma x_i^2) \div (N-1)\}^{\frac{1}{2}} = 0.05$

신뢰 한계 = 평균값 ± $(ts \div N^{\frac{1}{2}})$

$= 7.09 \pm \{(2.57)(0.05) \div 6^{\frac{1}{2}}\}$

$= 7.09 \pm 0.05$ ppm(w/w)

1.4 의심나는 실험값 버리기

1.4.1 Q-test

여러 번의 반복 실험을 통하여 얻어진 일련의 측정값들 중에서 다른 측정값들에 비해 너무 크거나 너무 작게 여겨지는 측정값이 나타날 수도 있다. 예로써, 그림 1-7은 똑같은 시료를 사용하여 5번의 반복 실험을 수행한 결과를 보여주고 있다.

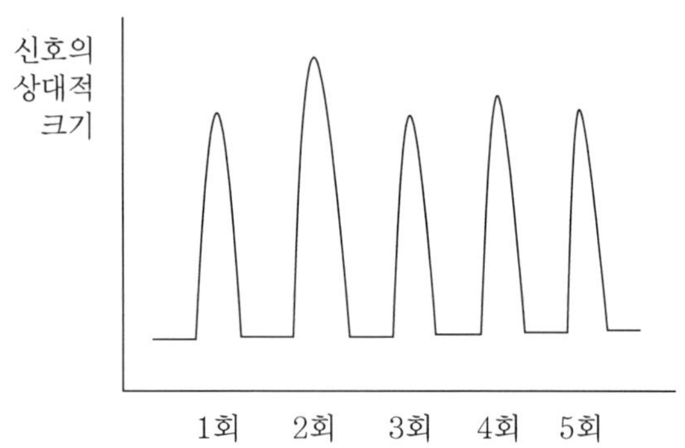

그림 1-7. 주어진 실험을 5회 반복 수행하여 얻어진 신호들의 상대적 크기

이 신호들 중 두 번째 신호는 그 크기가 다른 것들에 비해 훨씬 더 크다. 그렇다면 두 번째 신호는 버리고 나머지 신호들의 크기만을 사용하여 평균치와 표준 편차를 구해야 할 것인가? 아니면 모든 신호들의 크기들을 사용하여 평균치와 표준 편차를 보고해야 하는가?

이러한 질문에 대한 답을 구하기 위해 다음과 같은 Q-test를 수행한다.

Q-test

① 모든 실험값들을 크기 순서로 나열한다.
② 실험값들의 범위(range, r)를 구한다.
③ 의심나는 값 그리고 그 값과 가장 크기가 비슷한 실험값 사이의 차이(difference, d)를 구한다.
④ d를 r로 나누어준 값(Q)을 구한다.
⑤ 계산으로 얻은 Q값($Q_{계산}$)과 표에서 구한 Q값($Q_{표}$)을 비교하여 $Q_{계산} > Q_{표}$이면, 90% 확신을 갖고 의심나는 값을 버린다.

표 1-4. 90 %의 확신을 가지고 실험값을 버릴 수 있는 기준 Q값

실험 수행 횟수(회)	Q	실험 수행 횟수(회)	Q
3	0.94	7	0.51
4	0.76	8	0.47
5	0.64	9	0.44
6	0.56	10	0.41

다음과 같은 예를 살펴보자.

예제 1-21

어떤 실험 결과들이 7.06, 7.04, 7.19, 7.10, 7.07, 7.09 ppm(w/w)로 얻어졌다. 이들 중 버려야 할 값(들)이 있는가?

풀이

① 실험값들을 크기 순서로 나열한다.
7.04, 7.06, 7.07, 7.09, 7.10, 7.19

② 실험값들의 범위(r)를 구한다.
7.19 − 7.04 = 0.15

③ 의심나는 값(7.19) 그리고 그 값과 가장 크기가 비슷한 실험값(7.10)의 차이(d)를 구한다.
7.19 − 7.10 = 0.09

④ d를 r로 나누어준 값(Q)을 구한다.

$$\frac{d}{r} = Q_{계산} = 0.09 \div 0.15 = 0.6$$

결론: 0.6($Q_{계산}$) > 0.56($Q_{표}$)이므로, 7.19는 버린다.

1.4.2 Q-test를 사용할 수 없는 경우

여러 번의 반복 실험 결과 단 한 번의 실험값만을 제외하고 다른 실험값들은 모두 다 같은 경우에는 Q-test를 적용할 수 없다.

예를 들면, 3회의 반복 실험 결과 3.00, 3.00, 3.01이라는 결과들을 얻었을 경우나 4회의 반복 실험 결과 4.0, 4.0, 4.1, 4.0이라는 결과들을 얻었을 경우 3.01과 4.1에 대한 Q-test를 수행하는 경우를 예로 들어보자. 두 경우 모두 계산을 통해 얻은 Q값은 1이 얻어져 $Q_{계산}$이 항상 $Q_{표}$보다 더 크게 되므로 두 값들은 버려야 한다는 결론에 도달한다.

2 분석 화학에서의 농도

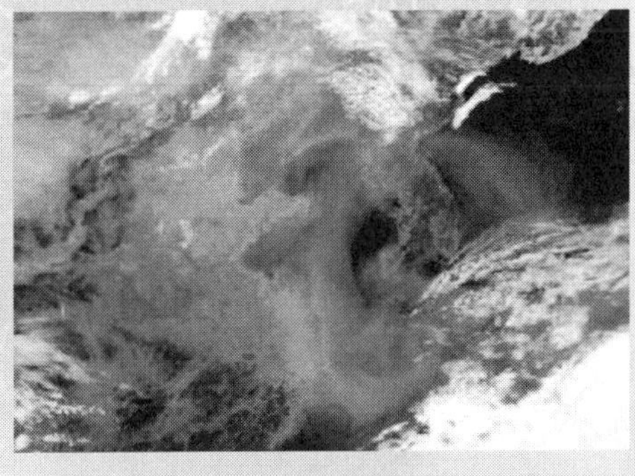

중국이나 몽골에서 발생하여 한반도로 이동해 오는 황사는 유해 중금속을 얼마나 함유하고 있을까?

공단 인근 지역의 대기에는 산성비에 기여하는 이산화 황이 어느 정도 포함되어 있을까?

한강에서 채취된 강물에 녹아 있는 특정 오염 물질의 양은 얼마일까?

푸른색을 띠는 구리 수용액 중에 함유된 구리 이온의 양은 얼마일까?

2.1 분율

2.1.1 분율의 세 가지 유형

화학에서의 농도(concentration)란 주어진 양의 시료(sample)에 존재하는 특정 물질(분석 대상 성분 또는 연구 대상 성분)의 양을 정량적으로 나타낸 것으로서, 기본적으로 다음과 같은 개념을 적용한다.

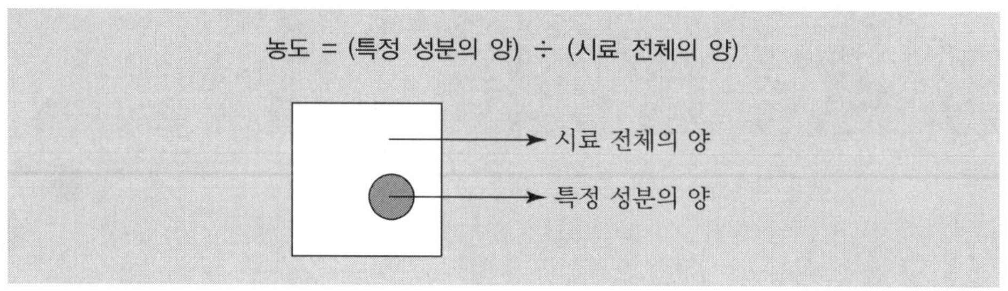

농도를 표현하는 한 가지 방법인 분율(fraction)은 주어진 무게 (또는 부피)의 시료 중에 존재하는 특정 성분의 무게(또는 부피)를 비율(ratio)로 나타낸 것이다. 그리고 분율은 그 값을 얻는 과정에서 사용한 단위에 따라 다음과 같이 세 가지 유형으로 구분한다.

- 무게/무게 분율(단위: w/w) = (특정 성분의 무게) ÷ (시료 전체의 무게)
- 무게/부피 분율(단위: w/v) = (특정 성분의 무게) ÷ (시료 전체의 부피)
- 부피/부피 분율(단위: v/v) = (특정 성분의 부피) ÷ (시료 전체의 부피)

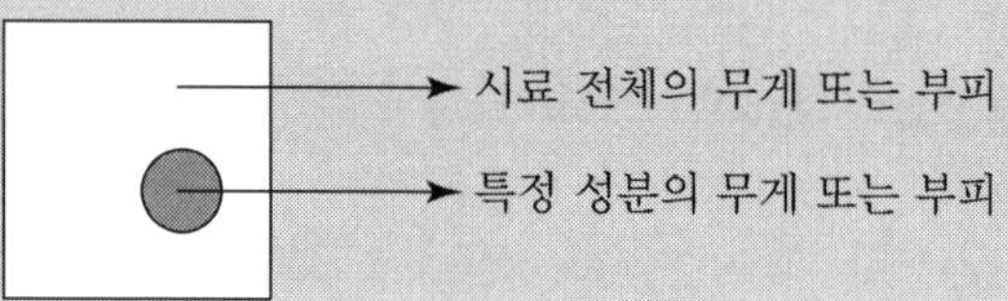

2.1.2 다양한 분율 표현법

그 어떤 경우에도 분율은 1보다 더 커질 수 없고, 대부분 1보다 작다. 주어진 분율이 너무 작아 다루기가 힘든 경우, 다음과 같이 그 분율에 적절한 수를 곱해주어 보다 더 간단하고 다루기 쉬운 값으로 바꾸어주기도 한다.

분율 × 10^2 = 백분율(part(s) per hundred, 단위:%)
분율 × 10^6 = 백만분율(part(s) per million, 단위: ppm)
분율 × 10^9 = 십억분율(part(s) per billion, 단위: ppb)
분율 × 10^{12} = 일조분율(part(s) per trillion, 단위: ppt)

표 2-1은 세 가지 유형의 분율의 크기에 따른 표현법들을 보여주고 있다.

표 2-1. 분율의 크기에 따른 세 가지 유형의 표현법들

	예	w/w	w/v	v/v
백분율 (%)	1.0%	무게/무게 백분율 %(w/w) 1.0%(w/w) = $1.0×10^{-2}$ g/g = (?　　)	무게/부피 백분율 %(w/v) 1.0%(w/v) $1.0×10^{-2}$ g/mL = (?　　)	부피/부피 백분율 %(v/v) 1.0%(v/v) $1.0×10^{-2}$ L/L = (?　　)
백만분율 (ppm)	1.0 ppm	무게/무게 백만분율 ppm(w/w) 1.0 ppm(w/w) = 1.0 μg/g = (?　　)	무게/부피 백만분율 ppm(w/v) 1.0 ppm(w/v) 1.0 mg/L = (?　　)	부피/부피 백만분율 ppm(v/v) 1.0 ppm(v/v) 1.0 μL/L = (?　　)
십억분율 (ppb)	1.0 ppb	무게/무게 십억분율 ppb(w/w) 1.0 ppb(w/w) 1.0 μg/kg = (?　　)	무게/부피 십억분율 ppb(w/v) 1.0 ppb(w/v) 1.0 μg/L = (?　　)	부피/부피 십억분율 ppb(v/v) 1.0 ppb(v/v) 1.0 nL/L = (?　　)
일조분율 (ppt)	1.0 ppt	무게/무게 일조분율 ppt(w/w) 1.0 ppt(w/w) 1.0 ng/kg = (?　　)	무게/부피 일조분율 ppt(w/v) 1.0 ppt(w/v) 1.0 ng/L = (?　　)	부피/부피 일조분율 ppt(v/v) 1.0 ppt(v/v) 1.0 pL/L = (?　　)

※ 표의 ( )안에 적절한 단위를 써 넣을 수 있도록 충분히 연습해야 한다.
※ 양을 나타내는 접두어들의 종류는 다음과 같다.
tera (T−, 10^{12}), giga (G−, 10^9), mega (M−, 10^6), kilo (k−, 10^3), milli (m−, 10^{-3}), micro (μ−, 10^{-6}), nano (n−, 10^{-9}), pico (p−, 10^{-12}), 그리고 femto (f−, 10^{-15}) 등이 있다.
단, 「kL」처럼 실제로 사용하지 않는 단위들도 있음을 알아두어야 하며, 「kL」 대신 사용할 수 있는 부피 단위는 「m^3」이다.
1.0 m = $1.0×10^2$ cm ➜ 1.0 m^3 = $1.0×10^6$ cm^3
1.0 L = $1.0×10^3$ mL = $1.0×10^3$ cm^3 · ∴ $1.0×10^3$ L = 1.0 m^3

2.1.3 분율 익히기

이제 다양한 종류의 시료에 함유되어 있는 분석 대상 성분의 농도를 분율로 표현하는 법을 다루어 본다.

무게/무게 분율(단위: w/w)

무게/무게 분율(단위: w/w) = (분석 대상 성분의 무게) ÷ (전체 시료의 무게)

실험을 통해 무게/무게 분율을 계산하는 과정에서 특정 성분의 무게(분자 항)와 시료의 무게(분모 항)는 동일한 무게 단위를 가져야 한다. 그리고 무게/무게 분율의 경우 다음과 같이 w/w라는 표현은 생략할 수도 있다.

20.0%(w/w) = 20.0%
1.0 ppm(w/w) = 1.0 ppm

그리고 주어진 분율에 (w/w), (w/v) 또는 (v/v)와 같은 단위를 함께 나타내지 않은 경우, 그 분율은 무게/무게 분율로 받아들인다. 무게/무게 분율에 관한 이해를 돕기 위해 다음의 예들을 살펴보자.

예제 2-1

한 개의 무게가 200.0 mg인 진통제 알약에 함유된 실제 진통제 성분의 무게는 20.0 mg이며, 나머지는 충전제(filler)이다. 주어진 진통제 알약에 함유되어 있는 진통제 성분의 (a) %(w/w) 농도와 (b) ppm(w/w) 농도를 구하시오.

풀이 우선 알약에 들어 있는 진통제 성분의 분율(w/w)을 구한다.

진통제 성분의 분율(w/w)
= (진통제 성분의 무게) ÷ (알약의 무게)
= (20.0 mg) ÷ (200.0 mg) = 0.100(w/w)

이제 %(w/w) 농도와 ppm(w/w) 농도를 구한다.

(a) %(w/w) 농도
= 분율(w/w) × 10^2
= 0.100(w/w) × 10^2 = 10.0%(w/w)

(b) ppm(w/w) 농도
= 분율(w/w) × 10^6
= 0.100(w/w) × 10^6 = 1.00×10^5 ppm(w/w)

※ 이 경우 ppm(w/w) 농도보다는 %(w/w) 농도로 얻은 수치가 더 단순하고 다루기가 수월함을 알 수 있다.

예제 2-2

1.2304 kg의 철광석에 함유된 Fe_3O_4 {$Fe^{2+}(Fe^{3+})_2O_4$, 산화철, iron oxide, magnetite(자철광)}의 무게가 0.0101 g이라면, 철광석 시료 중 철(iron, Fe)의 (a) 분율(w/w), (b) %(w/w) 농도, (c) ppm(w/w) 농도를 구하시오.
(단, 철(Fe)의 원자량은 55.85이고 산소(O)의 원자량은 16.0이다.)

풀이 우선 0.0101 g의 Fe_3O_4에 들어 있는 Fe의 무게를 구한다.

Fe_3O_4 속에 존재하는 철의 무게
= (Fe_3O_4의 무게) × {(Fe의 원자량 × 3) ÷ (Fe_3O_4의 화학식량)}
= (0.0101 g) × {(55.85×3) ÷ (55.85×3 + 16.0×4)}
= (0.0101 g) × (167.55 ÷ (167.55 + 64.0)}
= (0.0101 g) × {167.55 ÷ (231.6) (반올림)}
= (0.0101 g) × 0.7234
= 0.00731 g

(a) 철광석 시료 중 철(Fe)의 분율(w/w)
= (철의 무게, g) ÷ (철광석 시료의 무게, g)
= (0.00731 g) ÷ (1.2304 kg)
= (0.00731 g) ÷ (1.2304×10^3 g)
= 5.94×10^{-6}(g/g)
= 5.94×10^{-6}(w/w)

(b) 철광석 시료 중 철(Fe)의 %(w/w) 농도
= 5.94×10^{-6}(w/w) × 10^2
= 5.94×10^{-4}%(w/w)

(c) 시료 중 철 (Fe)의 ppm(w/w) 농도
= 5.94×10^{-6}(w/w) × 10^6
= 5.94 ppm(w/w)

※ 이 경우는 예제 2-1과는 달리 %(w/w) 농도보다 ppm(w/w) 농도로 얻은 수치가 더 단순하고 다루기가 수월하다.

화학량론

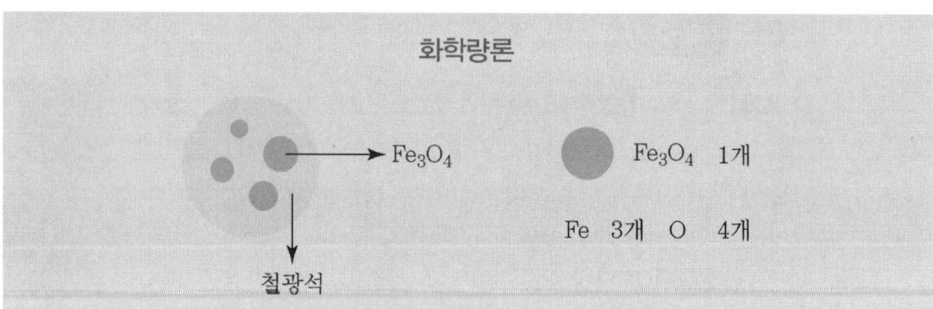

예제 2-2에서 Fe_3O_4의 무게가 0.0101 g이라면, 그 속에 함유된 Fe의 무게를 구하기 위해서는 다음과 같은 식을 사용해야 한다.

> Fe_3O_4에 함유된 Fe의 무게
> = (0.0101 g) × {(Fe의 원자량 × 3) ÷ (Fe_3O_4의 화학식량)}

왜냐하면 Fe_3O_4의 화학식을 살펴보면 한 개의 Fe_3O_4에 세 개의 Fe가 들어 있으므로, Fe_3O_4에 함유된 Fe의 무게를 구하기 위해서는 Fe의 원자량에 3을 곱해주어야 하기 때문이다.

다음은 또 다른 예들을 보여준다.

> 0.100 g의 Al_2O_3(산화 알루미늄, aluminum oxide)에 들어 있는
> Al의 무게 = (0.100 g) × {(Al의 원자량 × 2) ÷ (Al_2O_3의 화학식량)}

0.100 g의 $Mg_2P_2O_7$ 속(피로인산 마그네슘, magnesium pyrophosphate)에 들어 있는 P의 무게 = (0.100 g) × {(P의 원자량 × 2) ÷ ($Mg_2P_2O_7$의 화학식량)}

무게/부피 분율(단위: w/v)

> 무게/부피 분율(단위: w/v) = (분석 대상 성분의 무게) ÷ (전체 시료의 부피)

특정 성분의 무게 측정값과 시료의 부피 측정값을 사용하여 무게/부피 분율을 구하는 경우에는 측정값들의 단위가 서로 다르다. 그러므로 측정값들의 단위를 먼저 서로 대등한(동격인) 단위들(예: 무게 단위에서 1 g은 부피 단위에서 1 mL와 동격)로 변환시킨 후, 분율을 계산해야 한다.

서로 동격인 무게 단위와 부피 단위

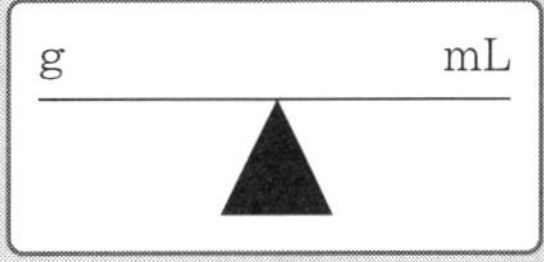

무게와 부피 측정값들은 서로 단위가 다르다. 따라서 무게 측정값을 부피 측정값으로 나누어 무게/부피 분율을 구하는 경우, 먼저 두 측정값들의 단위들을 서로 대응할 수 있는 단위들로 변환해 주는 작업을 수행해야 한다. 이를 위해 4°C에서 물의 밀도가 1 g/mL이라는 점을 활용한다. 즉, 무게 단위에서 1 g이라는 측정값이 차지하는 위치는 부피 단위에서 1 mL가 차지하는 위치와 서로 동등한 것으로 받아들이는 것이다. 따라서 무게 측정값은 g 단위의 값 그리고 부피 측정값은 mL 단위의 값으로 바꾼 후, 무게/부피 분율을 계산한다. 예로써, 분석 결과 1.20 L의 시료 용액 중에 10.0 g의 성분이 존재한다면, 그 성분의 무게/부피 분율은 다음과 같이 구한다.

분율(w/v)
= (성분의 무게) ÷ (시료 용액의 부피)
= (10.0 g) ÷ (1.20 L)
부피 단위를 mL 단위의 값으로 변경 (1.20 L ⇒ 1.20×10^3 mL)
= (10.0 g) ÷ (1.20×10^3 mL)
= 8.33×10^{-3} (g/mL) = 8.33×10^{-3}(w/v)

이밖에도 무게 측정값의 단위와 부피 측정값의 단위들 사이에서 서로 대응하는 단위들로 kg과 L 또는 mg과 μL을 들 수 있다.

이제 무게/부피 분율에 관한 이해를 돕기 위해 다음과 같은 예들을 살펴보자.

예제 2-3

$CaCO_3$(탄산 칼슘, calcium carbonate)이 물에 녹아 그 농도가 100.0 ppm(w/v)이면, 그 물은 센물(hard water)로 분류할 수 있다. 100.0 ppm(w/v)인 $CaCO_3$ 수용액 0.500 L에 들어 있는 Ca^{2+} 이온과 CO_3^{2-} 이온의 양(mg)을 구하시오. (단, 원자량은 Ca: 40.1, C: 12.0, O: 16.0이고, $CaCO_3$의 해리 반응은 다음과 같다.)

$$CaCO_3(s) \xrightleftharpoons{H_2O} Ca^{2+}(aq) + CO_3^{2-}(aq)$$

풀이 농도가 100.0 ppm(w/v)인 $CaCO_3$ 수용액이 의미하는 내용은 다음과 같다.

100.0 ppm(w/v) $CaCO_3$ = 100.0 mg $CaCO_3$/L

➡ 1 L 수용액(물)에 녹아 있는 $CaCO_3$의 무게는 100.0 mg이다.

따라서 부피가 0.500 L인 수용액에 녹아 있는 $CaCO_3$의 양은 다음과 같이 구할 수 있다.

$100.0\ mg\ CaCO_3/L \times 0.500\ L = 50.0\ mg\ CaCO_3$

이제 50.0 mg의 $CaCO_3$로부터 해리되어 나온 Ca^{2+} 이온과 CO_3^{2-} 이온의 무게를 구한다.

Ca^{2+} 이온의 무게
= (녹은 $CaCO_3$의 무게) × {(Ca의 원자량) ÷ ($CaCO_3$의 화학식량)}
= 50.0 mg × {(Ca의 원자량) ÷ ($CaCO_3$의 화학식량)}
= 50.0 mg × {(40.1) ÷ (40.1 + 12.0 + 16.0×3)}
= 50.0 mg × (40.1 ÷ 100.1)
= 50.0 mg × 0.401
= 20.05 mg
➡ 20.0 mg (유효 숫자 3개와 반내림)

CO_3^{2-} 이온의 무게
= (녹은 $CaCO_3$의 무게) − (Ca^{2+} 이온의 무게)
= 50.0 mg − 20.0 mg
= 30.0 mg

또는

CO_3^{2-} 이온의 무게
= (녹은 $CaCO_3$의 무게) × {(Ca의 원자량) ÷ ($CaCO_3$의 화학식량)}
= (50.0 mg) × {(CO_3^{2-} 이온 화학식량) ÷ ($CaCO_3$ 화학식량)}
= (50.0 mg) × {(12.0 + 16.0×3) ÷ (100.1)}
= (50.0 mg) × (60.0 ÷ 100.1)
= (50.0 mg) × 0.599
= 30.0 mg

이온의 화학식량

예제 2-3에서 50.0 mg의 $CaCO_3$로부터 해리되어 나온 Ca^{2+} 이온의 무게를 구하기 위해 Ca^{2+}의 원자량을 사용하였고, CO_3^{2-} 이온의 무게를 구하기 위해서는 CO_3^{2-} 이온을 구성하는 C 원자와 O 원자의 원자량들로부터 구한 화학식량을 사용하였다. Ca^{2+} 이온의 경우 중성 Ca 원자로부터 전자(electron) 두 개가 빠져나간 형태이다. 그러나 전자 한 개의 질량은 아주 작으므로(≒ 9.1×10^{-28} g), Ca원자로부터 전자들이 빠져나간 후 생겨난 Ca^{2+} 이온의 무게는 Ca 원자의 무게와 동일하게 취급하여도 무방하다. CO_3^{2-} 이온의 경우에도 마찬가지 개념을 적용한다.

Ca^{2+} 이온의 화학식량 = Ca의 원자량
CO_3^{2-} 이온의 화학식량 = C의 원자량 + (O의 원자량×3)

예제 2-4

KNO_3(질산 포타슘, potassium nitrate) 2.354 mg을 물에 녹여 제조한 250.0 mL KNO_3 수용액 중 K^+ 이온의 ppm(w/v) 농도를 구하시오. (단, K: 39.1, N: 14.0, O: 16.0)

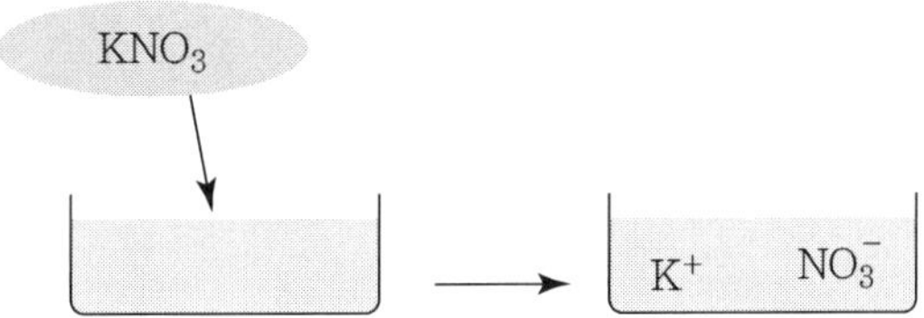

풀이 먼저 2.354 mg의 KNO_3에 들어 있는 K^+ 이온의 무게를 구한다.

K^+ 이온의 무게
= (KNO_3의 무게) × {(K^+ 이온의 원자량) ÷ (KNO_3의 화학식량)}
= (2.354 mg) × {39.1 ÷ (39.1 + 14.0 + 16.0×3)}
= (2.354 mg) × (39.1 ÷ 101.1)
= (2.354 mg) × 0.387
= 0.911 mg

부피가 250.0 mL인 KNO_3 수용액에 들어 있는 K^+ 이온의 무게/부피 분율을 계산하기 위해서는, 무게 단위와 부피 단위가 서로 동격이어야 한다. 따라서 단위 변환을 통해 무게/부피 분율과 ppm(w/v) 농도를 구한다.

K^+ 이온의 무게/부피 분율
= K^+ 이온의 무게 ÷ KNO_3 수용액의 부피
= 0.911 mg ÷ 250.0 mL
= 0.911×10^{-3} g ÷ 250.0 mL
= 9.11×10^{-4} g ÷ 250.0 mL
= 3.64×10^{-6}(g/mL) = 3.64×10^{-6}(w/v)
∴ K^+ 이온의 ppm(w/v) 농도 = 3.64×10^{-6}(w/v) × 10^6
= 3.64 ppm(w/v)

예제 2-5

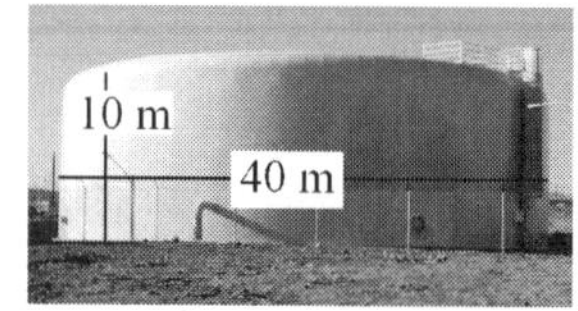

충치 예방을 위해 음용수(drinking water) 속 플루오린 함량(fluoride content)을 1.60 ppm(w/v)으로 유지하고 있다.

(a) 이러한 플루오린 농도를 유지하기 위해서는 지름이 40.0 m이고 깊이가 10.0 m인 원통형 저수조(water reservoir)에 가득 한 물에 몇 g의 F^- 이온이 녹아 있어야 하는가?

(b) (a)에서 얻은 양만큼의 F^- 이온이 녹아 있게 하려면 몇 g의 NaF(플루오린화 소듐, sodium fluoride, Na: 23.0, F: 19.0)를 녹여 주어야 하는가?

풀이 (a) F^- 이온의 농도가 1.60 ppm(w/v)이어야 한다는 것은

1.60 ppm(w/v) = 1.60 mg/L

와 같이 물 1 L당 1.60 mg의 F^- 이온이 녹아 있어야 한다는 사실을 의미한다. 그런데 저수조의 부피를 m^3의 단위로 구할 것이므로, 다음과 같이 미리 물 1 m^3(10^3 L)당 녹아 있어야 하는 F^- 이온의 무게로 바꾸어주는 것이 좋다.

1 m^3당 녹아 있어야 하는 F^- 이온의 무게
= 1.60 mg/L
= 1.60×10^3 mg/m^3
= 1.60 g/m^3

이제 다음과 같이 저수조의 부피를 구한다.

저수조의 부피 = $\pi r^2 h$
= (3.14) × $(20.0\ m)^2$ × (10.0 m) = 1.26×10^4 m^3

그 부피의 저수조 물에 들어 있어야 할 F^- 이온의 양을 계산한다.

저수조 물에 들어 있어야 할 F^- 이온의 양
$= (1.60\ g/m^3) \times (1.26\times10^4\ m^3) = 2.02\times10^4\ g$

(b) F^- 이온을 함유한 염(salt)인 NaF를 사용하므로, 2.02×10^4 g의 F^- 이온을 함유하는 NaF의 무게(물에 녹여 주어야 하는 NaF의 무게)를 구한다.

필요한 NaF의 무게
$= (F^-$ 이온의 무게$) \times \{($NaF의 화학식량$) \div ($F의 원자량$)\}$
$= (2.02\times10^4\ g) \times (42.0 \div 19.0)$
$= 4.47\times10^4\ g$

부피/부피 분율(단위: v/v)

부피/부피 분율(단위: v/v) = (분석 대상 성분의 부피) ÷ (전체 시료의 부피)

특정 성분의 부피와 시료의 부피를 사용하여 부피/부피 분율을 계산하는 과정에서는 모든 측정값들은 동일한 부피 단위를 가져야 한다. 다음의 예를 살펴보자.

예제 2-6

알코올의 농도가 50.5%(v/v) 위스키(Whiskey) 750.0 mL에 들어 있는 알코올(alcohol)의 양(부피, mL)을 구하시오.

풀이 알코올의 농도가 1.0%(v/v)라는 것은 알코올 수용액이 10^2 mL인 경우, 그 수용액 중 알코올의 함량은 1.0 mL라는 의미이다.

그렇다면 농도가 50.5%(v/v)인 위스키의 경우 10^2 mL 위스키에 함유된 알코올이 50.5 mL라는 의미이다.

따라서 50.5%(v/v) 위스키 750.0 mL에 들어 있는 알코올의 양은 다음과 같이 구한다.

$(50.5\ mL/10^2\ mL) \times (750.0\ mL) = 379\ mL$

2.2 몰농도

2.2.1 몰농도를 이해하기 위해 필요한「몰」

◎ 몰은 화학종의 수를 세는 단위이다.

주어진 화학종(원자, 분자, 화합물 또는 이온 등)의 양을 몰(mol)이라는 단위를 사용하여 표현하는 것은, 그 화학종의 양을 개수로 표현하는 것이다. 그리고 어떤 수용액 속에 함유된 주어진 화학종의 양이「1 mol」이라는 것은, 그 화학종이 아보가드로(Avogadro)의 수: 6.02×10^{23}개만큼 존재한다는 것을 의미한다.

Avogadro의 수

Avogadro의 수는 탄소 동위원소(isotope)들 중의 하나인 C-12 원소 12.0000 g에 들어 있는 탄소 원자들의 수(6.02×10^{23}개)로 정의한다.

화학종 1 mol = Avogadro의 수만큼의 화학종 = 6.02×10^{23}개

- 원자(예: Na)

$1\ \text{mol Na} = \text{Na}\ 6.02\times10^{23}$개

$\frac{1}{2}\ \text{mol Na} = (\text{Na}\ 6.02\times10^{23}\text{개/mol}) \times (\frac{1}{2}\ \text{mol})$

$= \text{Na}\ 3.01\times10^{23}$개

- 분자(예: HCl)

$1\ \text{mol HCl} = \text{HCl}\ 6.02\times10^{23}$개

$1.00\times10^{-3}\ \text{mol HCl} = (\text{HCl}\ 6.02\times10^{23}\text{개/mol}) \times (1.00\times10^{-3}\ \text{mol})$

$= \text{HCl}\ 6.02\times10^{20}$개

- 화합물(예: NaCl)

$1\ \text{mol NaCl} = \text{NaCl}\ 6.02\times10^{23}$개

$1.00\times10^{-2}\ \text{mol NaCl} = (\text{NaCl}\ 6.02\times10^{23}\text{개/mol}) \times (1.00\times10^{-2}\ \text{mol})$

$= \text{NaCl}\ 6.02\times10^{21}$개

- 이온(예: K^+ 이온)

$1\ \text{mol}\ K^+$ 이온 = K^+ 이온 6.02×10^{23}개

$\frac{1}{5}\ \text{mol}\ K^+$ 이온 = (K^+ 이온 6.02×10^{23}개/mol) × $(\frac{1}{5})$ mol

= K^+ 이온 1.20×10^{23}개

화학종 1 mol의 무게 – 몰질량

주어진 화학종 1 mol의 무게는 다음과 같이 그 화학종의 화학식량에 g 단위를 붙여준 값인 「몰질량(molar mass), 단위: g/mol」으로 표현한다.

- 원자(예: Na)의 경우
  Na 원자 1몰 질량 = (Na의 원자량) g = 23.0 g
- 분자(예: HCl)의 경우
  HCl 분자 1몰 질량 = (HCl의 분자량) g = 36.5 g
- 화합물(예: NaCl)의 경우
  NaCl 1몰 질량 = (NaCl의 화학식량) g = 58.5 g

그리고 주어진 화학종 한 개의 무게를 g 단위로 표현하려면, 그 화학종의 몰질량을 Avogadro의 수로 나누어 주면 된다.

- 원자(예: Na)의 경우
  Na 원자 1 mol의 무게 = (Na의 원자량) g = 23.0 g
  Na 원자 1개의 무게
  = (Na 1몰의 무게) ÷ (Avogadro의 수)
  = (23.0 g) ÷ (6.02×10^{23}) = 3.82×10^{-23} g
- 분자(예: HCl)의 경우
  HCl 분자 1 mol의 무게 = (HCl의 분자량) g = 36.5 g
  HCl 분자 1개의 무게
  = (HCl 1몰의 무게) ÷ (Avogadro의 수)
  = (36.5 g) ÷ (6.02×10^{23}) = 6.06×10^{-23} g
- 화합물(예: NaCl)의 경우
  NaCl 화합물 1 mol의 무게 = (NaCl의 화학식량) g = 58.5 g
  NaCl 화합물 1개의 무게
  = (NaCl 1몰의 무게) ÷ (Avogadro의 수)
  = (58.5 g) ÷ (6.02×10^{23}) = 9.72×10^{-23} g

또한 주어진 화학종이 일정한 무게만큼 존재할 때, 그 속에 들어 있는 그 화학종의 수는 다음과 같이 구할 수 있다.

- 원자(예: Na, 몰질량 = 23.0 g/mol)의 경우 Na 원자 1.0 g에는 몇 개의 Na 원자들이 들어 있을까?
  (1.0 g) ÷ (23.0 g/mol) = 0.043 mol
  → 0.043 mol × (6.02×10^{23}개/mol) = 2.6×10^{22}개
- 분자(예: HCl, 몰질량 = 36.5 g/mol)의 경우 HCl 1.0 g에는 몇 개의 HCl 분자들이 들어 있을까?
  (1.0 g) ÷ (36.5 g/mol) = 0.027 mol
  → 0.027 mol × (6.02×10^{23}개/mol) = 1.6×10^{22}개
- 화합물(예: NaCl, 몰질량 = 58.5 g/mol)의 경우 NaCl 1.0 g에는 몇 개의 NaCl분자들이 들어 있을까?
  (1.0 g) ÷ (58.5 g/mol) = 0.017 mol
  → 0.017 mol × (6.02×10^{23}개/mol) = 1.0×10^{22}개

2.2.2 몰농도

● 몰농도는 용액 1 L에 녹아 있는 용질의 mol수로 나타낸다.

주어진 수용액의 「몰농도(molarity, M: mol/L)」를 구하기 위해서는, 용질의 mol수를 수용액의 부피(단위: L)로 나누어준다. 다음의 예들을 살펴보자.

예제 2-7

2.354 g의 KNO_3(K: 39.1, N: 14.0, O: 16.0)를 물에 녹여 250.0 mL 용액을 만든다면, KNO_3 수용액의 몰농도를 구하시오.

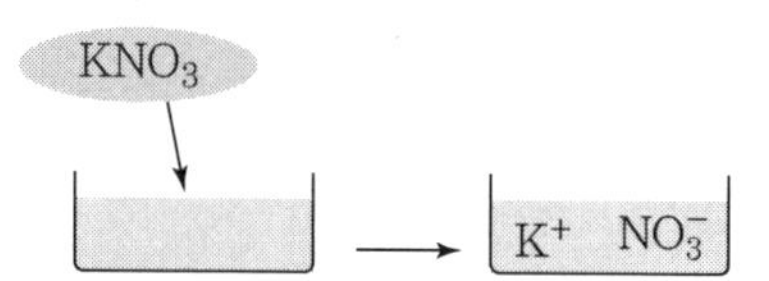

풀이 수용액의 제조에 사용된 KNO_3의 mol수를 구한다.

(KNO_3의 무게, g) ÷ (KNO_3의 몰질량, g/mol)
= (2.354 g) ÷ (101.1 g/mol) = 0.02328 mol

이제 KNO_3의 mol수를 수용액의 부피(단위: L)로 나누어 몰농도를 구한다.

(KNO_3의 mol수) ÷ (KNO_3 용액의 부피, L)
= (0.02328 mol) ÷ (0.2500 L) = 0.09312 mol/L = 0.09312 M

예제 2-8

3.200 g의 NaCl(Na: 23.0, Cl: 35.5)를 물에 녹여 NaCl 수용액 500.0 mL를 만들 경우, NaCl 수용액의 몰농도를 구하시오.

풀이 수용액의 제조에 사용된 NaCl의 mol수를 구한다.

(3.200 g) ÷ (58.5 g/mol) = 0.0547 mol

이제 NaCl 수용액의 몰농도는 다음과 같이 구한다.

(0.0547 mol) ÷ (0.5000 L) = 0.109 mol/L = 0.109 M

몰농도와 관련된 중요한 개념들

여기서 다루는 세 가지 개념들은 앞으로 주어진 몰농도의 용액을 제조하는 과정에서나 농도 관련 계산 과정에서 기본적으로 활용되는 것들이므로, 그 내용들을 확실하게 기억해 두는 것이 좋다.

가. 개념 1

주어진 수용액의 몰농도와 부피로부터 그 수용액 속에 함유된 용질의 양(mol수)을 알아낼 수 있다.

(수용액의 몰농도) × (용액의 부피) = 용질의 mol수

0.100 M HCl 수용액 50.0 mL의 경우를 예로 들어보자. 이 수용액은 표면적으로, 수용액의 농도는 0.100 M, 용질의 종류는 HCl, 수용액의 부피는 50.0 mL라는 세 종류의 정보들을 제공하고 있다.

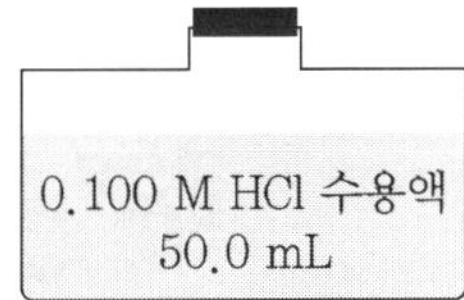

이제 이들로부터 네 번째 정보인 수용액 속에 함유되어 있는 용질(HCl)의 양(mol수)를 알아낼 수 있는데, 용질의 양을 알아내기 위해서는 다음과 같이 수용액의 몰농도에 부피를 곱해주면 된다.

용질(HCl)의 mol수 = (HCl 수용액의 농도, M) × (HCl 수용액의 부피, L)
= (0.100 mol/L) × (0.0500 L)
= 0.00500 mol

이와 같이 주어진 몰농도의 수용액 속에 함유된 용질의 양을 알아내기 위해서는 그 수용액의 몰농도에 부피를 곱해주면 되는데, 이때 다음과 같이 곱해 주는 부피의 단위에 따라 얻어지는 mol수의 단위도 달라진다.

(용액의 몰농도) × (용액의 부피) = 용질의 양

- (용액의 몰농도, mol/L) × (용액의 부피, L) = 용질의 mol수
- (용액의 몰농도, mol/L) × (용액의 부피, mL) = 용질의 mmol수
  ∵ (용액의 몰농도, mmol/mL) × (용액의 부피, mL)
- (용액의 몰농도, mol/L) × (용액의 부피, μL) = 용질의 μmol수
  ∵ (용액의 몰농도, μmol/μL) × (용액의 부피, μL)

나. 개념 2

주어진 몰농도의 수용액에 물을 첨가하면 그 수용액의 농도는 감소하지만, 원래 수용액 속에 존재하고 있던 용질의 mol수는 변하지 않는다.

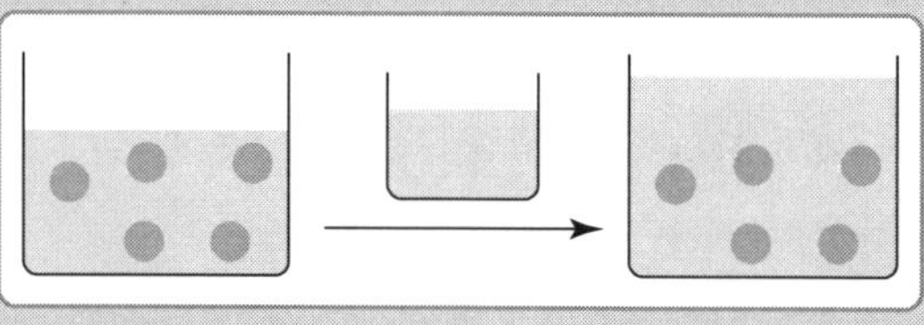

다음의 예는 이 개념을 활용하여 주어진 몰농도의 수용액에 물을 첨가한 후, 농도가 묽어진 용액의 몰농도를 구하는 과정을 보여준다.

예제 2-9

0.100 M HCl 수용액 50.0 mL에 물을 첨가하여 100.0 mL 수용액으로 묽혔다. 묽혀진 HCl 수용액의 몰농도를 구하시오.

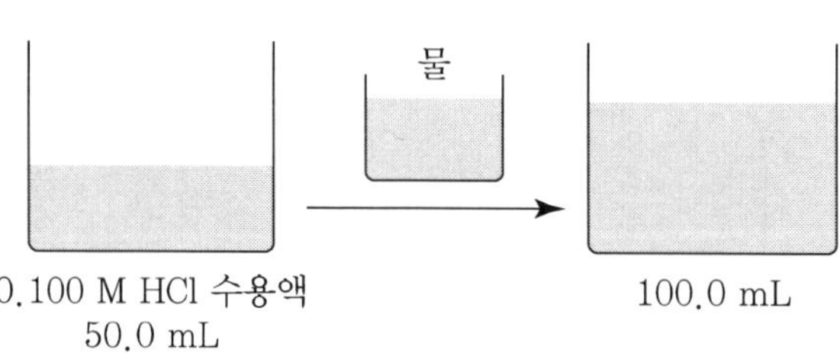

물을 첨가하여 묽히기 전 HCl 수용액이 나타내는 정보들은 다음과 같다.

HCl 수용액의 농도 = 0.100 M
묽히기 전 HCl 수용액의 부피 = 50.0 mL

따라서 묽히기 전 HCl 수용액 속에 들어 있던 HCl의 mol수를 구한다.

(0.100 M) × (50.0 mL) = 5.00 mmol

이 수용액에 물을 첨가하여 100.0 mL로 만들었지만, 초기 HCl 수용액 속에 들어 있던 HCl의 mol수는 변함이 없이 수용액의 부피만 증가하였다. 따라서 묽혀진 HCl 수용액의 몰농도는 다음과 같이 구할 수 있다.

묽힌 후 HCl 수용액의 몰농도
= (HCl의 mol수) ÷ (묽힌 후 HCl 수용액의 부피)
= (5.00 mmol) ÷ (100.0 mL)
= 0.0500 mmol/mL
= 0.0500 mol/L
= 0.0500 M

다. 개념 3

주어진 몰농도의 수용액의 일부를 채취하는 경우 알아두어야 할 사항이다.

주어진 몰농도의 수용액 중 일부를 채취하는 경우 채취한 수용액의 몰농도는 원래 수용액의 몰농도와 똑같다.

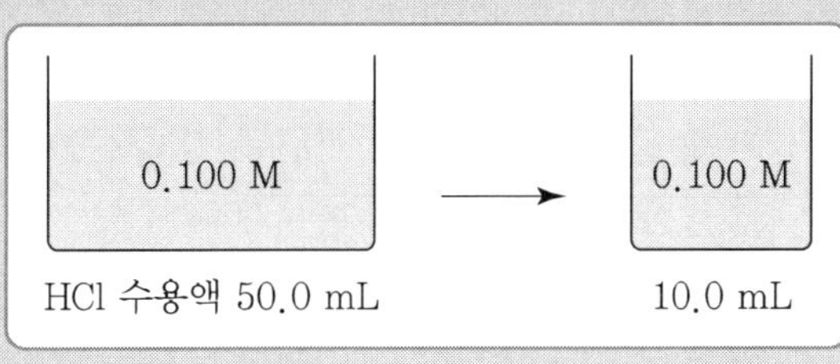

◎ 원하는 몰농도의 수용액을 제조하는 방법

원하는 몰농도의 수용액을 제조하려면, 다음과 같은 과정을 따른다.

- 제조하려는 수용액의 몰농도와 부피로부터 그 속에 함유되어 있어야 할 용질의 mol수를 계산하고, 그로부터 사용할 용질의 양(용질이 고체인 경우 무게, 액체인 경우 부피)을 구한다.

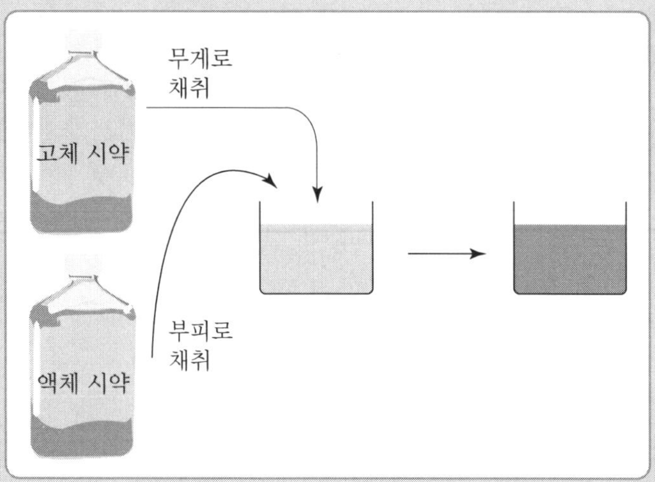

- 사용할 양의 용질을 물과 섞어 원하는 부피의 수용액을 만든다.

다음은 몇 가지 예들을 보여준다.

예제 2-10

1.00 M HCl 수용액 일부를 채취한 후, 물로 묽혀 농도가 0.100 M인 HCl 수용액 100.0 mL를 제조하는 방법을 알아보시오.

⊕풀이 제조해야 할 HCl 수용액에 관련된 정보들은 다음과 같다.

HCl 수용액의 몰농도 = 0.100 M
HCl 수용액의 부피 = 100.0 mL

제조해야 할 HCl 수용액 속에 들어 있어야 할 HCl의 mol수

= (0.100 M) × (100.0 mL) = 10.0 mmol ··· ①

채취해야 할 1.00 M HCl 수용액의 부피를 x mL라고 가정하고, 그 수용액 속에 들어 있는 HCl의 mol수를 구할 수 있다.

1.00 M HCl 수용액 x mL 속에 들어 있는 HCl의 mol수
= (1.00 M) × (x mL) = 1.00x mmol ··· ②

이제 ① = ②이므로

(∵ 채취한 1.00 M HCl 수용액 속에 들어 있는 HCl의 mol수
= 제조해야 할 HCl 수용액 속에 들어 있어야 할 HCl의 mol수)

10.0 mmol = 1.00x mmol ⇒ x = 10.0 mL

1.00 M HCl 수용액 10.0 mL를 사용해 농도가 0.100 M인 HCl 수용액 100.0 mL를 다음과 같이 제조한다.

반 정도 물로 채워진 100 mL 용기에 1.00 M HCl 수용액 10.0 mL를 첨가하여 섞어 묽힌 후, 용기의 표선까지 물을 첨가한다.

예제 2-11

소금 (NaCl)을 사용해 0.100 M Na^+ 이온 수용액 250.0 mL를 제조하시오. (단, NaCl의 화학식량은 58.5이다.)

풀이 0.100 M Na^+ 이온 수용액 250.0 mL에 들어 있어야 할 Na^+ 이온의 mol수를 구한다.

Na^+ 이온의 mol수
= NaCl의 mol수
= 0.100 M × 0.2500 L = 0.0250 mol

수용액의 제조에 필요한 NaCl의 양을 구한다.

필요한 NaCl의 양 = (58.5 g/mol) × (0.0250 mol) = 1.46 g

이제 다음과 같이 용액을 제조한다.

적당량의 물이 들어 있는 250.0 mL 용기에 1.46 g의 NaCl을 넣어 완전히 녹인 후, 용기의 표선까지 물을 첨가한다.

예제 2-12

황산 구리 시약을 사용해 0.0100 M Cu^{2+} 이온 수용액 500.0 mL를 제조하시오. (단, 사용할 황산 구리 시약은 오수화물의 형태로써 화학식은 $CuSO_4 \cdot 5H_2O$(황산 구리 오수화물, copper sulfate pentahydrate)이고, 화학식량은 249.69이다.)

풀이 제조하려는 수용액 (0.0100 M Cu^{2+} 이온 수용액 500.0 mL) 속에 존재해야 할 Cu^{2+} 이온의 몰수를 구한다.

$$(0.0100\ \text{M}) \times (500.0\ \text{mL}) = (0.0100\ \text{M}) \times (0.5000\ \text{L}) = 0.00500\ \text{mol}$$

그런데 한 개의 $CuSO_4 \cdot 5H_2O$에는 한 개의 Cu^{2+} 이온이 함유되어 있으므로 다음과 같은 관계가 성립한다.

$$\begin{aligned} 0.00500\ \text{mol의}\ Cu^{2+}\ \text{이온의 mol수} &= CuSO_4 \cdot 5H_2O\text{의 mol수} \\ &= 0.00500\ \text{mol} \end{aligned}$$

이제 최종 용액을 제조하기 위해 필요한 $CuSO_4 \cdot 5H_2O$의 양(무게, g)을 구한다.

$$\begin{aligned} \text{필요한}\ CuSO_4 \cdot 5H_2O\text{의 무게} &= (249.69\ \text{g/mol}) \times (0.00500\ \text{mol}) \\ &= 1.25\ \text{g} \end{aligned}$$

따라서 용액의 제조 방법은 다음과 같다.

> 1.25 g의 $CuSO_4 \cdot 5H_2O$를 500.0 mL 용기에 옮기고 적당량의 물을 첨가하여 완전히 녹인 후, 용기의 상단에 표시된 선까지 물을 첨가한다.

예제 2-13

순도가 35.0%인 진한 HCl 수용액의 밀도는 1.20 g/mL이다. 이 용액을 사용하여 0.100 M HCl 수용액 500.0 mL를 제조하시오.

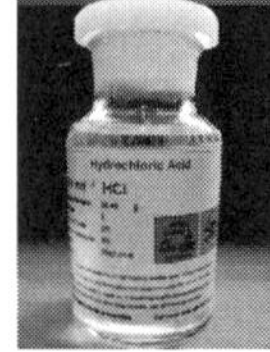

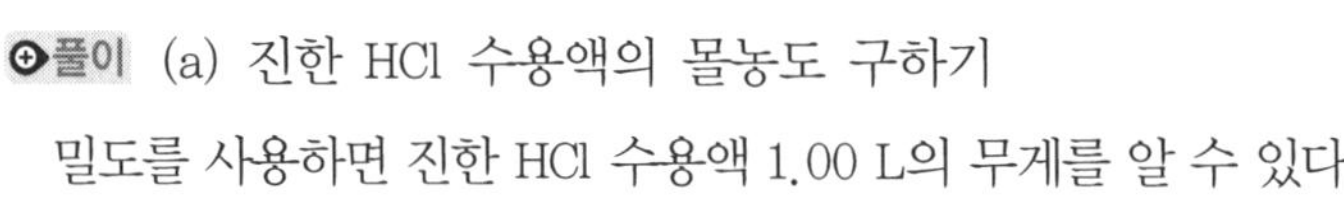

풀이 (a) 진한 HCl 수용액의 몰농도 구하기

밀도를 사용하면 진한 HCl 수용액 1.00 L의 무게를 알 수 있다.

$$1.20\ \text{g/mL} = 1.20 \times 10^3\ \text{g/L}$$

$$\Rightarrow \text{진한 HCl 수용액 1.00 L의 무게} = 1.20 \times 10^3\ \text{g}$$

순도(35.0%)가 의미하는 내용을 살펴보자.

진한 HCl 수용액에는 HCl 이외에 다른 물질들(예: 물)을 포함하고 있으며, 이 용액 10^2 g에 함유된 HCl만의 무게는 35.0 g이다.

그렇다면 1.20×10^3 g(= 1 L)의 HCl 수용액 중에 함유된 순수한 HCl의 무게는

$$(1.20\times10^3\ \text{g}) \times (35.0\ \text{g}/10^2\ \text{g}) = 4.20\times10^2\ \text{g}$$이다.

따라서 순수한 HCl만을 고려하여 구한 진한 HCl 수용액의 농도는 다음과 같다.

$$4.20\times10^2\ \text{g/L} = \{(4.20\times10^2\ \text{g}) \div (36.5\ \text{g/mol})\}/\text{L} = 11.5\ \text{mol/L} = 11.5\ \text{M}$$

(b) 0.100 M HCl 수용액 500.0 mL 제조하기

0.100 M HCl 수용액 500.0 mL를 제조하기 위해 필요한 11.5 M HCl 수용액(진한 염산 수용액)의 부피(x mL)를 구해보자.

0.100 M HCl 수용액 500.0 mL 속에 들어 있어야 할 HCl의 mol수
= (0.100 M) × (500.0 mL) = 50.0 mmol
= 취해야 할 진한 HCl 수용액 속 HCl의 mol수

그렇다면 진한 HCl 수용액을 얼마나(x mL) 취하면, 그 속에 50.0 mmol의 HCl이 들어 있을까? 다음과 같은 식으로 그 값을 구한다.

$$50.0\ \text{mmol} = (11.5\ \text{M}) \times (x\ \text{mL}), \qquad x = 4.35$$

이제 다음과 같이 수용액을 제조한다.

적당량의 물이 담긴 500 mL 용기에 진한 (11.5 M) HCl 수용액 4.35 mL를 가하여 묽힌 후, 다시 물로 표선까지 묽힌다.

다음은 진한 농도의 산 또는 염기 수용액들이다. 앞의 진한 HCl 수용액의 경우와 같은 방법을 사용하여 이 수용액들의 몰농도를 구해보자.

화합물	화학식량	밀도(g/mL)	순도(%)	몰농도(M)
HNO_3	63.01	1.42	70.4	?
CH_3COOH	60.05	1.05	99.8	?
H_2SO_4	98.08	1.84	96.0	?
NH_3	17.03	0.90	28.0	?
NaOH	40.00	1.54	50.5	?

2.2.3 분율과 몰농도 사이의 상호 변환

지금까지 다룬 분율과 몰농도에 익숙해졌다면, 이제 두 가지 농도 표현법들 사이의 상호 변환을 다룰 준비가 되어 있는 것이다.

%(w/v) 농도와 몰농도 사이의 상호 변환

먼저 상대적으로 농도 변환이 쉬운 %(w/v) 농도와 몰농도 사이의 상호 변환에 대해 알아본다. %(w/v) 농도와 몰농도는 두 가지 모두 시료 전체의 양이 부피 단위를 가진 값들이라는 공통점을 가진다. 따라서 다음과 같은 원리를 기억한다면, 두 가지 농도 표현법들 사이의 상호 변환은 그리 어려운 작업이 아니다.

- %(w/v) 농도 → 몰농도 변환의 경우

  시료의 부피를 L 단위의 값으로 바꾼 후, 성분의 화학식량을 사용하여 g 단위를 가진 성분의 무게로부터 성분의 mol수를 얻는다.

- 몰농도 → %(w/v) 농도 변환의 경우

  시료의 부피를 mL 단위의 값으로 바꾸고, 성분의 화학식량을 사용하여 mol 단위를 가진 성분의 양으로부터 성분의 무게(g)를 얻는다.

가. %(w/v) 농도를 몰농도로 바꾸기

다음의 예를 살펴보면서 %(w/v) 농도를 몰농도로 바꾸는 방법을 알아보자.

예제 2-14

농도가 0.300%(w/v)인 NaCl 수용액의 몰농도를 구하시오. (단, NaCl의 화학식량은 58.5이다.)

풀이 0.300%(w/v) NaCl 수용액이 나타내는 내용은 다음과 같다.

$$0.300\%(w/v) = \frac{(0.300\ \text{g NaCl})}{(10^2\ \text{mL NaCl 수용액})} = \frac{(0.300\times10^1\ \text{g NaCl})}{(10^3\ \text{mL NaCl 수용액})} = \frac{(3.000\ \text{g NaCl})}{(\text{L NaCl 수용액})}$$

두 번째로 NaCl의 몰질량(58.5 g/mol)을 사용하여 NaCl의 무게를 몰수로 바꾸어 줄 수가 있다.

$$3.000\ \text{g NaCl} = \{(3.000\ \text{g}) \div (58.5\ \text{g/mol})\} = 0.0513\ \text{mol NaCl}$$

이제 NaCl 수용액의 부피를 고려하면 다음과 같이 몰농도로 변환할 수 있다.

$$0.0513\ \text{mol/L} = 0.0513\ \text{M}$$

나. 몰농도를 %(w/v) 농도로 바꾸기

다음 예를 사용하여 몰농도를 %(w/v) 농도로 바꾸는 방법을 알아보자.

예제 2-15

0.101 M NaCl 수용액의 농도를 %(w/v) 농도로 바꾸시오.(단, NaCl: 58.5)

풀이 0.101 M NaCl 수용액이 나타내는 내용은 다음과 같다.

0.101 M NaCl = (0.101 mol NaCl)/L

이제 다음과 같이 수용액의 부피를 mL 단위로 바꾸어주고 NaCl의 몰질량(58.5 g/mol)을 활용하면, 분율(w/v)과 %(w/v) 농도를 구할 수 있다.

$$\begin{aligned}&(0.101\ \text{mol NaCl})/\text{L}\\&= (0.101\ \text{mol}) \div (10^3\ \text{mL})\\&= \{(0.101\ \text{mol}) \times (58.5\ \text{g/mol})\} \div (10^3\ \text{mL})\\&= (5.91\ \text{g}) \div (10^3\ \text{mL})\\&= 5.91\times10^{-3}\ \text{g/mL}\\&= 5.91\times10^{-3}\ (\text{w/v})\end{aligned}$$

$\therefore$ %(w/v) 농도 = 5.91×10^{-3}(w/v) $\times$ 10^2 = 0.591%(w/v)

%(w/w) 농도와 몰농도 사이의 상호 변환

%(w/w) 농도와 몰농도의 경우 수용액의 양과 성분의 양을 표현하는 단위들 사이의 공통점이 없으며, 이 두 가지 농도 표현법들 사이의 상호 변환을 위해서는 수용액의 밀도가 필요하다. 수용액의 밀도는 수용액의 부피로부터 수용액의 무게를 알게 해 주거나, 수용액의 무게로부터 수용액의 부피를 구할 수 있게 해 준다. 이 경우에도 다음과 같은 원리를 기억한다면 두 가지 농도 표현법들 사이의 상호 변환을 쉽게 이해할 수 있다.

- %(w/w) 농도 → 몰농도 변환의 경우
  수용액의 무게를 부피로 바꾸어주기 위해 수용액의 밀도를 활용한다. 이후의 작업은 %(w/v) 농도 → 몰농도에서의 작업과 동일하다.
- 몰농도 → %(w/w) 농도 변환의 경우
  수용액의 부피를 무게로 바꾸어주기 위해 수용액의 밀도를 활용한다. 이후의 작업은 %(w/v) 농도 → 몰농도에서의 작업과 동일하다.

예제 2-16

농도가 0.30%(w/w)인 NaCl 수용액의 몰농도를 구하시오. (단, NaCl 수용액의 밀도는 1.001 g/mL이고 NaCl의 화학식량은 58.5이다.)

풀이 0.30%(w/w) NaCl 수용액이 나타내는 내용은 다음과 같다.

0.30%(w/w) = (0.30 g NaCl) ÷ (10^2 g NaCl 수용액)

그리고 수용액의 밀도인 1.001 g/mL는 "단위 부피(mL)의 NaCl 수용액의 무게가 1.001 g이다."와 같은 내용을 의미하므로

NaCl 수용액 10^2 g의 부피 = 10^2 g ÷ (1.001 g/mL) = 99.90 mL

이제 다음과 같은 표현이 가능해진다.

0.30%(w/w)
= (0.30 g NaCl) ÷ (10^2 g NaCl 수용액)
= (0.30 g NaCl) ÷ (99.90 mL)
= (0.30 g NaCl) ÷ (0.09990 L) = 3.0 g/L

그러므로 다음과 같이 NaCl의 화학식량을 활용하면, 몰농도를 얻을 수 있다.

3.0 g/L
= {(3.0 g) ÷ (58.5 g/mol)}/L
= 5.1×10^{-2} mol/L
= 5.1×10^{-2} M

예제 2-17

5.0×10^{-2} M인 NaCl 수용액의 농도를 %(w/w) 농도로 바꾸시오. (단, NaCl 수용액의 밀도는 1.00 g/mL이고 NaCl의 화학식량은 58.5이다.)

풀이 5.0×10^{-2} M NaCl 수용액이 나타내는 내용은 다음과 같다.

5.0×10^{-2} M NaCl 수용액 = (5.0×10^{-2} mol NaCl)/L

다음은 용액의 밀도가 나타내는 내용이다.

밀도 = 1.00 g/mL

⇒ 용액 1 L (= 10^3 mL)의 무게 = 1.00×10^3 g

이제 다음과 같은 과정을 거쳐 %(w/w) 농도를 구할 수 있다.

5.0×10^{-2} M NaCl 수용액
= (5.0×10^{-2} mol NaCl)/L
= (5.0×10^{-2} mol NaCl) ÷ (1.00×10^3 g)
= {(5.0×10^{-2} mol) × (58.5 g/mol)} ÷ (1.00×10^3 g)
= (2.9 g) ÷ (1.00×10^3 g)
= 2.9×10^{-3} g/g = 2.9×10^{-3}(w/w)

∴%(w/w) 농도
= 2.9×10^{-3}(w/w) × 10^2 = 0.29%(w/w)

예제 2-18

순도가 75.00%이고 밀도는 1.4377 g/mL인 진한 질산(HNO_3, 화학식량 = 63.0) 수용액 50.00 mL를 사용하여 7.20%(w/v) HNO_3 용액을 제조하는 방법을 알아보시오.

풀이 최종 용액 속에 들어 있어야 할 용질(HNO_3)의 mol수를 구한다.

최종 HNO_3 수용액 중 HNO_3의 mol수
= (최종 HNO_3 수용액의 몰농도) × (최종 HNO_3 수용액의 부피)

그런데 최종 HNO_3 수용액의 농도는 %(w/v) 농도로 주어져 있으므로, HNO_3의 화학식량을 사용하면, 다음과 같이 최종 HNO_3 수용액의 몰농도를 구할 수 있다.

7.20%(w/v)
= (7.20×10^{-2} g)/mL
= (7.20×10^{-2} g)×(10^3)/(10^3 mL)
= (7.20×10^1 g)/L
= {(7.20×10^1 g) ÷ (63.0 g/mol)}/L
= 1.14 mol/L = 1.14 M

이제 최종 HNO_3 수용액 중에 함유된 HNO_3의 mol수를 구하기 위해서는 최종 HNO_3 수용액의 부피를 알아야 하지만, 현재로서는 그 부피를 알 수 없다.
따라서 최종 HNO_3 수용액의 부피를 x mL라고 가정하면, 최종 HNO_3 수용액 중 HNO_3의 mol수는 다음과 같이 표현할 수 있다.

최종 HNO_3 수용액 중 HNO_3의 mol수
= (1.14 M) × (x mL) = 1.14x mmol

그런데 최종 HNO_3 수용액을 제조하기 위해서는 밀도가 1.4377 g/mL(= 1437.7 g/L)이고 순도는 75.00%(w/w)인 진한 HNO_3 수용액 50.0 mL를 사용해야 한다. 그렇다면 다음과 같은 등식이 성립해야 한다.

사용할 진한 HNO_3 수용액 50.0 mL에 들어 있는 HNO_3의 mol수
= (진한 HNO_3 수용액의 몰농도) × (50.0 mL)
= 최종 HNO_3 수용액 중 HNO_3의 mol수 = 1.14x mmol
⇒
(진한 HNO_3 수용액의 몰농도) × (50.0 mL) = 1.14x mmol

이제 진한 HNO_3 수용액의 몰농도를 구해보자.

밀도에 순도를 적용하고, HNO_3의 화학식량을 사용하여 진한 HNO_3 수용액의 몰농도를 구할 수 있다.

밀도 = 1.4377 g/mL
= 1.4377×10^3 g/L
= [(1.4377×10^3 g) × {(75.00 g) ÷ 100.00 g)}]/L
= 1078 g/L
= {(1078 g) ÷ (63.0 g/mol)}/L
= 17.1 mol/L = 17.1 M

이제 다음의 식

(진한 HNO_3 수용액의 몰농도) × (50.0 mL) = 1.14x mmol

에 진한 HNO_3 수용액의 몰농도(17.1 M)를 대입하면, 다음과 같이 최종 HNO_3 수용액의 부피(x)를 구할 수 있다.

(17.1 M) × (50.0 mL) = 1.14x mmol
x = 최종 HNO_3 수용액의 부피 = 750 mL

따라서 최종 HNO_3 수용액을 제조하는 방법은 다음과 같다.

약 500 mL 정도의 물에 17.1 M HNO_3 50.0 mL를 서서히 첨가하여 묽혀 준 후, 물을 첨가하여 750.0 mL 수용액으로 만든다.

ppm(w/v) 농도와 몰농도 사이의 상호 변환

몰농도는 용액 1 L에 함유된 용질의 mol수이고 ppm(w/v) 농도는 용액 1 L에 함유된 용질의 mg수이므로 ppm(w/v) 농도와 몰농도 사이의 상호 변환에서는 용질의 무게와 용질의 mol수의 관계만 알고 있으면 된다. 예를 들면, 몰농도를 ppm(w/v) 농도로 변환하는 작업에서는 용질의 mol수를 용질의 무게로 변환하는 과정을 거치면 되는 것이다.

예제 2-19

K^+ 이온이 녹아 있는 수용액의 농도는 1.00 ppm(w/v)이다. 이 수용액의 몰농도를 구하시오. (단, K의 원자량은 39.1이다.)

풀이 $[K^+]$ = 1.00 ppm(w/v)

$= (1.00\ \text{mg}\ K^+)/\text{L} = (1.00\times10^{-3}\ \text{g}\ K^+)/\text{L}$

이므로, 여기에

K^+ 이온 1 mol = 39.1 g

을 적용하면 몰농도를 구할 수 있다.

$$[K^+] = (1.00\times10^{-3}\ \text{g}) \div (39.1\ \text{g/mol})/\text{L}$$
$$= 2.56\times10^{-5}\ \text{mol/L} = 2.56\times10^{-5}\ \text{M}$$

예제 2-20

사람의 혈청(blood serum)에는 평균적으로 2.2 mM의 K^+ 이온이 들어 있다. K^+ 이온의 농도를 ppm(w/v) 농도로 바꾸시오.

풀이 다음과 같이 K의 몰질량(39.1 g/mol)을 사용하여 K^+ 이온의 mol수를 무게(mg)로 바꾸어 ppm(w/v) 농도를 구할 수 있다.

$$[K^+] = 2.2\ \text{mM}$$
$$= 2.2\ \text{mmol/L}$$
$$= 2.2\times10^{-3}\ \text{mol/L}$$
$$= \{(39.1\ \text{g/mol}) \times (2.2\times10^{-3}\ \text{mol})\}/\text{L}$$
$$= 0.086\ \text{g/L}$$
$$= 86\ \text{mg/L} = 86\ \text{ppm(w/v)}$$

ppm(w/w) 농도와 몰농도 사이의 상호 변환

ppm(w/w) 농도를 몰농도로 변환하기 위해서는 수용액의 밀도를 사용하여 ppm(w/w) 농도를 ppm(w/v) 농도로 바꾸어 준 후, 앞에서와 같은 방식으로 몰농도를 얻는다. 또한, 몰농도에 밀도를 적용하면 몰농도로부터 ppm(w/w) 농도를 구할 수 있다.

예제 2-21

밀도가 1.00 g/mL인 NaCl 수용액의 농도가 6.00 ppm(w/w)인 경우, 이 용액의 몰농도를 구하시오. (단, NaCl의 화학식량은 58.5이다.)

풀이 밀도(1.00 g/mL)는 다음과 같은 의미를 가진다.

1.00 g/mL

= 1.00×10^3 g/10^3 mL

= 1.00×10^3 g/L

⇒ 수용액 1.00×10^3 g의 부피 = 1 L

따라서 순도인 6.00 ppm(w/w)의 내용을 다음과 같이 나타낼 수 있다.

6.00 ppm(w/w)

= (6.00 g NaCl) ÷ (10^6 g 용액)

= (6.00 g) ÷ (10^3 L)

= 6.00×10^{-3} g/L

이제 다음과 같이 몰농도를 구할 수 있다.

6.00 ppm(w/w)

= 6.00×10^{-3} g/L

= {(6.00×10^{-3} g) ÷ {58.5 g/mol)}/L

= 1.03×10^{-4} mol/L = 1.03×10^{-4} M

예제 2-22

사람의 혈청에는 평균적으로 77.5 mM의 Cl^- 이온이 들어 있다. 혈청의 밀도가 1.005 g/mL라면, Cl^- 이온의 ppm(w/w) 농도를 구하시오.

풀이 우선 Cl의 몰질량(35.5 g/mol)을 사용하여 Cl^- 이온의 mol수를 무게(mg)로 바꾼다.

$$
\begin{aligned}
[Cl^-] &= 77.5 \text{ mM} \\
&= 77.5 \text{ mmol/L} \\
&= 7.75\times10^{-2} \text{ mol/L} \\
&= \{(7.75\times10^{-2} \text{ mol}) \times (35.5 \text{ g/mol})\}/\text{L} \\
&= 2.75 \text{ g/L} \\
&= 2.75\times10^{3} \text{ mg/L}
\end{aligned}
$$

이제 밀도를 적용 혈청의 부피를 무게로 바꾼 후, ppm(w/w) 농도를 구한다.

$[Cl^-] = 2.75\times10^{3}$ mg/L

➜ 밀도: 1.005 g/mL = 1005 g/L이므로

$$
\begin{aligned}
2.75\times10^{-3} \text{ mg/L} &= 2.75\times10^{3} \text{ mg} \div 1005 \text{ g} \\
&= 2.75 \text{ g} \div 1005 \text{ g} \\
&= 2.74\times10^{-3} \text{ g/g} \\
&= 2.74\times10^{-3} \text{ (w/w)}
\end{aligned}
$$

$\therefore\ 2.74\times10^{-3} \text{ (w/w)} \times 10^{6} = 2.74\times10^{3}$ ppm(w/w)

2.3 노말 농도

주어진 용액의 노말 농도(normality, N: eq/L)는 용액 1 L에 들어 있는 용질의 당량수로 표현한다. 예를 들어 농도가 1.00 N인 NaOH 수용액 1.00 L에는 1.00 당량(eq)의 NaOH(무게로는 40.0 g)가 녹아 존재한다. 즉, 주어진 수용액의 노말 농도를 구하려면, 그 수용액 속에 함유된 용질의 당량(equivalent 또는 equivalent weight, eq)과 당량수(eq수)를 알아야 한다.

2.3.1 당량

당량(eq)은 몰(mol)처럼 화학종의 수를 세는 단위이다. 그러나 주어진 화학종의 eq수는 mol수와는 달리, 그 화학종이 어떠한 화학 반응에 어느 정도까지 참여하느냐에 따라 그 값이 달라질 수 있다.

산–염기 반응에서 산과 염기의 당량

이를 위해 산과 염기에 대해 다음과 같은 정의를 적용한다.

- 산(acid): H^+ 이온(양성자, proton)을 내어놓는 물질
- 염기(base): H^+ 이온을 받아들이는 물질

가. H_3PO_4 + KOH → KH_2PO_4 + H_2O의 경우

약한 삼양성자산(weak triprotic acid)인 H_3PO_4(인산, phosphoric acid)과 강한 일양성자염기(strong monoprotic base)인 KOH(수산화 포타슘, potassium hydroxide) 사이의 산–염기 반응을 예로 들어 보자.

$$H_3PO_4 + KOH \rightarrow KH_2PO_4 + H_2O$$

➜ 1 mol의 H_3PO_4와 1 mol의 KOH는 서로 산–염기 반응을 일으키며 모두 사라지면서, 1 mol의 K_2HPO_4와 1 mol의 H_2O를 만들어낸다.

이와 같이 산–염기 반응에 참여한 화학종들의 양을 mol수로 표현하는 경우 H_3PO_4와 KOH의 mol수 사이에는 1 : 1이라는 mol수 비가 성립한다. 그리고 두 화학종들 사이에서 실제 이동한 양성자의 수에 근거하면, 다음과 같은 내용을 알 수 있다.

$$H_3PO_4 + KOH \rightarrow KH_2PO_4 + H_2O$$

➜ 1 mol의 H_3PO_4가 1 mol의 H^+ 이온을 KOH에 주었으며, 1 mol의 KOH는 H_3PO_4로부터 1 mol의 H^+ 이온을 받았다.

이제 산과 염기의 당량(eq)을 정의해 보자.

산과 염기의 당량(eq)

- 산의 경우 1당량(eq)
  H^+ 이온 1 mol을 내어 놓는 산의 양(mol수 또는 무게)
- 염기의 경우 1당량(eq)
  H^+ 이온 1 mol을 받아들이는 염기의 양(무게 또는 mol수)

그러므로 당량(eq)의 관점에서 위 반응의 의미를 살펴보면 다음과 같다.

$$H_3PO_4 + KOH \rightarrow KH_2PO_4 + H_2O$$

- H_3PO_4

  1 mol의 H_3PO_4가 1 mol의 H^+ 이온을 KOH에 주었으므로,

  H_3PO_4 1 eq = 1 mol 또는 H_3PO_4 1 mol = 1 eq

- KOH

  1 mol의 KOH가 1 mol의 H^+ 이온을 받았으므로,

  KOH 1 eq = 1 mol 또는 1 mol = 1 eq

결국 H_3PO_4와 KOH는 「eq수 vs. eq수」의 관점에서 보면 1 : 1의 당량 비로 반응하는 것이다.

나. H_3PO_4 + 2KOH → K_2HPO_4 + $2H_2O$의 경우

$$H_3PO_4 + 2KOH \rightarrow K_2HPO_4 + 2H_2O$$

➜ 1 mol H_3PO_4와 2 mol의 KOH는 서로 산-염기 반응을 일으키며 모두 사라지면서, 1 mol의 K_2HPO_4와 2 mol의 H_2O를 만들어낸다.

이와 같이 H_3PO_4와 KOH의 mol수 사이에는 1 : 2라는 mol수 비가 성립한다. 그러나 두 화학종들 사이에서 실제 이동한 양성자의 수에 근거하면, 다음과 같은 내용을 알 수 있다.

$$H_3PO_4 + 2KOH \rightarrow K_2HPO_4 + 2H_2O$$

➜ 1 mol의 H_3PO_4가 2 mol의 H^+ 이온을 KOH에 주었으며, 2 mol의 KOH는 H_3PO_4로부터 2 mol의 H^+ 이온을 받았다.

그러므로 당량(eq)의 관점에서 위 반응의 의미를 살펴보면 다음과 같다.

$$H_3PO_4 + 2KOH \rightarrow K_2HPO_4 + 2H_2O$$

- H_3PO_4

  1 mol의 H_3PO_4가 2 mol의 H^+ 이온을 KOH에 주었으므로,

  H_3PO_4 1 eq = $\frac{1}{2}$ mol 또는 H_3PO_4 1 mol = 2 eq

- KOH

  2 mol의 KOH가 2 mol의 H^+ 이온을 받았으므로,

  KOH 1 eq = 1 mol 또는 2 mol = 2 eq

결국 H_3PO_4와 KOH는 「eq수 vs. eq수」의 관점에서 보면 1 : 1의 당량 비로 반응하는 것이다.

다. H_3PO_4 + 3KOH → K_3PO_4 + $3H_2O$의 경우

$$H_3PO_4 + 3KOH \rightarrow K_3PO_4 + 3H_2O$$

➜ 1 mol H_3PO_4와 3 mol의 KOH는 서로 산-염기 반응을 일으키며 모두 사라지면서, 1 mol의 K_2HPO_4와 3 mol의 H_2O를 만들어낸다.

이와 같이 H_3PO_4와 KOH의 mol수 사이에는 1 : 3이라는 mol수 비가 성립한다. 그러나 두 화학종들 사이에서 실제 이동한 양성자의 수에 근거하면, 다음과 같은 내용을 알 수 있다.

$$H_3PO_4 + 3KOH \rightarrow K_3PO_4 + 3H_2O$$

➜ 1 mol의 H_3PO_4가 3 mol의 H^+ 이온을 KOH에게 주었으며, 3 mol의 KOH는 H_3PO_4로부터 3 mol의 H^+ 이온을 받았다.

그러므로 당량(eq)의 관점에서 위 반응의 의미를 살펴보면 다음과 같다.

$$H_3PO_4 + 3KOH \rightarrow K_3PO_4 + 3H_2O$$

• H_3PO_4

1 mol의 H_3PO_4가 3 mol의 H^+ 이온을 KOH에 주었으므로,

H_3PO_4 1 eq = $\frac{1}{3}$ mol 또는 H_3PO_4 1 mol = 3 eq

• KOH

3 mol의 KOH가 3 mol의 H^+ 이온을 받았으므로,

KOH 1 eq = 1 mol 또는 3 mol = 3 eq

결국 H_3PO_4와 KOH는 「eq수 vs. eq수」의 관점에서 보면 1 : 1의 당량 비로 반응하는 것이다.

일반적으로 산-염기 반응의 경우 반응물인 산과 염기를 정량적으로 다루는 작업에서는 mol수가 아닌 eq수를 도입한다. 이렇게 eq수를 도입하는 경우, 모든 산과 염기는 동일한 eq씩 반응하는 것으로 받아들일 수 있게 된다. 이제 산-염기 반응과 산화-환원 반응에 참여하는 화학종들의 eq에 관해 자세히 알아보기로 한다.

◎ 산-염기 반응에서 화학종의 eq수와 mol수

가. $HCl + Na_2CO_3 \rightarrow NaHCO_3 + NaCl$의 경우

이 산-염기 반응에 참여한 화학종들의 당량(eq)에 관한 정보는 다음과 같다.

- 산(HCl)

  1 mol의 HCl은 Na_2CO_3에 1 mol의 H^+ 이온을 제공하였다.

  따라서 HCl의 경우 1 eq = 1 mol이며, 1 eq의 무게는 36.5 g이다.

  ⇒ 1.0 g의 HCl = 0.027 eq = 0.027 mol

- 염기(Na_2CO_3)

  Na_2CO_3 1 mol이 HCl로부터 1 mol의 H^+ 이온을 받았다.

  따라서 Na_2CO_3 1 eq = 1 mol이며, 1 eq의 무게는 106 g이다.

  ⇒ 1.0 g의 Na_2CO_3 = 0.0094 eq = 0.0094 mol

나. $2HCl + Na_2CO_3 \rightarrow H_2CO_3 + 2NaCl$의 경우

이 산-염기 반응에 참여한 화학종들의 당량(eq)에 관한 정보는 다음과 같다.

- 산(HCl)

  2 mol의 HCl이 Na_2CO_3에 2 mol의 H^+ 이온을 제공하였으며, H^+ 이온 1 mol을 제공하기 위해 필요한 HCl의 양은 1 mol이다.

  따라서 HCl 1 eq = 1 mol이고, HCl 1 eq의 무게는 36.5 g이다.

  ⇒ HCl 1.0 g = 0.027 eq = 0.027 mol

- 염기(Na_2CO_3)

  Na_2CO_3 1 mol은 HCl로부터 2 mol의 H^+ 이온을 받았으므로, 1 mol의 H^+ 이온만을 받기 위한 Na_2CO_3의 양은 0.5 mol이다.

  따라서 Na_2CO_3 1 eq = 0.5 mol이며, Na_2CO_3 1당량의 무게는 53 g이다.

  ⇒ Na_2CO_3 1.0 g = 0.019 eq = 0.0094 mol

◎ 산화-환원 반응에서 화학종의 당량수와 몰수

가. 산화제와 환원제의 당량

산화제(oxidizing agent)와 환원제(reducing agent)의 당량(eq)은 다음과 같이 정의한다.

- 산화제 1당량(eq)

  전자 1 mol을 받아들이는 산화제의 양(mol수 또는 무게)

- 환원제 1당량(eq)

  전자 1 mol을 내어놓는 환원제의 양(mol수 또는 무게)

다음과 같은 산화–환원 반응(oxidation–reduction reaction)을 예로 들어본다.

$$5Fe^{2+} + MnO_4^- + 8H^+ \rightleftarrows 5Fe^{3+} + Mn^{2+} + 4H_2O$$

- 산화 반쪽 반응(oxidation half reaction): $5Fe^{2+} \rightleftarrows 5Fe^{3+} + 5e$

  5몰의 Fe^{2+} 이온이 5몰의 전자들을 내어놓고, Fe^{3+} 이온으로 산화되었다.

- 환원 반쪽 반응(reduction half reaction): $MnO_4^- + 8H^+ + 5e \rightleftarrows Mn^{2+} + 4H_2O$

  1몰의 MnO_4^- 이온이 5몰의 전자들을 받아들여, Mn^{2+} 이온으로 환원되었다.

이들 반쪽 반응들을 살펴보면 다음과 같은 내용을 알 수 있다.

- 산화 반쪽 반응(oxidation half reaction): $5Fe^{2+} \rightleftarrows 5Fe^{3+} + 5e$

  5 mol의 Fe^{2+} 이온이 5 mol의 전자들을 내어놓고 Fe^{3+} 이온으로 산화되었으므로, 1 mol의 전자들을 내어놓기 위해서는 1 mol만이 필요하다. 따라서 Fe^{2+} 이온의 경우

  1 eq = 1 mol

- 환원 반쪽 반응(reduction half reaction): $MnO_4^- + 8H^+ \rightleftarrows Mn^{2+} + 4H_2O$

  1 mol의 MnO_4^- 이온이 5 mol의 전자들을 받아들여 Mn^{2+} 이온으로 환원되었으므로 1 mol의 전자들을 받아들이기 위해서는 $\frac{1}{5}$ mol만이 필요하다. 따라서 MnO_4^- 이온의 경우

  1 eq = 0.2 mol ⇒ 1 mol = 5 eq

2.3.2 몰농도와 노말 농도의 상호 변환

주어진 화학종의 mol수와 eq수 사이의 관계를 규명할 수 있다면, 몰농도(M)와 노말 농도(N) 사이의 관계도 알아낼 수 있다.

산-염기 반응

가. $HCl + Na_2CO_3 \rightarrow NaHCO_3 + NaCl$의 경우

$HCl + Na_2CO_3 \rightarrow NaHCO_3 + NaCl$에서 수용액의 몰농도와 노말 농도 사이 관계

- HCl 수용액

  HCl의 경우 1 eq = 1 mol이므로 몰농도 = 노말 농도이다.
  예를 들어 HCl 수용액의 몰농도가 0.10 M이면, 노말 농도는 0.10 N이다.

- Na_2CO_3 수용액

  이 반응에 근거하면 Na_2CO_3는 1 mol = 1 eq이므로 몰농도 = 노말 농도이다. 예로써, Na_2CO_3 수용액의 몰농도가 0.10 M이면, 노말 농도는 0.10 N이다.

나. $2HCl + Na_2CO_3 \rightarrow H_2CO_3 + 2NaCl$의 경우

$2HCl + Na_2CO_3 \rightarrow H_2CO_3 + 2NaCl$에서 각 수용액의 몰농도와 노말 농도 사이 관계

- HCl 수용액

  HCl의 경우 1 eq = 1 mol이므로 몰농도 = 노말 농도이다.
  예를 들어 HCl 수용액의 몰농도가 0.10 M이면, 노말 농도는 0.10 N이다.

- Na_2CO_3 수용액

  이 반응에 근거하면 Na_2CO_3의 경우 「1 mol = 2 eq」이므로, 노말 농도 = (몰농도) × 2이다. 예로써, Na_2CO_3 수용액의 몰농도가 0.10 M이면, 노말 농도는 0.20 N이다.

산화-환원 반응

$$5Fe^{2+} + MnO_4^- + 8H^+ \rightleftarrows 5Fe^{3+} + Mn^{2+} + 4H_2O$$

- Fe^{2+} 이온 수용액

  이 반응에 따르면 Fe^{2+} 이온의 경우 1 mol = 1 eq이므로 몰농도 = 노말 농도이다. 예를 들어 Fe^{2+} 이온 용액의 몰농도가 0.10 M이면, 노말 농도는 0.10 N이다.

- MnO_4^- 이온 수용액

  이 반응에서 MnO_4^- 이온의 경우 1 mol = 5 eq이라는 사실을 알 수 있으므로 (몰농도) × 5 = 노말 농도가 된다. 예를 들어보자. MnO_4^- 이온 수용액의 몰농도가 0.10 M이면, 노말 농도는 0.50 N이 되는 것이다.

참고 자료

1. 침전 반응에서의 당량

✲ 음이온의 경우

- 1 mol의 일가 양이온(M^+)과 반응하는 데 필요한 음이온의 양(몰수 또는 무게(g))
- $\frac{1}{2}$ mol의 이가 양이온(M^{2+})과 반응하는 데 필요한 음이온의 양(몰수 또는 무게(g))
- $\frac{1}{3}$ mol의 삼가 양이온(M^{3+})과 반응하는 데 필요한 음이온의 양(몰수 또는 무게(g))

✲ 양이온의 경우

- 1 eq = 1 mol/산화수 (또는 1 몰질량/산화수)

| 1. $2Ag^+ + CrO_4^{2-} \rightleftarrows Ag_2CrO_4(\downarrow)$

1 mol의 CrO_4^{2-} 이온이 2 mol의 Ag^+ 이온과 반응했으므로, 1 mol Ag^+ 이온과 반응하기 위해서는 $\frac{1}{2}$ mol의 CrO_4^{2-} 이온이 필요하다.

∴ CrO_4^{2-} 이온 1 eq = $\frac{1}{2}$ mol

⇒ 1 mol = 2 eq

Ag^+ 이온 1 eq = 1 mol/1 = 1 mol

⇒

$2Ag^+ + CrO_4^{2-} \rightleftarrows Ag_2CrO_4(\downarrow)$

2 eq 2 eq

| 2. $Pb^{2+} + 2I^- \rightleftarrows PbI_2\downarrow$

2 mol의 I^- 이온이 1 mol의 Pb^{2+} 이온과 반응했으므로, $\frac{1}{2}$ mol의 Pb^{2+} 이온과 반응하기 위해서는 1 mol의 I^- 이온이 필요하다.

∴ I^- 이온 1 eq = 1 mol

Pb^{2+} 이온 1 eq = 1 mol/2 = $\frac{1}{2}$ mol → 1 mol = 2 eq

⇒

$Pb^{2+} + 2I^- \rightleftarrows PbI_2(\downarrow)$

2 eq 2 eq

| 3. $2La^{3+} + 3CO_3^{2-} \rightleftarrows La_2(CO_3)_3(\downarrow)$

3 mol의 CO_3^{2-} 이온이 2 mol의 La^{3+} 이온과 반응했으므로, $\frac{1}{3}$ mol의 La^{3+} 이온과 반응하기 위해서는 $\frac{1}{2}$ mol의 CO_3^{2-} 이온이 필요하다.

∴ CO_3^{2-} 이온 1 eq = $\frac{1}{2}$ mol → 1 mol = 2 eq

La^{3+} 이온 1 eq = 1 mol/3 = $\frac{1}{3}$ mol → 1 mol = 3 eq

$\Rightarrow$

$2La^{3+} + 3CO_3^{2-} \rightleftarrows La_2(CO_3)_3(\downarrow)$

6 eq　　6 eq

2. 착물화 반응에서의 당량

당량의 정의 방식은 침전 반응의 경우와 동일하다.

| 1. $Ag^+ + 2CN^- \rightleftarrows Ag(CN)_2^-$

2 mol의 CN^- 이온이 1 mol의 Ag^+ 이온과 반응했다.

$\therefore$ CN^- 이온 1 eq = 2 mol $\rightarrow$ 1 mol = $\frac{1}{2}$ eq

Ag^+ 이온 1 eq = mol/1 = 1 mol

$Ag^+ + 2CN^- \rightleftarrows Ag(CN)_2^-$

1 eq　1 eq

| 2. $3Zn^{2+} + 2Fe(CN)_6^{4-} \rightleftarrows Zn_3[Fe(CN)_6]_2$

2 mol의 $Fe(CN)_6^{4-}$ 이온이 3 mol의 Zn^{2+} 이온과 반응했으므로, $\frac{1}{2}$ mol의 Zn^{2+} 이온과 반응하기 위해서는 $\frac{1}{3}$ mol의 $Fe(CN)_6^{4-}$ 이온이 필요하다.

$\therefore$ $Fe(CN)_6^{4-}$ 이온 1 eq = $\frac{1}{3}$ mol $\rightarrow$ 1 mol = 3 eq

Zn^{2+} 이온 1 eq = 1 mol/2 = $\frac{1}{2}$ mol $\rightarrow$ 1 mol = 2 eq

$3Zn^{2+} + 2Fe(CN)_6^{4-} \rightleftarrows Zn_3[Fe(CN)_6]_2$

6 eq　　6 eq

3 산과 염기 I

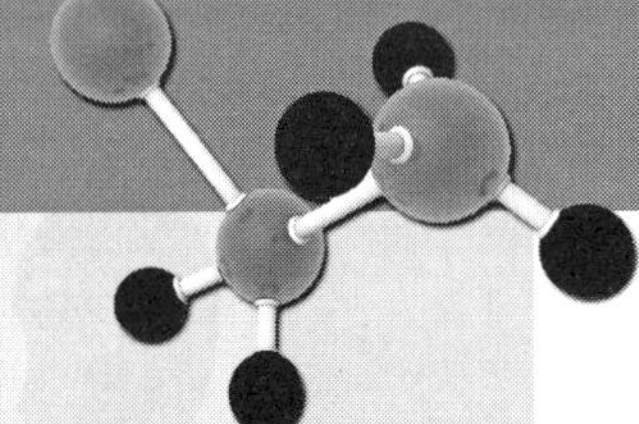

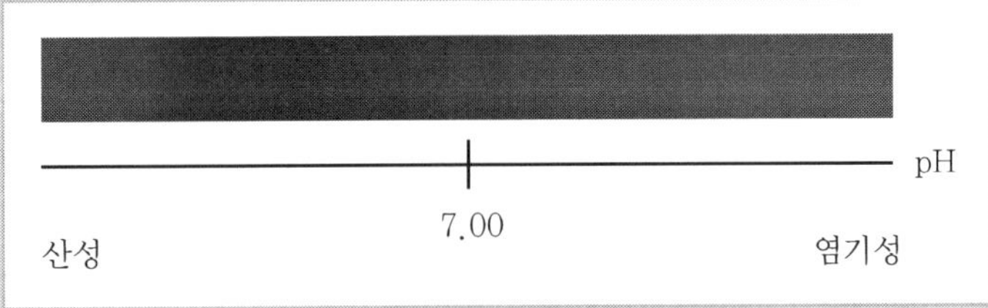

3.1 산과 염기

3.1.1 산과 염기의 일반적인 성질들

다음은 산과 염기가 소유하는 몇 가지 기본적인 성질들이다.

■ 산의 성질

- 식물성 염료(plant dye)를 붉게 변화시킨다.
- 금속(metal)과 반응하여 수소 기체를 발생시킨다.
  | $Zn(s) + 2HCl(aq) \rightarrow ZnCl_2(aq) + H_2(g)$
- 탄산염(carbonates)이나 중탄산염(bicarbobates)과 반응하면, 이산화 탄소 기체에 의한 거품을 발생시킨다.
  | $CaCO_3(s) + 2HCl(aq)$
  $\rightarrow CaCl_2(aq) + CO_2(g) + H_2O(l)$
- 신맛을 나타내고, 염기의 성질들을 중화한다.
- 산 수용액은 전기를 통한다.

■ 염기의 성질

- 식물성 염료를 푸르게 변화시킨다.
- 쓴맛을 나타내고, 산의 성질들을 중화한다.
- 염기 수용액은 전기를 통한다.

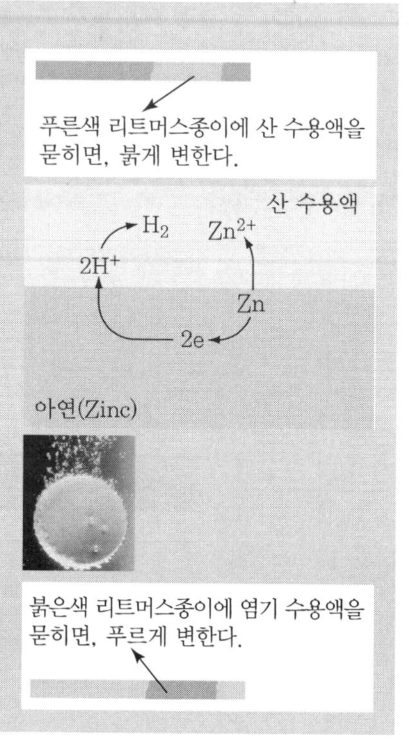

3.1.2 산과 염기에 대한 정의

◎ 아레니우스의 개념

아레니우스(Svante August Arrhenius)는 산과 염기를 다음과 같이 정의하였다.

- 산: 물에 녹아 H^+ 이온(양성자, proton)을 내는 물질
- 염기: 물에 녹아 OH^- 이온(수산화 이온, hydroxide ion)을 내는 물질

이와 같은 Arrhenius의 개념에 따르면 산과 염기는 수용액 상태에서만 산이나 염기로 행동할 수 있다. 그리고 주어진 수용액에서 산과 염기 사이에서 일어나는 산-염기 중화 반응(neutralization reaction: 산과 염기가 반응하여 자신들의 성질들을 잃어버

리고 새로운 성질을 소유한 물질들이 생겨나는 반응)은 두 단계에 걸쳐 진행된다. 다음은 염화 수소(hydrogen chloride, HCl) 기체와 수산화 소듐(sodium hydroxide) 고체가 물에 녹아 들어가면서 일어나는 산-염기 중화 반응을 예로 든 것이다.

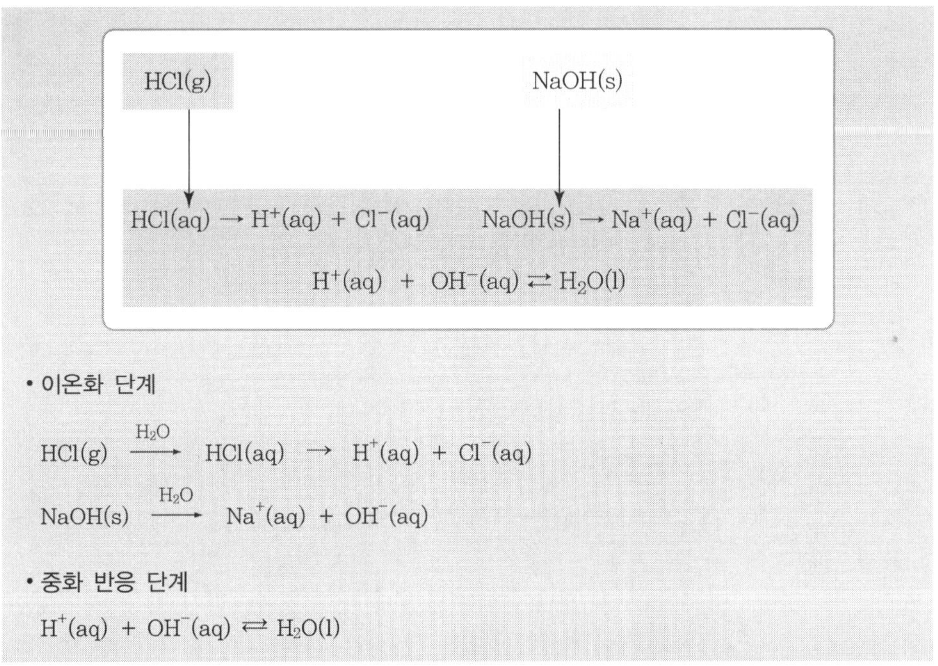

첫 번째 단계는 이온화 과정(ionization process)이다. HCl(염화 수소, hydrogen chloride) 기체가 물에 녹아 생겨난 HCl(aq)가 이온화(ionization)를 통해 H^+ 이온과 Cl^- 이온을 내어 놓는다. 그리고 고체인 NaOH는 물에 녹아 Na^+ 이온과 OH^- 이온을 내어 놓는다. 두 번째 단계는 중화 반응(neutralization reaction)이다. HCl과 NaOH로부터 생겨난 H^+ 이온과 OH^- 이온이 서로 반응하여 물(H_2O)로 변해 사라진다.

이와 같은 Arrhenius의 개념에 따르면 주어진 물질이 산으로 행동하기 위해서는 H^+ 이온을 낼 수 있어야 하므로, 그 물질의 화학식에 H 원소가 포함되어 있어야 한다. 또한 어떤 물질이든 물에 녹아 들어가 염기로 행동하려면, 그 물질의 화학식에 OH 작용기(functional group)를 가지고 있어야 한다. 그런데 실제로는 화학식에 H 원소나 OH 작용기가 포함되어 있지 않은 물질들임에도 산이나 염기로 행동하는 물질들이 적지 않다. 예로써, 이산화 탄소(carbon dioxide, CO_2)가 물에 녹아 들어가면, 그 수용액은 산성을 나타낸다. 산화 칼슘(calcium oxide, CaO)이 물에 녹아 들어가면, 그 수용액은 염기성을 나타낸다. Arrhenius의 개념이 적용되지 않는 두 번째 예로는 기체 상태에서도 두 물질들 사이에서 산-염기 중화 반응이 일어나는 현상을 들 수 있다. 예로써, 진한 염산 수용액(concentrated hydrochloric acid, concentrated HCl(aq))으로부터 방출되는 HCl 기체와 진한 암모니아 수용액(concentrated ammonia water, concentrated NH_3(aq))으로부터 방출되는 NH_3 기체는 서로 산-염기 중화 반응($HCl(g) + NH_3(g) \rightarrow NH_4Cl(s)$)을 일으킨다. 이 중화 반응은 수용액이 아니라 기체 상태에서 일어나는 반응이며, 또한 산인 HCl과 염기인 NH_3는 이온화 과정을 거치지 않고도 산-염기 중화 반응을 일으킨다.

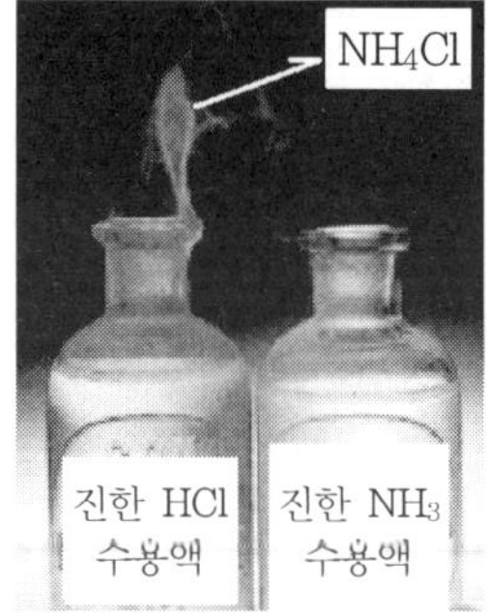

○ 브뢴스테드와 로우리의 개념

가. 정의 방식

브뢴스테드(J. N. Brønsted)와 로우리(T. Lowry)는 산과 염기를 다음과 같이 정의하였다.

- 산: H^+ 이온(양성자, proton)을 내어 놓은 물질
  - 양성자 주게(proton donor)
- 염기: H^+ 이온을 받아들이는 물질
  - 양성자 받게(proton acceptor)

Brønsted-Lowry의 개념에 따르면 다음과 같은 산-염기 반응들이 가능하다.

- 염산 수용액(aqueous hydrochloric acid)에서 일어나는 HCl과 H_2O 사이의 산-염기 반응
  $HCl(aq) + H_2O(l) \rightarrow H_3O^+(aq) + Cl^-(aq)$
- 암모니아 수용액(aqueous ammonia)에서 일어나는 NH_3와 H_2O 사이의 산-염기 반응
  $NH_3(aq) + H_2O(l) \rightleftarrows NH_4^+(aq) + OH^-(aq)$

또한 산이 산으로써 그리고 염기는 염기로써 행동하기 위해서 이온화 과정이 선행될 필요가 없으므로, $HCl(g) + NH_3(g) \rightarrow NH_4Cl(s)$와 같은 기체 상태에서의 산-염기 중화 반응도 일어날 수 있다.

나. 주고받을 수 있는 양성자의 수에 따른 산-염기의 분류

Brønsted-Lowry의 개념을 적용하는 경우, 산과 염기가 서로 주고받는 양성자의 수를 근거로 산과 염기들을 다음과 같이 분류할 수 있다.

일양성자산 그리고 다양성자산

- 일양성자산(monoprotic acid, HA)

  염기와의 반응에서 한 개의 양성자만을 내어놓는 산

  | HCl(염산, hydrochloric acid), CH_3COOH(아세트산, acetic acid), HCOOH(폼산, formic acid)

- 다양성자산(polyprotic acid)
  - 이양성자산(diprotic acid, H_2A)

    염기와의 반응에서 두 개의 양성자들을 내어놓을 수 있는 산

    | H_2CO_3(탄산, carbonic acid), H_2CrO_4(크롬산, chromic acid)

  - 삼양성자산(triprotic acid, H_3A)

    염기와의 반응에서 양성자들을 세 개까지 내어놓을 수 있는 산

    | H_3PO_4(인산, phosphoric acid)

  - 사양성자산(tetraprotic acid, H_4A)

    염기와의 반응에서 양성자들을 네 개까지 내어놓을 수 있는 산

    | H_4Y(ethylenediaminetetraacetic acid, EDTA)

일양성염기 그리고 다양성자염기

- 일양성자염기(monoprotic base, B 또는 B^-)

  산과의 반응에서 한 개의 양성자만을 받아들이는 염기

  | NH_3

- 다양성자염기(polyprotic base)
  - 이양성자염기(diprotic base, B^{2-})

    산과의 반응에서 양성자들을 두 개까지 받아들일 수 있는 염기

    | CO_3^{2-} 이온(탄산 이온, carbonate ion), HPO_4^{2-} 이온(인산일수소 이온, monohydrogen phosphate ion)

  - 삼양성자염기(triprotic base, B^{3-})

    산과의 반응에서 양성자들을 세 개까지 받아들일 수 있는 염기

    | PO_4^{3-} 이온(인산 이온, phosphate ion)

  - 사양성자염기(tetraprotic base, B^{4-})

    산과의 반응에서 양성자들을 네 개까지 받아들일 수 있는 염기

    | Y^{4-} 이온(EDTA의 음이온)

다. 강산과 강염기 그리고 약산과 약염기

Brønsted-Lowry의 개념을 적용하여 산과 염기를 다루는 경우, 양성자를 주고받는 능력에 따라 산과 염기들을 다음과 같이 분류할 수 있다.

강산과 약산

• 강산(strong acid)

양성자를 매우 잘 내어놓는 산이며, 강산 수용액에서는 모든 산이 양성자를 내어 놓으며 사라진다.

| HCl, HNO_3(질산, nitiric acid)

• 약산(weak acid)

양성자를 잘 내어놓지 못하는 산이며. 약산 수용액에서 일부의 산만이 양성자를 내어 놓고 사라진다.

| CH_3COOH, H_2CO_3

강염기와 약염기

• 강염기(strong base)

양성자를 매우 잘 받아들이는 염기이며, 강염기 수용액에서는 모든 염기가 양성자를 받아들이며 사라진다.

| NaOH, O^{2-} 이온(산화 이온, oxide ion), PO_4^{3-} 이온(인산 이온, phosphate ion)

• 약염기(weak base)

양성자를 잘 받아들이지 못하는 염기이며. 수용액에서 일부의 염기만이 양성자를 받아들이며 사라진다.

| NH_3, CH_3COO^- 이온, HCO_3^- 이온(탄산수소 이온, hydrogen carbonate ion) (또는 중탄산 이온, bicarbonate ion)

라. 짝산/짝염기 쌍

Brønsted-Lowry의 개념을 적용하여 산과 염기를 다루는 경우, 주어진 산은 산으로서 행동하면서 그 산의 짝염기(conjugate base) 형태를 만들어내고, 주어진 염기는 염기로 작용하면서 그 염기의 짝산(conjugate acid) 형태를 만들게 된다. 다음은 강산인 HCl 수용액과 약산인 CH_3COOH의 수용액에서 일어나는 산-염기 반응들이다.

$HCl(aq) + H_2O(l) \rightarrow Cl^-(aq) + H_3O^+(aq)$
산 염기

$CH_3COOH(aq) + H_2O(l) \rightleftarrows CH_3COO^-(aq) + H_3O^+(aq)$
산 염기

이 반응에서 HCl은 Cl^- 이온으로 그리고 CH_3COOH은 CH_3COO^- 이온으로 변했으며, 이렇게 생성된 Cl^- 이온과 CH_3COO^- 이온은 다음과 같이 염기로서 행동할 수 있다.

$Cl^-(aq) + H_2SO_4(aq) \rightarrow HCl(g) + NaHSO_4^-(aq)$
염기 산

$CH_3COO^-(aq) + H_2O(l) \rightleftarrows CH_3COOH(aq) + OH^-(aq)$
염기 산

하지만 Cl^- 이온과 CH_3COO^- 이온이 염기로 행동한다고 해서 두 화학종들을 단순한 염기들로 분류한다면, 두 화학종들은 모든 종류의 산들과 산-염기 반응을 일으킬 수 있어야 한다. 그러나 다음과 같이 Cl^- 이온은 HCl과는 산-염기 반응을 할 수 없으며, CH_3COO^- 이온도 CH_3COOH과는 산-염기 반응을 일으키지 않는다.

$Cl^-(aq)$ + HCl(aq) 그리고 $CH_3COO^-(aq)$ + $CH_3COOH(aq)$와 같은 산-염기 반응들은 일어날 수 있는가?

만일 이 반응들이 가능하다면, 산-염기 반응식들은 다음과 같이 나타낼 수 있다.

$Cl^-(aq) + HCl(aq) \rightleftarrows HCl(aq) + Cl^-(aq)$
$CH_3COO^-(aq) + CH_3COOH(aq) \rightleftarrows CH_3COOH(aq) + CH_3COO^-(aq)$

그러나 산-염기 반응은 화학 반응이므로, 산-염기 반응이 일어나는 경우 반응물(들)과는 완전히 다른 새로운 물질(들)이 생성되어야 한다. 그런데 위 반응들의 경우 새로운 물질(들)이 생성되지 않으므로, 위 반응들에서는 화학 변화(chemical change)가 일어나지 않았다. 따라서 다음과 같이 위와 같은 산-염기 반응들은 일어나지 않는다.

$Cl^-(aq) + HCl(aq) \not\rightarrow HCl(aq) + Cl^-(aq)$
$CH_3COO^-(aq) + CH_3COOH(aq) \not\rightarrow CH_3COOH(aq) + CH_3COO^-(aq)$

이와 같이 HCl의 산-염기 반응을 통해 생겨난 Cl^- 이온은 염기의 특성을 갖지만 HCl과 산-염기 반응을 하지 않으므로, Cl^- 이온은 HCl의 짝염기라고 부른다. 그리고 CH_3COOH의 산-염기 반응을 통해 생겨난 CH_3COO^- 이온 역시 염기로 행동할 수 있지만 CH_3COOH과는 산-염기 반응을 하지 않으므로, CH_3COO^- 이온은 CH_3COOH의 짝염기라고 부른다.

HCl	+	H_2O	→	Cl^-	+	H_3O^+
산		염기		HCl의 짝염기		H_2O의 짝산
CH_3COOH	+	H_2O	⇄	CH_3COO^-	+	H_3O^+
산		염기		CH_3COOH의 짝염기		H_2O의 짝산

이러한 서로 짝이 되는 산과 염기 또는 짝산/짝염기 쌍 개념은 산-염기 반응에 참여하는 염기에 대해서도 적용한다. 예를 들어 H_2O의 경우 HCl 또는 CH_3COOH과의 산-염기 반응에서 염기로 행동하면서 H_3O^+ 이온(하이드로늄 이온, hydronium ion)으로 변하며, H_3O^+ 이온은 산으로서 행동한다. 그러므로 H_3O^+ 이온은 H_2O의 짝산이 된다. 다음은 몇 가지 짝산/짝염기 쌍들을 보여준다.

몇 가지 짝산/짝염기 쌍			
H_3O^+/H_2O	CH_3COOH/CH_3COO^-	H_2CO_3/HCO_3^-	HCO_3^-/CO_3^{2-}
$H_3PO_4/H_2PO_4^-$	$H_2PO_4^-/HPO_4^{2-}$	HPO_4^{2-}/PO_4^{3-}	NH_4^+/NH_3
H_2O/OH^-			

즉, 앞에서 언급한 바와 같이 서로 짝이 되는 산과 염기들(짝산/짝염기 쌍들)은 동일한 수용액에서 서로 산-염기 중화 반응을 일으키지 않고 공존할 수 있는 특성을 소유한다. 짝산/짝염기 쌍들이 소유하는 이러한 특성은 차후 다루게 될 산-염기 완충 용액의 제조에 활용된다.

마. Brønsted-Lowry의 개념에 따른 약산과 약염기는 양성자를 내어 놓거나 받아들이는 능력이 변하지 않는다.

예를 들어 약산인 CH_3COOH은 반응 상대인 염기의 종류에 무관하게 산으로서 H^+ 이온을 내어놓는 능력은 변하지 않고 그대로 유지한다. 다시 말해 약산인 CH_3COOH가 강염기인 NaOH와 반응하는 경우, CH_3COOH가 H^+ 이온을 내어놓는 능력은 그대로이만 강염기인 NaOH가 H^+ 이온을 받아들이는 능력이 강하므로, CH_3COOH과 NaOH는 신속하고 완전한 중화 반응($CH_3COOH + NaOH \rightarrow CH_3COONa + H_2O$)을 일으킨다. CH_3COOH가 약염기인 NH_3와 반응하는 경우에도 CH_3COOH가 H^+ 이온을 내어놓는 능력은 그대로이지만 약염기인 NH_3가 H^+ 이온을 받아들이는 능력이 약하므로, CH_3COOH과 NH_3는 느리고 불완전한 중화 반응($CH_3COOH + NH_3 \rightleftarrows CH_3COONH_4$)을 일으킨다.

약염기인 NH_3의 경우에도 마찬가지이다. NH_3는 이온을 받아들이는 능력은 변하지 않고 그대로이지만, 반응 상대인 산이 강산이냐 약산이냐에 그 산들과의 중화 반응이 일어나는 정도가 결정된다. NH_3가 강산인 HCl과 반응하는 경우, 강산인 HCl이 H^+ 이온을 내어놓는 능력이 강하여 신속하고 완전한 산-염기 중화 반응(NH_3 + HCl →

NH_4Cl)을 일으키지만, H^+ 이온을 내어놓는 능력이 약한 CH_3COOH과 반응하는 경우에는 느리고 불완전한 중화 반응을 일으킨다.

바. 약산과 약염기의 상대적인 세기

이처럼 약산과 약염기의 세기가 반응 상대인 염기와 산의 세기와 무관하게 유지되므로, Brønsted-Lowry의 개념에 의한 약산들과 약염기들 사이에는 상대적 세기 척도를 부여할 수 있다. 예를 들어, 약한 일양성자산(weak monoprotic acid)인 CH_3COOH (아세트산)과 HCOOH(폼산, formic acid)의 산으로서의 상대적 세기는 다음과 같이 수용액에서 일어나는 물과의 산-염기 반응의 평형 상수(산의 해리 상수, dissociation constant of acid: K_a)의 값들을 비교하여 결정한다.

$$CH_3COOH + H_2O \rightleftarrows CH_3COO^- + H_3O^+$$

$$K_a = \frac{[CH_3COO^-][H_3O^+]}{[CH_3COOH]} = 1.75\times10^{-5}$$

$$HCOOH + H_2O \rightleftarrows HCOO^- + H_3O^+$$

$$K_a = \frac{[HCOO^-][H_3O^+]}{[HCOOH]} = 1.80\times10^{-4}$$

HCOOH의 K_a값(1.80×10^{-4})이 CH_3COOH의 K_a값(1.75×10^{-5})보다 크다는 것은 HCOOH 수용액에서 H_3O^+ 이온들이 더 많이 만들어진다는 것을 의미하므로, HCOOH는 CH_3COOH보다 상대적으로 더 강한 산(약염기인 H_2O에 H^+ 이온을 주는 힘이 더 센 산)이 된다.

그리고 「약한 일양성자염기(weak monoprotic base)」인 NH_3(암모니아, ammonia)와 CH_3NH_2(메틸아민, methylamine)의 염기로서의 상대적 세기는 약산들의 경우와 마찬가지로, 수용액에서 일어나는 물과의 산-염기 반응의 평형 상수(염기의 해리 상수, dissociation constant of base: K_b)의 값들을 비교하여 결정한다.

$$NH_3 + H_2O \rightleftarrows NH_4^+ + OH^-,$$

$$K_b = \frac{[NH_4^+][OH^-]}{[NH_3]} = 1.78\times10^{-5}$$

$$CH_3NH_2 + H_2O \rightleftarrows CH_3NH_3^+ + OH^-,$$

$$K_b = \frac{[CH_3NH_3^+][OH^-]}{[CH_3NH_2]} = 4.37\times10^{-4}$$

CH_3NH_2의 K_b값(4.37×10^{-4})이 NH_3의 K_b값(1.78×10^{-5})보다 크다는 것은 CH_3NH_2 수용액에서 OH^- 이온들이 더 많이 만들어진다는 것을 의미하므로, CH_3NH_2는 NH_3보다 상대적으로 더 강한 염기(약산인 H_2O로부터 H^+ 이온을 받는 힘이 더 센 염기)가 된다.

루이스의 개념

Brønsted-Lowry의 개념에서는 산과 염기를 구분함에 있어서 H 원자의 필요성(산-염기 반응에서 H^+ 이온의 필요성)이 강조되었으므로, 여전히 완벽한 산-염기 분류 수단이 될 수는 없었다. 루이스(Gilbert N. Lewis)는 어떤 경우의 화학 결합(chemical bonding)들에서든 전자쌍(electron pair)들이 참여한다는 사실에 근거하여, 다음과 같은 정의 방식을 제시하였다.

- 산: 전자쌍(electron pair)을 받는 물질, 전자쌍 받게(electron pair acceptor)
- 염기: 전자쌍(electron pair)을 주는 물질, 전자쌍 주게(electron pair donor)

Lewis의 개념에 따르면, 주어진 물질들 사이에서 산-염기 반응이 일어나기 위해서 H^+ 이온과 OH^- 이온을 만들어내는 이온화 과정이 일어날 필요가 없고, 두 화학종들 사이에서 H^+ 이온의 이전(proton transfer)도 일어날 필요가 없으므로, 다음과 같은 화학 반응들에서도 산과 염기를 구분할 수 있다.

$BF_3 + :NH_3 \rightarrow F_3BNH_3$ (산: BF_3, 염기: $:NH_3$)

$Ni + 4\,:C{\equiv}O \rightarrow Ni(CO)_4$ (산: Ni, 염기: $:C{\equiv}O$)

그러나 Lewis의 개념에 의한 산이나 염기는 그 세기가 일정하게 유지되는 것이 아니고, 반응 상대인 염기나 산의 세기에 따라 달라진다. 따라서 Lewis의 개념으로는 산이나 염기를 그 상대적인 세기의 순서로 나열하는 작업이 쉽지 않으므로, 산이나 염기를 정량적으로 다루는 작업이 쉽지 않다는 단점이 있다. 다음과 같은 예를 들 수 있다.

구리 이온(Cu^{2+} 이온, copper ion)과 NH_3는 다음과 같은 산-염기 반응을 일으킬 수 있다.

$$Cu^{2+} + :NH_3 \rightleftarrows Cu(NH_3)^{2+}$$

산 염기

그런데 Cu^{2+} 이온은 에틸렌다이아민(ethylene diamine, $H_2NCH_2CH_2NH_2$))과도 다음과 같은 산-염기 반응을 일으킬 수 있다.

$$Cu^{2+} + H_2NCH_2CH_2NH_2 \rightleftarrows Cu(H_2NCH_2CH_2NH_2)^{2+}$$

산 염기

위의 두 반응들 중 두 번째 반응이 더 잘 일어난다. 그 이유는 Cu^{2+} 이온은 NH_3와 반응할 때보다 $H_2NCH_2CH_2NH_2$와 반응할 때 더 강한 산으로 작용하기 때문이다.

3.2 산-염기 반응

3.2.1 물에서의 자체양성자이전반응

◎ 자체양성자이전반응

자체양성자이전반응(autoprotolysis)은 같은 물질들 사이에서 일어나는 양성자 주고받기 반응이다.

자체양성자이전반응은 물(H_2O), 과산화 수소(hydrogen peroxide, H_2O_2), 황산(H_2SO_4), 메틸알코올(methyl alcohol, CH_3OH) 그리고 아세트산(CH_3COOH) 등과 같은 양성자성 용매(protic solvent: 양성자를 주거나 받을 수 있는 용매)들에서 일어난다.

◎ 물에서의 자체양성자이전반응

물에서 일어나는 자체양성자이전반응은 다음과 같이 나타낸다.

$$H_2O + H_2O \rightleftarrows H_3O^+ + OH^-$$

이와 같이 순수한 물에서 진행되는 자체양성자이전반응은 중요하다. 물의 자체양성자이전반응에 의하면, 산 수용액에서나 염기 수용액에서 산과 염기가 물과의 산-염기 반응을 일으켜 H_3O^+ 이온이나 OH^- 이온을 만들어내기 이전에도, 물속에는 이미 일정량의 H_3O^+ 이온이나 OH^- 이온이 존재하고 있음을 알려주고 있다.

산 수용액이나 염기 수용액의 농도가 충분히 진한 경우에는 산이나 염기가 물과 반응하여 만들어내는 H_3O^+ 이온이나 OH^- 이온의 양이 충분히 많으므로, 물의 자체양성자이전반응으로부터 생겨나는 H_3O^+ 이온이나 OH^- 이온의 양은 무시할 수 있다.

그러나 산이나 염기 수용액의 농도가 어느 수준 이하로 묽어지는 경우에는 산이나 염기가 물과 반응하여 만들어내는 H_3O^+ 이온이나 OH^- 이온의 양이 그리 많지 않기 때문에, 물의 자체양성자이전반응에서 만들어지는 H_3O^+ 이온이나 OH^- 이온의 양을 무시할 수 없게 된다. 따라서 매우 묽은 농도의 산 수용액이나 염기 수용액 속의 H_3O^+ 이온이나 OH^- 이온의 양을 정확하게 알아내기 위해서는, 순수한 물의 자체양성자이전반응에 의해 만들어지는 H_3O^+ 이온이나 OH^- 이온의 양을 정확하게 알고 있어야 하는 것이다.

다음은 산 수용액에서 생겨나 존재하는 H_3O^+ 이온의 전체 농도($[H_3O^+]_{전체}$)와 물의 자체양성자이전반응에 의해 생겨나는 H_3O^+ 이온의 농도($[H_3O^+]_{H_2O}$) 사이의 관계를 보여준다.

산 수용액의 경우

$HA + H_2O \rightarrow A^- + H_3O^+$　　$[H_3O^+]$ = HA의 초기 농도 = C_{HA}

강산　염기

$HA + H_2O \rightleftarrows A^- + H_3O^+$　　$[H_3O^+] \neq C_{HA}$　$[H_3O^+] < C_{HA}$

약산　염기　　　(※ 차후 자세히 다룸)

수용액 속 H_3O^+ 이온의 전체 농도

= $[H_3O^+]_{전체}$

= 산이 만들어내는 H_3O^+ 이온의 농도

+ 물의 자체양성자이전반응에서 생겨나는 H_3O^+ 이온의 농도

= $[H_3O^+]_{산} + [H_3O^+]_{H_2O}$

와 같은 관계가 성립한다. 그러나 대부분의 산 수용액들에서는

$[H_3O^+]_{산} \gg [H_3O^+]_{H_2O}$ 이므로, $[H_3O^+]_{전체} = [H_3O^+]_{산}$

와 같이 물이 만들어내는 H_3O^+ 이온의 농도를 무시할 수도 있다. 하지만

$[H_3O^+]_{전체} = [H_3O^+]_{산} + [H_3O^+]_{H_2O}$

와 같은 식을 사용해야 하는 경우들에서는 만들어내는 H_3O^+ 이온의 농도를 중요하게 취급해야 한다.

물의 자체양성자이전 상수(K_w)

물의 자체양성자이전반응은 평형 반응(equilibrium reaction)이고, 그 반응의 평형 상수는 자체양성자이전 상수(K_w)라고 부른다.

$$H_2O + H_2O \rightleftarrows H_3O^+ + OH^-$$

평형 상수 = $K = \dfrac{[H_3O^+][OH^-]}{[H_2O][H_2O]}$

그런데 $K = \dfrac{[H_3O^+][OH^-]}{[H_2O][H_2O]}$

➜

$K[H_2O][H_2O] = K_w = [H_3O^+][OH^-]$에 의해

물의 자체양성자이전 상수 = $K_w = [H_3O^+][OH^-]$

$= 1.0 \times 10^{-14}$ (25°C에서)

이제 물의 자체양성자이전 상수(K_w)를 사용하면, 다음과 같이 순수한 물속에 존재하는 H_3O^+ 이온과 OH^- 이온의 농도를 알 수 있다.

$K_w = [H_3O^+][OH^-] = 1.0\times10^{-14}$ (25°C에서)

$\Rightarrow$

순수한 물에서

$[H_3O^+] = [OH^-]$

$= (K_w)^{\frac{1}{2}}$

$= (1.0\times10^{-14})^{\frac{1}{2}} = 1.0\times10^{-7}$ M

순수한 물에서 얻어지는 $K_w = [H_3O^+][OH^-] = 1.0\times10^{-14}$ (25°C에서)와 같은 관계식은 물에서 뿐만 아니라 다음과 같이 모든 수용액들에서 성립한다.

$$K_w = [H_3O^+][OH^-] = 1.0\times10^{-14} \text{ (25°C에서)}$$

이 식은 순수한 물에서 뿐만 아니라 산성 수용액이든 염기성 수용액이든 모든 수용액들에서 성립하는 중요한 식이라는 점을 명심해야 한다. 물에 산성 물질이 녹아들어와 산 수용액으로 변하는 경우, 그 수용액 속 H_3O^+ 이온의 농도는 증가하지만 OH^- 이온의 농도는 반비례하여 감소하면서 위의 식이 성립한다. 물에 염기성 물질이 녹아들어와 염기 수용액으로 변하는 경우, 그 수용액 속 OH^- 이온의 농도는 증가하지만 H_3O^+ 이온의 농도는 반비례하여 감소하면서, 위의 식이 성립한다.

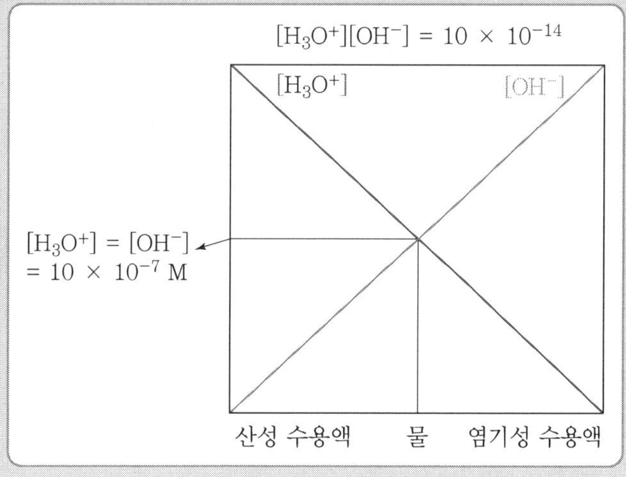

● H_3O^+ 이온과 H^+ 이온

가. 물의 자체 이온화 반응과 자체 이온화 상수

물의 자체양성자이전반응은 Brønsted-Lowry의 개념에 근거하여 표현된 물 분자들 사이의 산-염기 반응이다. 이와는 달리 다음과 같이 순수한 물에 존재하는 H^+ 이온과 OH^- 이온들은 물의 자체 이온화 반응(self-ionization reaction)에 의해서 생겨난 것들이라고 생각할 수도 있다.

물의 자체 이온화 반응

$$H_2O \rightleftarrows H^+ + OH^-$$

$$K_w = [H^+][OH^-] = 1.0\times10^{-14} \text{ (25°C에서)}$$

(K_w: 물의 자체 이온화 상수(self-ionization constant))

나. 물의 이온곱 상수(ion-product constant of water)

물의 자체양성자이전반응과 물의 자체 이온화 반응 사이의 차이점(K_w를 물의 자체 양성자이전 상수, 또는 물의 자체 이온화 상수라고 다르게 부르는 것)을 극복하기 위해, 물의 이온곱 상수라고 부르기도 한다.

다. $[H^+]$와 $[H_3O^+]$

H^+ 이온은 양성자(proton)이지만, H_3O^+ 이온(hydronium ion)은 수화된 양성자(hydrated proton) 또는 양성자가 첨가된 물(protonated water)이다. 그러므로 H^+ 이온과 H_3O^+ 이온은 완전히 다른 화학종들이다. 그러나 물의 자체양성자이전 상수와 물의 자체 이온화 상수는 그 값이 서로 같으므로, 다음과 같이 순수한 물에서(그리고 모든 수용액들에서도) H^+ 이온의 농도와 H_3O^+ 이온의 농도는 서로 같다.

$$K_w = [H_3O^+][OH^-] = 1.0\times10^{-14} \text{ (25°C에서)}$$

$$[H_3O^+] = [OH^-]$$

$$\therefore [H_3O^+] = (K_w)^{\frac{1}{2}} = (1.0\times10^{-14})^{\frac{1}{2}} = 1.0\times10^{-7} \text{ M}$$

$$K_w = [H^+][OH^-] = 1.0\times10^{-14} \text{ (25°C에서)}$$

$$[H^+] = [OH^-]$$

$$\therefore [H^+] = (K_w)^{\frac{1}{2}} = (1.0\times10^{-14})^{\frac{1}{2}} = 1.0\times10^{-7} \text{ M}$$

3.2.2 p-함수 척도

수용액 속에 존재하는 주어진 화학종의 농도가 너무 작은 값이거나 수용액 속에 존재하는 화학종들의 농도가 너무 작은 값들로 다양한 경우, 그렇게 다양하게 작은 농도값들을 다루기가 쉽지 않다. 화학종의 농도를 보다 더 쉽고 편하게 다루기 위해, 다음과 같이 정의되는 p-함수(p-function) 값을 사용한다.

p-함수

$$pX = -\log[X]$$

([X]: X의 몰농도, pX: [X]의 p함수 값)

| $pH = -\log[H_3O^+]$ $pOH = -\log[OH^-]$ $pCa = -\log[Ca^{2+}]$

이러한 p-함수를 도입하면 $K_w = [H_3O^+][OH^-] = 1.0\times10^{-14}$를 다음과 같이 표현할 수 있다.

$K_w = [H_3O^+][OH^-] = 1.0\times10^{-14}$의 양변에 $-\log$를 붙여주면

$$-\log K_w = (-\log[H_3O^+]) + (-\log[OH^-]) = -\log(1.0\times10^{-14})$$

$$\therefore pK_w = pH + pOH = 14.00$$

그러므로 순수한 물에서 생겨나 존재하는 H_3O^+ 이온과 OH^- 이온의 농도를 다음과 같이 p 함수로 나타낼 수 있다.

$$[H_3O^+] = [OH^-] = 1.0\times10^{-7}\ M \Rightarrow \mathbf{pH = 7.00 = pOH}$$

따라서 25°C에서 순수한 물에 산이 첨가되어 산성 수용액으로 변하거나 염기가 첨가되어 염기 수용액으로 변한다면, 각 수용액에 존재하는 H_3O^+ 이온과 OH^- 이온의 양은 다음과 같이 표현한다.

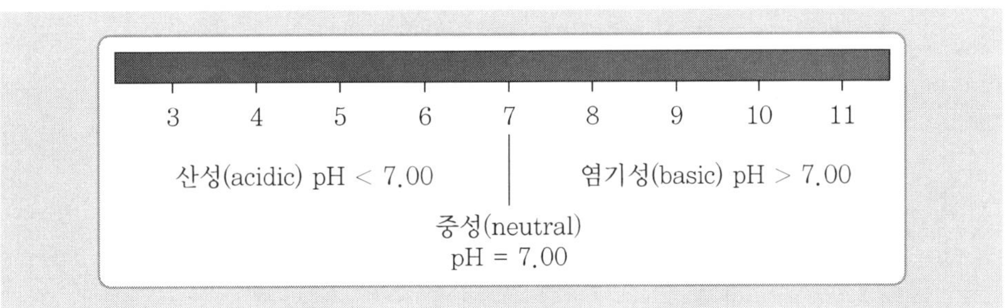

• 산성 수용액의 경우

H_3O^+ 이온의 양이 순수한 물보다 더 많으므로

$[H_3O^+] > 1.0 \times 10^{-7}$ M ⇒ pH < 7.00

$[OH^-] < 1.0 \times 10^{-7}$ M ⇒ pOH > 7.00

• 중성 수용액의 경우

H_3O^+ 이온의 양이 순수한 물과 같으므로

$[H_3O^+] = 1.0 \times 10^{-7}$ M ⇒ pH = 7.00

$[OH^-] = 1.0 \times 10^{-7}$ M ⇒ pOH = 7.00

• 염기성 수용액의 경우

OH^- 이온의 양이 순수한 물보다 더 많으므로

$[OH^-] > 1.0 \times 10^{-7}$ M ⇒ pOH < 7.00

$[H_3O^+] < 1.0 \times 10^{-7}$ M ⇒ pH > 7.00

3.2.3 산-염기 중화 반응

○ 산-염기 중화 반응이란?

산-염기 중화 반응은 다음과 같이 정의한다.

산-염기 중화 반응

산과 염기가 반응하여 산과 염기는 각각 그 성질을 잃고, 새로운 성질을 가진 새로운 물질들이 만들어지는 반응

○ 산-염기 중화 반응식

산-염기 중화 반응식은 다음과 같이 다양한 방식으로 표현할 수 있다.

• 분자 반응식

반응에 관련된 각 화학종의 화학식을 그대로 사용하여 표기한 반응식

• 전체 이온 반응식

반응에 관련된 모든 화학종들 중에서 이온으로 존재하는 것들을 이온으로 표기한 반응식

• 알짜 이온 반응식

반응에 직접적으로 참여한 화학종들만으로 표기한 반응식

가. 강산(HCl)과 강염기(NaOH)의 산-염기 중화 반응의 경우

■ **분자 반응식**

반응에 관련된 각 화학종의 화학식을 그대로 사용하여 표기한다.

$$HCl(aq) + NaOH(aq) \rightarrow NaCl(aq) + H_2O(l)$$

1 mol의 HCl과 1 mol의 NaOH가 반응하면, HCl과 NaOH는 모두 사라지고, 1 mol씩의 NaCl과 H_2O가 만들어진다.

■ **전체 이온 반응식**

강산인 HCl과 강염기인 NaOH는 수용액에서 100% 해리되어 성분 이온들로 존재하는 강전해질(strong electrolyte)들이다.

$$H^+(aq) + Cl^-(aq) + Na^+(aq) + OH^-(aq) \rightarrow Na^+(aq) + Cl^-(aq) + H_2O(l)$$

■ **알짜 이온 반응식**

용액 속 이온들 중에서 Cl^- 이온과 Na^+ 이온은 반응 전과 후 아무런 변화가 없다. 즉, Cl^- 이온과 Na^+ 이온은 HCl과 NaOH 사이의 산-염기 반응에 참여하지 않았으므로, Cl^- 이온과 Na^+ 이온을 구경꾼 이온이라 부른다.

$$H^+(aq) + OH^-(aq) \rightarrow H_2O(l)$$

나. 강산(HCl)과 약염기(NH_3)의 산-염기 중화 반응의 경우

■ **분자 반응식**

반응에 관련된 각 화학종의 화학식을 그대로 사용하여 표기한다.

$$HCl(aq) + NH_3(aq) \rightarrow NH_4Cl(aq)$$

1 mol의 HCl과 1 mol의 NH_3가 반응하면, HCl과 NH_3는 모두 사라지고, 1 mol의 NH_4Cl이 만들어진다.

■ **전체 이온 반응식**

강산인 HCl과 물에 잘 녹는 이온 결합 화합물(염, salt이라고도 부름)인 NH_4Cl은 수용액에서 100% 해리되어 성분 이온들로 존재하는 강전해질들이다.

$$H^+(aq) + Cl^-(aq) + NH_3(aq) \rightarrow NH_4^+(aq) + Cl^-(aq)$$

■ **알짜 이온 반응식**

용액 속 이온들 중에서 Cl^- 이온은 산-염기 반응에 참여하지 않았으며, 구경꾼 이온이다.

$$H^+(aq) + NH_3(aq) \rightarrow NH_4^+(aq)$$

다. 강염기(NaOH)과 약산(CH_3COOH)의 산-염기 중화 반응의 경우

■ **분자 반응식**

반응에 관련된 각 화학종의 화학식을 그대로 사용하여 표기한다.

$$CH_3COOH(aq) + NaOH(aq) \rightarrow CH_3COONa(aq) + H_2O(l)$$

1 mol의 CH_3COOH와 1 mol의 NaOH가 반응하면, CH_3COOH와 NaOH는 모두 사라지고, 1 mol씩의 CH_3COONa와 H_2O가 만들어진다.

■ **전체 이온 반응식**

강염기인 NaOH와 물에 잘 녹는 이온 결합 화합물인 CH_3COONa은 수용액에서 100% 해리되어 성분 이온들로 존재하는 강전해질들이다.

$$CH_3COOH(aq) + Na^+(aq) + OH^-(aq) \rightarrow CH_3COO^-(aq) + Na^+(aq) + H_2O(l)$$

■ **알짜 이온 반응식**

용액 속 이온들 중에서 Na^+ 이온은 산-염기 반응에 참여하지 않았으며, 구경꾼 이온이다.

$$CH_3COOH(aq) + OH^-(aq) \rightarrow CH_3COO^-(aq) + H_2O(l)$$

4 산과 염기 II

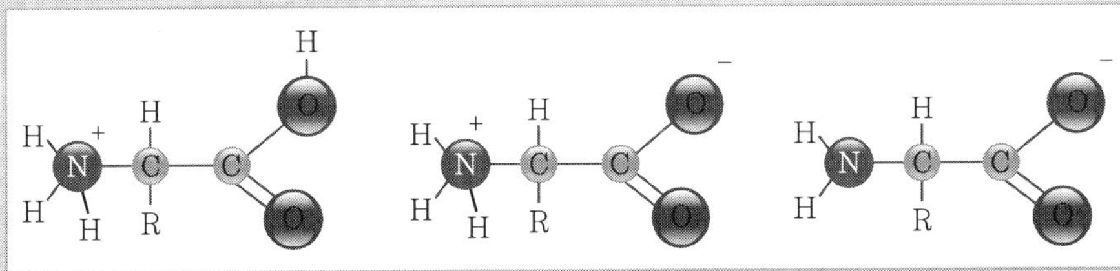

4.1 산과 염기 수용액의 pH

4.1.1 강한 일양성자산 수용액의 pH

◎ HCl 수용액의 pH 구하기

가. 물의 자체양성자이전반응을 고려할 필요가 없는 경우

HCl 수용액에서 강한 일양성자산인 HCl과 약한 염기인 물 사이에서 일어나는 산-염기 반응식은 다음과 같다.

$$HCl + H_2O \rightarrow Cl^- + H_3O^+$$

위 반응식에서는 정방향의 화살표(→)만을 나타내므로, 화살표의 왼쪽에 있는 화학종(반응물)은 모두 다(100%) 사라지면서 화살표의 오른쪽에 있는 화학종(생성물)들을 만들어 낸다. 따라서 HCl 수용액에는 HCl이 존재하지 않는다.

$$\text{남은 HCl의 농도} = [HCl] = 0\ M$$

즉, HCl 수용액에서 존재하는 H_3O^+ 이온의 농도는 생성된 Cl^- 이온의 농도와 같고, 두 화학종들의 농도는 물과 반응하기 전 HCl의 농도(HCl의 초기 농도)와 같다.

$$[Cl^-] = [H_3O^+] = \text{HCl의 초기 농도} = [HCl]_{초기}(\text{또는 } C_{HCl})$$

이제 HCl 수용액의 pH는 다음과 같이 구할 수 있다.

$$pH = -\log[H_3O^+] = -\log[HCl]_{초기}$$

다음과 같은 예들을 살펴보자.

예제 4-1

(a) 0.10 M HCl 수용액의 pH를 구하시오.
(b) 1.0×10^{-3} M HCl 수용액의 pH를 구하시오.

⊕풀이

(a) $[H_3O^+]$ = $[HCl]_{초기}$ = 0.10 M

∴ pH = $-\log[H_3O^+]$ = $-\log(0.10)$ = 1.00

(b) $[H_3O^+]$ = $[HCl]_{초기}$ = 1.0×10^{-3} M

∴ pH = $-\log[H_3O^+]$ = $-\log(1.0\times10^{-3})$ = 3.00

나. 물의 자체양성자이전반응을 고려해야 하는 경우

그러나 HCl 수용액의 초기 농도가 1.0×10^{-6} M보다 더 묽어지면 $[H_3O^+]$ = $[HCl]_{초기}$를 사용하여 HCl 수용액의 pH를 구할 수 없다. 다음은 HCl 수용액의 초기 농도가 0.10 M부터 시작하여 10배씩 묽어지는 경우, $[H_3O^+]$ = $[HCl]_{초기}$를 사용하여 구한 HCl 수용액의 pH를 보여준다.

$[HCl]_{초기}$, M	$[H_3O^+]$ (=$[HCl]_{초기}$), M	pH=$-\log[H_3O^+]$
1.0×10^{-1}	1.0×10^{-1}	1.00
1.0×10^{-2}	1.0×10^{-2}	2.00
1.0×10^{-3}	1.0×10^{-3}	3.00
1.0×10^{-4}	1.0×10^{-4}	4.00
1.0×10^{-5}	1.0×10^{-5}	5.00
1.0×10^{-6}	1.0×10^{-6}	6.00
1.0×10^{-7}	1.0×10^{-7}	**7.00 (?)**
1.0×10^{-8}	1.0×10^{-8}	**8.00 (?)**
1.0×10^{-9}	1.0×10^{-9}	**9.00 (?)**

예를 들어 HCl 수용액의 농도가 1.0×10^{-8} M 인 경우 $[H_3O^+]$ = $[HCl]_{초기}$를 사용하여 구한 pH는 8.00이다. 그러나 HCl 수용액은 산성 수용액이므로 HCl 수용액에 물을 첨가하여 농도가 아무리 묽어져도, HCl 수용액이 pH가 7보다 큰 염기성 수용액으로 변할 수는 없는 것이다.

이와 같이 HCl 수용액의 초기 농도가 1.0×10^{-6} M보다 더 묽은 경우, HCl로부터 생겨나는 H_3O^+ 이온 농도 이외에도, 물의 자체양성자이전반응으로부터 생겨나는 H_3O^+ 이온의 양(농도)도 함께 고려해 주어야 한다.

■ **HCl 수용액에서는 $[H_3O^+]_{전체} = [H_3O^+]_{HCl} + [H_3O^+]_{H_2O}$**

- HCl과 H_2O 사이의 산-염기 반응
  $HCl + H_2O \rightarrow H_3O^+ + Cl^-$
- 물의 자체양성자이전반응
  $H_2O + H_2O \rightleftarrows H_3O^+ + OH^-$
  $K_w = [H_3O^+][OH^-] = 1.0 \times 10^{-14}$

즉, HCl 수용액 속 H_3O^+ 이온의 농도는 다음과 같이 HCl과 H_2O 사이의 산-염기 반응으로부터 나온 H_3O^+ 이온의 농도($[H_3O^+]_{HCl}$)와 물의 자체양성자이전반응으로부터 생겨난 H_3O^+ 이온의 농도($[H_3O^+]_{H_2O}$)를 합한 것이 된다.

$$[H_3O^+]_{전체} = [H_3O^+]_{HCl} + [H_3O^+]_{H_2O}$$

■ **$[HCl]_{초기} \geq 1.0 \times 10^{-6}$ M이면, $[H_3O^+]_{전체} = [H_3O^+]_{HCl}$**

HCl 수용액의 초기 농도가 1.0×10^{-6} M 이상이면, HCl로부터 생겨나오는 H_3O^+ 이온의 양이 충분히 많으므로($[H_3O^+]_{HCl} \gg [H_3O^+]_{H_2O}$), 물의 자체양성자이전반응으로부터 생겨나는 H_3O^+ 이온의 양($[H_3O^+]_{H_2O}$)을 무시할 수 있다. 그러므로 HCl 수용액의 초기 농도가 1.0×10^{-6} M 이상이면,

$$[H_3O^+]_{전체} = [H_3O^+]_{HCl}$$

와 같은 식을 사용하여 HCl 수용액의 pH를 구할 수 있다.

■ **$[HCl]_{초기} < 1.0 \times 10^{-6}$ M이면, $[H_3O^+]_{전체} = [H_3O^+]_{HCl} + [H_3O^+]_{H_2O}$**

만일 HCl 수용액의 초기 농도가 1.0×10^{-6} M보다 더 묽으면, 물의 자체양성자이전반응으로부터 생겨나는 H_3O^+ 이온의 양을 무시할 수 없다. 따라서 HCl 수용액의 초기 농도가 1.0×10^{-6} M보다 더 묽으면,

$$[H_3O^+]_{전체} = [H_3O^+]_{HCl} + [H_3O^+]_{H_2O}$$

을 사용하여 HCl 수용액의 pH를 구해야 한다.

예제 4-2

1.0×10^{-8} M HCl 수용액의 pH를 구하시오.

풀이 순수한 물에서 물의 자체양성자이전반응으로부터 생겨나 존재하는 H_3O^+ 이온의 농도는 1.0×10^{-7} M이지만, 물이 HCl 수용액으로 변하면서 HCl로부터 생겨나는 H_3O^+ 이온은 물의 자체양성자이전반응에 부정적인 영향을 미친다. 그 결과 HCl 수용액에서 물의 자체양성자이전반응에 의한 H_3O^+ 이온의 농도는 1.0×10^{-7} M보다 더 작아지는데, 그 값을 알 수 없다. 따라서 우선 다음과 같이 $[H_3O^+]_{H_2O}$의 값을 밝혀내는 과정을 수행한다.

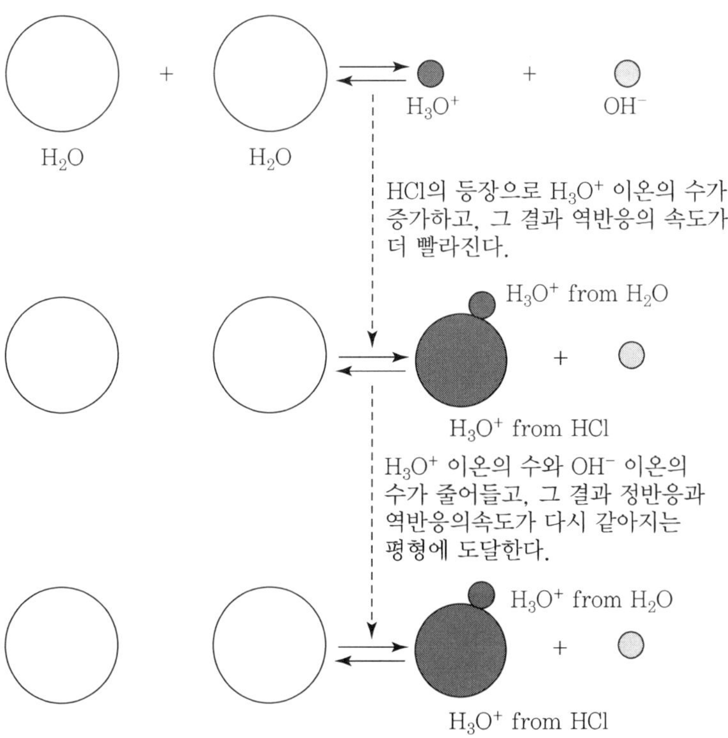

- HCl 수용액에서 HCl과 H_2O 사이의 산-염기 반응($HCl + H_2O \rightarrow H_3O^+ + Cl^-$) 역반응(←)이 일어나지 않는 반응이지만, 물의 자체양성자이전반응($H_2O + H_2O \rightleftarrows H_3O^+ + OH^-$)은 평형 반응으로서 역반응이 가능하다. 따라서 HCl과 H_2O 사이의 산-염기 반응으로부터 만들어진 H_3O^+ 이온은 물의 자체양성자이전반응에 영향을 미치는 요인으로 작용하여 역반응의 속도를 증가시킨다.

즉, 물의 자체양성자이전반응은 그 평형이 깨어지고, 새로운 평형이 성립할 때까지 물의 자체양성자이전반응의 역반응에 의해 물에서 나오는 H_3O^+ 이온의 양은 감소한다. 물론 그러한 역반응에 의해 H_3O^+ 이온의 양이 감소하는 만큼 OH^- 이온의 양도 함께 감소한다. 이 과정에서 물의 자체양성자이전반응의 역반응에 의해 사라지는 H_3O^+ 이온들은 실제로는 그 출처를 구분할 수는 없지만, 편의상 물의 자체양성자이전반응에서 만들어진 H_3O^+ 이온들의 양만이 감소하는 것으로 가정한다.

- 이제 새로운 평형이 성립한 후,

$[H_3O^+]_{H_2O}$ = x M

$[H_3O^+]_{HCl}$ = HCl 수용액의 농도 = 1.0×10^{-8} M

라고 가정하면,

$[H_3O^+]_{전체} = [H_3O^+]_{HCl} + [H_3O^+]_{H_2O} = (1.0\times10^{-8} + x)$ M

$[OH^-] = [H_3O^+]_{H_2O} = x$ M

와 같은 농도 값들이 얻어진다. 그런데 앞에서 이미 언급하였듯이 어떤 수용액에서든 $K_w = [H_3O^+][OH^-] = 1.0\times10^{-14}$가 성립해야 하므로, 다음과 같은 과정에 의해 물의 자체양성자이전반응으로부터 만들어지는 H_3O^+ 이온의 양을 알아낼 수 있다.

$$[H_3O^+]_{전체}[OH^-] = K_w = 1.0\times10^{-14}$$

$$\Rightarrow (1.0\times10^{-8} + x)\,x = 1.0\times10^{-14}$$

$$x = [H_3O^+]_{H_2O} = [OH^-] = 9.5\times10^{-8}\ \text{M}$$

- 이제 다음의 두 가지 방법들 중 한 가지를 사용하여 HCl 수용액의 pH를 구한다.

(방법 1) $[H_3O^+]_{전체}$를 사용하여 pH 구하기

$[H_3O^+]_{전체} = (1.0\times10^{-8} + x)$ M

$= (1.0\times10^{-8} + 9.5\times10^{-8})$ M

$= 10.5\times10^{-8}$ M $= 1.05\times10^{-7}$ M

$\therefore$ pH $= -\log[H_3O^+] = -\log(1.05\times10^{-7}) = 6.979$

(방법 2) $[H_3O^+]_{H_2O} = [OH^-]$를 사용하여 pH 구하기

$[H_3O^+]_{H_2O} = [OH^-] = x$ M $= 9.5\times10^{-8}$ M

pOH $= -\log[OH^-] = -\log(9.5\times10^{-8}) = 7.02$

$\therefore$ pH $= pK_w -$ pOH $= 14.00 - 7.02 = 6.98$

4.1.2 강한 일양성자염기 수용액의 pH

● NaOH 수용액의 pH 구하기

가. 물의 자체양성자이전반응을 고려할 필요가 없는 경우

NaOH과 KOH(potassium hydroxide, 수산화 포타슘)와 같은 강한 일양성자염기는 염기로서의 행동 양식을 Brønsted-Lowry의 개념이 아닌 Arrhenius의 개념으로 다룬다. NaOH 수용액에서 일어나는 산-염기 반응에 대한 정량적인 취급 방법은 다음과 같다.

다음은 강한 일양성자염기인 NaOH 수용액에서 일어나는 이온화 반응이다.

$$NaOH \xrightarrow{H_2O} Na^+ + OH^-$$

위 반응은 정방향의 화살표(→)만을 나타내므로 화살표의 왼쪽에 있는 화학종(반응물)은 모두 다(100%) 사라지면서 화살표의 오른쪽에 있는 화학종들을 만들어 낸다.

따라서 NaOH 수용액에는 NaOH가 존재하지 않으며(남은 NaOH의 농도 = [NaOH] = 0 M), 다음과 같은 관계가 성립하므로

생성된 OH^- 이온의 농도 = 반응 전 NaOH의 농도
= NaOH 수용액의 초기 농도

$\Rightarrow [OH^-] = [NaOH]_{초기}$ (또는 C_{NaOH})

강한 일양성자염기인 NaOH 수용액의 pH는 다음과 같은 식을 사용하여 구할 수 있다.

$$pOH = -\log[OH^-] = -\log[NaOH]_{초기}$$
$$pH = 14.00 - pOH$$

다음의 예들을 살펴보자.

예제 4-3

(a) 0.10 M NaOH 수용액의 pH를 구하시오.
(b) 1.0×10^{-4} M NaOH 수용액의 pH를 구하시오.

풀이 (a) 0.10 M NaOH 수용액의 경우

$[OH^-] = [NaOH]_{초기} = 0.10$ M과 같은 식이 성립하므로, 다음과 같은 두 가지 방법들 중 한 가지를 사용하여 pH를 구할 수 있다.

(방법 1) K_w = $[H_3O^+][OH^-]$ = 1.0×10^{-14}를 사용하여 $[H_3O^+]$를 계산한 후, pH를 구한다.

$$K_w = [H_3O^+][OH^-] = 1.0\times10^{-14}$$

$$[H_3O^+] = \frac{K_w}{[OH^-]} = \frac{(1.0\times10^{-14})}{(0.10)} = 1.0\times10^{-13}\ M$$

$$\therefore pH = -\log[H_3O^+] = -\log(1.0\times10^{-13}) = 13.00$$

(방법 2) pOH를 구한 후, pH + pOH = pK_w = 14.00를 사용하여 pH를 얻는다.

$$pH + pOH = pK_w = 14.00$$

$$pOH = -\log[OH^-] = -\log(0.10) = 1.00$$

$$\therefore pH = 14.00 - pOH = 14.00 - 1.00 = 13.00$$

(b) 1.0×10^{-4} M NaOH 수용액의 경우

1.0×10^{-4} M NaOH 수용액의 경우 $[OH^-] = [NaOH]_{초기} = 1.0\times10^{-4}$ M이므로, 다음과 같은 두 가지 방법들 중 한 가지를 사용하여 pH를 구할 수 있다.

(방법 1) K_w = $[H_3O^+][OH^-]$ = 1.0×10^{-14}를 사용하여 $[H_3O^+]$를 계산한 후, pH를 구한다.

$$K_w = [H_3O^+][OH^-] = 1.0\times10^{-14}$$

$$[H_3O^+] = \frac{K_w}{[OH^-]} = \frac{(1.0\times10^{-14})}{(1.0\times10^{-4})} = 1.0\times10^{-10}\ M$$

$$\therefore pH = -\log[H_3O^+] = -\log(1.0\times10^{-10}) = 10.00$$

(방법 2) pOH를 구한 후, pH + pOH = pK_w = 14.00를 사용하여 pH를 얻는다.

$$pH + pOH = pK_w = 14.00$$

$$pOH = -\log[OH^-] = -\log(1.0\times10^{-4}) = 4.00$$

$$\therefore pH = 14.00 - pOH = 14.00 - 4.00 = 10.00$$

나. 물의 자체양성자이전반응을 고려해야 하는 경우

HCl 수용액의 경우와 마찬가지로 NaOH 수용액의 초기 농도가 10^{-6} M보다 묽어지면 $[OH^-] = [NaOH]_{초기}$와 같은 식을 사용하여 pH를 구할 수 없다. 예를 들어 $[OH^-] = [NaOH]_{초기}$를 사용하여 구한 1.0×10^{-8} M NaOH 수용액의 pH는 6.00이 되지만, 염기 수용액의 경우 물을 첨가해 그 농도를 묽혀가도 pH가 7보다 더 작은 산성 수용액으로 변할 수는 없다. 즉, HCl 수용액과 마찬가지로 NaOH 수용액의 경우에도 초기 농도가 10^{-6} M보다 묽어지면 물의 자체양성자이전반응으로부터 생겨나는 OH^- 이온의 농도를 고려해 주어야 하는 것이다. 다음의 예를 살펴보자.

예제 4-4

1.0×10^{-8} M NaOH 수용액의 pH를 구하시오.

풀이 NaOH 수용액에서는 다음과 같은 두 가지 반응들로부터 OH^- 이온이 생겨난다.

$$NaOH \xrightarrow{H_2O} Na^+ + OH^-$$
$$H_2O + H_2O \rightleftarrows H_3O^+ + OH^- \qquad K_w = [H_3O^+][OH^-] = 1.0\times10^{-14}$$

예제 3-2에서 다룬 것과 비슷한 내용을 OH^- 이온에 대해서도 적용하여

$[OH^-]_{H_2O} = [H_3O^+] = x$ M로 가정하면,

$[OH^-]_{전체} = [OH^-]_{NaOH} + [OH^-]_{H_2O} = (1.0\times10^{-8} + x)$ M

와 같은 관계가 얻어진다. 그리고 모든 수용액에서는

$K_w = [H_3O^+][OH^-] = 1.0\times10^{-14}$

와 같은 관계식이 성립해야 하므로, 물의 자체양성자이전반응으로부터 생겨나오는 OH^- 이온의 농도 ($x = [OH^-]_{H_2O}$)를 구할 수 있다.

$[OH^-]_{전체}[H_3O^+] = 1.0\times10^{-14}$
$(1.0\times10^{-8} + x)x = 1.0\times10^{-14}$
➜ $x = [OH^-]_{H_2O} = [H_3O^+] = 9.5\times10^{-8}$ M이 얻어진다.

이제 NaOH 수용액의 pH는 다음 두 가지 방법들 중 한 가지를 사용하여 구한다.

(방법 1)
$[OH^-]_{전체} = (1.0\times10^{-8} + x)$ M를 사용하여 pOH를 얻은 후, pH 구하기

$[OH^-]_{전체} = (1.0\times10^{-8} + x)$ M
$= (1.0\times10^{-8} + 9.5\times10^{-8})$ M
$= 10.5\times10^{-8}$ M $= 1.05\times10^{-7}$ M
$pOH = -\log[OH^-] = -\log(1.05\times10^{-7}) = 6.979$
$\therefore pH = 14.00 - 6.979 = 7.02$

(방법 2)
$[OH^-]_{H_2O} = [H_3O^+] = 9.5\times10^{-8}$ M를 사용하여 pH 구하기

$[OH^-]_{H_2O} = [H_3O^+] = 9.5\times10^{-8}$ M
$\therefore pH = -\log[H_3O^+] = -\log(9.5\times10^{-8}) = 7.02$

4.1.3 약한 일양성자산 수용액의 pH

약한 일양성자산의 세기

CH_3COOH 그리고 HCOOH(formic acid, 폼산)과 같은 약한 일양성자산(이후 HA로 표현함)의 수용액에서는 약산과 물 사이에서 다음과 같은 산-염기 반응이 일어난다.

$$HA + H_2O \rightleftarrows A^- + H_3O^+ \qquad K_a = \frac{[A^-][H_3O^+]}{[HA]}$$

이 산-염기 반응을 보면, 반응식에 사용한 화살표가 오른쪽 방향만을 나타내는 → 이 아니라, 평형 반응을 나타내는 ⇄이다. 즉, 이 산-염기 반응에서는 HA와 H_2O가 신속하고 완전히 반응하여 A^- 이온과 H_3O^+ 이온을 만들어내는 오른쪽 방향으로의 반응(정반응, forward reaction)만이 일어나는 것이 아니라, A^- 이온과 H_3O^+ 이온이 서로 반응하여 HA와 H_2O를 만들어내는 왼쪽 방향으로의 반응(역반응)도 일어남을 알 수 있다. 다시 말해 이 산-염기 반응은 평형 반응(equilibrium reaction)이다.

K_a는 약한 일양성자산(HA)의 해리 상수(dissociation constant)라고 부르며, 그 약산이 물과의 산-염기 반응을 통해 만들어내는 H_3O^+ 이온의 양에 관한 정보를 준다. 즉, 약한 일양성자산들의 K_a값들을 근거로 다음과 같은 결론을 얻을 수 있다.

> 더 큰 K_a값을 가지는 약산이 더 강한 산이다.
>
> ➜ 약산의 K_a값이 커질수록, 그 약산은 물과의 산-염기 반응을 통해 더 많은 H_3O^+ 이온을 만들어낸다.

약한 일양성자산 수용액에서 약산(HA)과 물(H_2O) 사이에서 일어나는 산-염기 반응의 결과 산의 일부분은 분자 형태인 HA로 남으며, 나머지는 물과의 산-염기 반응을 일으키면서 짝염기의 형태인 A^- 이온으로 변한다. 그리고 다음과 같은 관계식이 성립한다.

$$[H_3O^+] \neq [HA]_{초기}(\text{또는 } C_{HA}) \qquad [H_3O^+] < [HA]_{초기}(\text{또는 } C_{HA})$$

이처럼 강한 일양성자산인 HCl 수용액의 경우와는 달리, 주어진 약한 일양성자산 수용액의 경우, 그 약산으로부터 만들어지는 H_3O^+ 이온의 농도(또는 pH)를 쉽게 알아낼 수가 없다. 따라서 주어진 약한 일양성자산 수용액의 pH를 구하기 위해서는 그 약산 수용액의 초기 농도($[HA]_{초기}$ 또는 C_{HA})와 약산의 해리 상수(K_a)를 사용한 평형 계산(equilibrium calculation) 과정을 거쳐야 한다.

가. 물의 자체양성자이전반응을 고려할 필요가 없는 경우

일반적으로 주어진 약한 일양성자산 수용액의 pH를 구하는 과정에서는 물의 자체양성자이전반응으로부터 생겨나는 H_3O^+ 이온의 양을 무시할 수 있다. 왜냐하면 현실적인 세기와 농도를 가지는 약한 일양성자산 수용액의 경우 약산이 내어놓은 H_3O^+ 이온의 양이 충분히 커서, 물의 자체양성자이전반응에서 생겨나는 H_3O^+ 이온의 양을 고려할 필요가 없기 때문이다. 따라서 일반적으로 약한 일양성자산 수용액의 pH를 구하는 과정에서는 다음의 예 4-5에서와 같은 평형 계산을 사용한다.

예제 4-5

0.10 M CH_3COOH 수용액의 pH를 구하시오. (단, CH_3COOH의 K_a = 1.75×10^{-5})

풀이 CH_3COOH 수용액에서 일어나는 산-염기 반응과 평형 상수는 다음과 같이 표현한다.

$$CH_3COOH + H_2O \rightleftarrows CH_3COO^- + H_3O^+$$

$$K_a = \frac{[CH_3COO^-][H_3O^+]}{[CH_3COOH]} = 1.75\times10^{-5}$$

이제 다음과 같이 CH_3COOH 수용액의 초기 농도와 CH_3COOH의 해리 상수를 사용한 평형 계산을 수행하여 용액의 pH를 구한다.

	CH_3COOH	+	H_2O	$\rightleftarrows$	CH_3COO^-	+	H_3O^+
초기 농도	0.10 M				0 M		0 M

반응이 끝난 후(평형에 도달한 후) 수용액에서 생겨나 존재하는 H_3O^+ 이온의 농도를 x M이라고 가정하면, CH_3COO^- 이온의 평형 농도는 M 그리고 CH_3COOH의 평형 농도는 $(0.10 - x)$ M이 된다.

평형 농도	$(0.10 - x)$ M				x M		x M

이제 각 화학종들의 평형 농도를 CH_3COOH의 해리 상수의 표현식에 대입하여 H_3O^+ 이온의 농도와 pH를 구한다.

$$K_a = \frac{[CH_3COO^-][H_3O^+]}{[CH_3COOH]} = \frac{(x)(x)}{(0.10 - x)} = 1.75\times10^{-5}$$

$$x^2 + 1.75\times10^{-5}x - (0.10)(1.75\times10^{-5}) = 0$$

$$x = [H_3O^+]$$

$$= \{-K_a \pm (K_a^2 + 4K_aC_{HA})^{\frac{1}{2}}\}/2$$

$$= [(-1.75\times10^{-5}) \pm \{(-1.75\times10^{-5})^2 + 4(0.10)(-1.75\times10^{-5})\}^{1/2}] \div 2$$

$$= 1.3\times10^{-3} \text{ M}$$

$$\therefore \text{pH} = -\log[H_3O^+] = -\log(1.3 \times 10^{-3}) = 2.89$$

나. 물의 자체양성자이전반응을 고려해야 하는 경우

일반적으로 주어진 약한 일양성자산 수용액의 pH를 구하는 과정에서는 물의 자체양성자이전반응으로부터 생겨나는 H_3O^+ 이온의 양을 무시할 수 있다. 그러나 주어진 약한 일양성자산 수용액의 초기 농도가 아주 묽거나($[HA]_{초기}$ 또는 C_{HA}의 값이 아주 작거나) 또는 그 산의 세기가 아주 약한 경우(K_a값이 아주 작은 경우)에는, 그 약산으로부터 생겨나는 H_3O^+ 이온의 양도 매우 작아지므로, 물의 자체양성자이전반응으로부터 생겨나는 H_3O^+ 이온의 농도를 무시할 수 없게 된다.

다음은 초기 농도가 아주 묽거나 해리 상수가 매우 작은 약한 일양성자산(HA) 수용액의 pH를 구하는 과정을 보여준다.

HA 수용액에서는 다음과 같은 두 가지 종류의 산-염기 반응들이 일어난다.

HA와 물 사이의 산-염기 반응

$$HA + H_2O \rightleftarrows A^- + H_3O^+ \qquad K_a = \frac{[A^-][H_3O^+]}{[HA]}$$

물의 자체양성자이전반응

$$H_2O + H_2O \rightleftarrows H_3O^+ + OH^- \qquad K_w = [H_3O^+][OH^-] = 1.0\times10^{-14}$$

이 용액 중에 존재하는 화학종들은 HA, H_2O, H_3O^+ 이온, A^- 이온, OH^- 이온이며, 이들 중 물을 제외한 화학종들(HA, H_3O^+, A^- 이온 그리고 OH^- 이온)은 그 농도를 알 수 없는 화학종들이다.

물(H_2O)의 몰농도

물(몰질량 = 18.02 g/mol)의 밀도가 1.00 g/mL라는 사실을 근거로 다음과 같이 순수한 물의 몰농도를 구할 수 있다.

$$\begin{aligned} 1.00\ \text{g/mL} &= 1.00\times10^{3}\ \text{g/L} \\ &= \{(1.00\times10^{3}\ \text{g}) \div (18.02\ \text{g/mol})\}/\text{L} \\ &= 55.5\ \text{mol/L} = 55.5\ \text{M} \end{aligned}$$

물은 산-염기 반응에 참여하면서 그 농도가 변하기는 하지만 물의 초기 농도가 충분히 진하기 때문에(55.5 M), 위 반응들에서 사라지는 물의 양은 무시할 수 있다. 따라서 물의 농도는 변함없이 55.5 M이라고 받아들여도 무방하다.

결국 네 가지 미지수들([HA], $[A^-]$, $[H_3O^+]$ 그리고 $[OH^-]$)이 존재하므로, 이들의 값을 알아내기 위해서는 다음과 같은 네 개의 독립적인 방정식들이 필요하다.

$$K_a = \frac{[H_3O^+][A^-]}{[HA]} = 1.75\times10^{-5} \cdots ①$$

$K_w = [H_3O^+][OH^-] = 1.0\times10^{-14}$ … ②

양성자 균형(proton balance): $[H_3O^+] = [A^-] + [OH^-]$ … ③

질량 균형(mass balance): $C_{HA} = [A^-] + [HA]$ … ④

양성자 균형

산이나 염기 수용액의 경우 그 용액 중에 존재하는 화학종들은 양성자를 얻은 형태와 잃은 형태로 구분할 수 있다. 물론 양성자이전반응에서 출발 물질들이 남아 있는 경우(평형 반응)에는 출발 물질들은 양성자를 잃거나 얻은 형태가 아니다. 따라서 수용액 중 화학종들을 대상으로 양성자를 얻은 형태와 잃은 형태를 구분하여 그 농도들을 합하면 서로 같게 된다. 따라서 다음과 같이 양성자 균형을 나타낼 수 있다.

양성자를 얻은 형태들의 농도 합 = 양성자를 잃은 형태들의 농도 합

질량 균형

주어진 약산의 수용액에서는 적은 양의 약산이 물과 산-염기 반응을 일으키면서 그 짝염기 형태로 바뀌고, 대부분의 약산은 원래의 형태를 유지하며 존재한다. 주어진 약염기의 수용액에서도 적은 양의 약염기만이 물과 산-염기 반응을 일으키면서 그 짝산의 형태로 변하고, 대부분의 약염기는 원래의 형태를 그대로 유지하며 존재한다. 따라서 주어진 약산 수용액에서는 다음과 같은 질량 균형식이 성립할 수 있다.

초기 약산의 농도
= 약산 수용액의 초기 농도 = [약산 형태] + [짝염기 형태]
$\Rightarrow C_{HA} = [HA] + [A^-]$

이제 위 네 가지 식들을 조합하여 $[H_3O^+]$에 관한 식들을 유도한다.
식 ③을 다시 쓰면,

$[A^-] = [H_3O^+] - [OH^-]$ … ⑤

식 ④를 다시 쓰면,

$[HA] = C_{HA} - [A^-]$ … ⑥

식 ⑤에 식 ⑥을 대입하면,

$[HA] = C_{HA} - ([H_3O^+] - [OH^-]) = C_{HA} - [H_3O^+] + [OH^-]$ … ⑦

식 ②를 $[OH^-] = \frac{K_w}{[H_3O^+]}$로 바꾸고 식 ⑤와 식 ⑦에 대입하면

$[A^-] = [H_3O^+] - \frac{K_w}{[H_3O^+]}$ … ⑧

$$[HA] = C_{HA} - [H_3O^+] + \frac{K_w}{[H_3O^+]} \quad \cdots ⑨$$

식 ⑧과 식 ⑨를 식 ①에 대입하면, 식 ⑩이 얻어지고

$$K_a = \frac{[H_3O^+]([H_3O^+] - \frac{K_w}{[H_3O^+]})}{(C_{HA} - [H_3O^+] + \frac{K_w}{[H_3O^+]})} \quad \cdots ⑩$$

식 ⑩을 다시 정리하면, 다음의 식 ⑪이 얻어진다.

$$\mathbf{[H_3O^+]^3 + K_a[H_3O^+]^2 - (K_aC_{HA} + K_w)[H_3O^+] - K_aK_w = 0} \quad \cdots ⑪$$

식 ⑪은 K_a값이나 C_{HA}값에 무관하게 약한 일양성자산 수용액의 $[H_3O^+]$값을 구할 수 있는 식이다.

그러나 3차 방정식(⑪)의 해를 구한다는 것은 쉬운 작업이 아니고, 현실적으로 사용하는 약한 일양성자산의 세기(K_a값)와 초기 농도(C_{HA})를 고려하는 현실적인 가정들을 통해 식 ⑪을 보다 더 간단한 형태로 변화시킬 수 있다.

- 가정 1: $K_aC_{HA} \gg K_w$
- 가정 2: $[H_3O^+]^2 \gg K_w$

약한 일양성자산의 경우, 현실적으로 사용하는 수치들은

$C_{HA} = 0.01\ M \sim 0.1\ M \qquad K_a = 1.75\times10^{-5}$

이므로 위의 가정들이 충분히 성립할 수 있다. 즉, 식 ⑪은 다음과 같이 간단히 바뀔 수가 있고

$$[H_3O^+]^2 + K_a[H_3O^+] - K_aC_{HA} = 0 \quad \cdots ⑫$$

$[H_3O^+]$의 값은 다음과 같은 근의 공식에 의해 구할 수 있다.

$$\mathbf{[H_3O^+] = \frac{-K_a \pm (K_a^2 + 4K_aC_{HA})^{\frac{1}{2}}}{2}} \quad \cdots ⑬$$

식 ⑬은 현실적인 세기와 농도를 가지는 약한 일양성자산 수용액(약산이 내어놓은 H_3O^+ 이온의 양이 충분히 커서, 물의 자체양성자이전반응에서 생겨나는 H_3O^+ 이온의 양을 고려할 필요가 없는 수용액)의 pH를 결정하는 데에 사용된다. 다시 말해 일반적으로 약한 일양성자산 수용액의 pH를 구하는 작업에서는 식 ⑬을 주로 사용하며, 이와 같은 방법은 앞에서 취급한 평형 계산에 의한 방법과 동일한 것이다. 그렇다면 식 ⑫를 더 간단한 형태로 바꿀 수는 없을까?

만일 $C_{HA} \gg [H_3O^+]$와 같은 조건이 성립한다면, 위 식 ⑫는

$$[H_3O^+]^2 = K_aC_{HA} \quad \cdots ⑭$$

이 되고, $[H_3O^+]$의 값은

$$[H_3O^+] = (K_a C_{HA})^{\frac{1}{2}} \qquad \cdots ⑮$$

에 의해 구할 수 있다. 그런데, 식 ⑮를 사용하여 $[H_3O^+]$의 값을 구하려면 $C_{HA} \gg [H_3O^+]$가 성립해야 하는데, 이를 위해서는 $\frac{C_{HA}}{K_a} \geq 10^4$이라는 조건이 만족되어야 한다. 즉, 약한 일양성자산(HA) 수용액의 경우 $\frac{C_{HA}}{K_a} \geq 10^4$와 같은 조건이 성립하면, $[H_3O^+] = (K_a \times C_{HA})^{\frac{1}{2}}$를 사용하여 pH를 구할 수 있다.

$\frac{C_{HA}}{K_a} \geq 10^4$이면, $C_{HA} \gg [H_3O^+]$

$C_{HA} \gg [H_3O^+]$와 같은 조건이 성립하기 위해서는 C_{HA}가 아주 크거나 $[H_3O^+]$가 아주 작아야 한다. 그러나 C_{HA}의 경우에는 현실적으로 0.10 M 정도보다 더 진한 경우는 그리 많지 않다. 그렇다면 위의 가정이 성립하기 위해서는 $[H_3O^+]$값이 아주 작아야 한다. 그런데 주어진 평형 반응에서 생성물의 농도가 작아지려면, 평형 상수가 작아야 하므로, 이러한 조건을 정량화시킨 것이 바로 $\frac{C_{HA}}{K_a} \geq 10^4$이다.

그러나 대부분의 약한 일양성자산 수용액들은 이 조건을 만족시키지 못하므로 대부분의 약한 일양성자산 수용액의 pH를 구하는 작업에서는 식 ⑮를 사용한 후, 그 결과를 식 ⑬으로 확인한다. 그렇지만 다음에 다룰 약산의 짝염기 수용액이나 약염기의 짝산 수용액들의 경우에는 이 조건을 만족시킬 수 있는 경우가 대부분이므로, 해당 수용액의 pH를 식 ⑮를 사용하여 구할 수 있다. 다음의 예제 4-6은 $\frac{C_{HA}}{K_a} \geq 10^4$와 같은 조건을 만족시키는 약한 일양성자산 수용액의 pH를 구하는 방법을 보여준다.

예제 4-6

0.10 M HA 수용액의 pH를 구하시오. (단, HA의 $K_a = 1.0\times10^{-5}$)

풀이 $\frac{C_{HA}}{K_a} = (0.10 \div 1.0\times10^{-5}) = 1.0\times10^4 \geq 10^4$이므로

$$\begin{aligned}[H_3O^+] &= (K_a \times C_{HA})^{\frac{1}{2}} \\ &= (1.0\times10^{-5} \times 0.10)^{\frac{1}{2}} \\ &= (1.0\times10^{-6})^{\frac{1}{2}} = 1.0\times10^{-3}\ \text{M}\end{aligned}$$

$\therefore$ pH $= -\log(1.0\times10^{-3}) = 3.00$

4.1.4 약한 일양성자염기 수용액의 pH

약한 일양성자염기의 세기

NH_3(ammonia, 암모니아)나 C_6H_5N(pyridine, 피리딘)과 같은 약한 일양성자염기(B라고 표현함)는 다음과 같이 수용액에서 약염기(B)의 일부분만이 물과의 산-염기 반응을 일으켜 짝산의 형태(BH^+ 이온)로 바뀌고, 대부분은 분자 형태(B)로 남는다.

$$B + H_2O \rightleftarrows OH^- + BH^+ \qquad K_b = \frac{[OH^-][BH^+]}{[B]}$$

K_b는 주어진 약한 일양성자염기(B)의 해리 상수이며, 그 약염기가 물과의 산-염기 반응을 통해 만들어내는 OH^- 이온의 양에 관한 정보를 준다. 다시 말해 약한 일양성자염기들의 K_b값들을 근거로 다음과 같은 결론을 얻을 수 있다.

더 큰 K_b값을 가지는 약염기가 더 강한 염기이다.

➜ 약염기의 K_b값이 커질수록, 그 약염기는 물과의 산-염기 반응을 통해 더 많은 OH^- 이온을 만들어낸다.

약한 일양성자염기(B) 수용액의 pH를 구하기 위해서는 약한 일양성자염기 수용액의 초기 농도($[B]_{초기}$ 또는 C_B)와 약한 일양성자염기의 해리 상수(K_b)를 사용한 평형 계산을 거쳐야 한다. 그리고 약한 일양성자염기의 초기 농도($[B]_{초기}$ 또는 C_B)가 충분히 진하거나 염기의 세기(K_b)가 충분히 큰 값을 가지는 경우에는, 물의 자체양성자이전반응으로부터 만들어지는 OH^- 이온의 농도는 고려해 줄 필요가 없다. 따라서 일반적으로 약한 일양성자염기 수용액의 pH를 구하는 과정에서는 다음의 예제 4-7에서와 같은 평형 계산을 사용한다.

예제 4-7

0.10 M NH_3 수용액의 pH를 구하시오. (단, NH_3의 K_b = 1.8×10^{-5})

풀이 NH_3 수용액에서 일어나는 산-염기 반응과 평형 상수는 다음과 같이 표현한다.

$$NH_3 + H_2O \rightleftarrows NH_4^+ + OH^- \qquad K_b = \frac{[NH_4^+][OH^-]}{[NH_3]} = 1.8 \times 10^{-5}$$

이제 다음과 같이 NH_3 수용액의 초기 농도와 NH_3의 해리 상수를 사용한 평형 계산을 수행하여 용액의 pH를 구한다.

	NH_3	+	H_2O	$\rightleftarrows$	NH_4^+	+	OH^-
초기 농도	0.10 M				0 M		0 M

반응이 끝난 후 (평형에 도달한 후) 수용액에서 생겨나 존재하는 OH^- 이온의 농도를 x M이라고 가정하면, NH_4^+ 이온의 평형 농도 역시 x M 그리고 NH_3의 평형 농도는 (0.10 − x) M이 된다.

평형 농도	(0.10 − x) M				x M		x M

이제 각 화학종들의 평형 농도를 NH_3의 해리 상수의 표현식에 대입하여 OH^- 이온의 농도와 pOH 그리고 pH를 구한다.

$$K_b = \frac{[NH_4^+][OH^-]}{[NH_3]} = (x)(x) \div (0.10 - x) = 1.8\times10^{-5}$$

$$\Rightarrow$$

$$x^2 + 1.8\times10^{-5}x - (0.10)(1.8\times10^{-5}) = 0$$

$$x = [OH^-] = 1.3\times10^{-3}\ \text{M}$$

$$\text{pOH} = -\log[OH^-] = -\log(1.3\times10^{-3}) = 2.89$$

$$\therefore \text{pH} = \text{p}K_w - \text{pOH}$$

$$= 14.00 - 2.89 = 11.11$$

약한 일양성자염기(B)의 경우에도 약한 일양성자산(HA)과 마찬가지로 다음과 같은 간단한 방법으로 pH를 구할 수도 있다.

$$\frac{C_B}{K_b} \geq 10^4\text{이면, } [OH^-] = (K_bC_B)^{\frac{1}{2}}$$

즉, 다음의 예에서 볼 수 있는 바와 같이 평형 계산을 거치지 않아도 수용액의 pH를 구할 수 있다.

예제 4-8

0.10 M B (약한 일양성자염기) 수용액의 pH를 구하시오.
(단, B의 K_b = 1.0 $\times10^{-5}$)

풀이 B 수용액에서 일어나는 산-염기 반응과 평형 상수는 다음과 같이 표현한다.

$$B + H_2O \rightleftarrows BH^+ + OH^- \qquad K_b = \frac{[BH^+][OH^-]}{[B]} = 1.0\times10^{-5}$$

다음과 같이 B 수용액의 초기 농도를 B의 해리 상수(K_b)로 나누어보면,

$$\frac{C_B}{K_b} = (0.10) \div (1.0\times10^{-5}) = 1.0\times10^{4} \geq 10^{4}$$

이므로, 다음과 같은 식을 사용하여 수용액 속 OH^- 이온의 농도 및 pH를 구할 수 있다.

$$[OH^-] = (K_bC_B)^{\frac{1}{2}}$$
$$= \{(0.10) \times (1.0\times10^{-5})\}^{\frac{1}{2}} = 1.0\times10^{-3}\ M$$
$$pOH = -\log[OH^-] = -\log(1.0\times10^{-3}) = 3.00$$
$$\therefore\ pH = pK_w - pOH = 14.00 - 3.00 = 11.00$$

4.1.5 약한 일양성자산의 짝염기 수용액의 pH

- 약한 일양성자산의 짝염기 수용액은 염기성(pH > 7) 수용액이다.

약한 일양성자산(HA)이 반응 상대인 염기에게 H^+ 이온을 내어놓으면서 변하는 A^- 이온은 HA의 짝염기이고, A^- 이온의 수용액은 염기성을 나타낸다.

약한 일양성자산의 짝염기를 가진 염(salt: 이온 결합 화합물)이 물에 녹아 염기성을 나타내는 이유?

물에 잘 녹는 이온 결합 화합물(ionic compound)인 CH_3COONa(sodium acetate, 아세트산 소듐)을 예로 들어본다. CH_3COONa가 물에 녹아 수용액을 이루는 경우, 염은 모두 다(100%) 성분 이온들로 해리(dissociation)된다.

$$CH_3COONa \xrightarrow{H_2O} Na^+ + CH_3COO^-$$

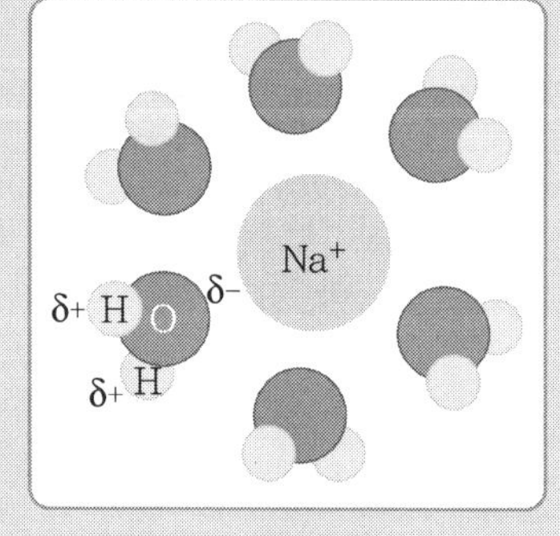

이들 성분 이온들 중 Na^+ 이온은 수용액에서 양성자를 받거나 주지 못하는 화학종이므로, 수용액에서 양성자의 농도를 변화시키지는 않고, 오른쪽 그림에서 볼 수 있는 바와 같이 몇 개의 물 분자들이 주변을 둘러싼 형태(수화(hydration)된 형태)로 존재할 뿐이다.

그러나 CH_3COO^- 이온은 약산인 CH_3COOH의 짝염기이므로 염기로서 행동할 수 있다. CH_3COO^- 이온이 염기로서 행동할 수 있는 상대는 주위에 존재하는 물 분자들이다. 다시 말해 CH_3COO^- 이온과 물 분자는 다음과 같이 산-염기

반응(CH_3COO^- 이온은 약염기에 속하므로 산-염기 반응은 평형 반응)을 일으키고, 그 반응에서 OH^- 이온과 CH_3COOH을 만들어낸다.

$$CH_3COO^- + H_2O \rightleftarrows OH^- + CH_3COOH$$

$$CH_3COO^- \text{ 이온의 해리 상수} = K_b = \frac{[CH_3COOH][OH^-]}{[CH_3COO^-]}$$

CH_3COO^- 이온과 물 사이의 산-염기 반응은 수용액 중 OH^- 이온의 농도를 증가시키게 되어 약한 염기성 수용액(pH > 7)으로 변한다.

약한 일양성자산의 짝염기 수용액의 pH 구하기

다음은 약한 일양성자산인 CH_3COOH의 짝염기인 CH_3COO^- 이온을 함유한 CH_3COONa이 물에 녹아 이루어진 수용액의 pH를 구하는 과정을 보여준다.

- 우선 CH_3COONa 수용액의 pH를 구하기 위해서는 CH_3COONa 수용액의 초기 농도(CH_3COO^- 이온의 초기 농도)와 CH_3COO^- 이온의 해리 상수(K_b)의 값을 알아야 한다.

그러나 약한 일양성자산이나 염기의 해리 상수들(K_a 또는 K_b)은 알려져 있지만, 약산의 짝염기나 약염기의 짝산의 경우에는 그 해리 상수들이 알려져 있지 않다. 하지만 CH_3COO^- 이온의 해리 상수(K_b)를 알아낼 수 있는 방법이 있는데, 짝산/짝염기 쌍 사이에 성립하는 다음과 같은 관계(식)를 사용하는 것이다.

짝산의 해리 상수(K_a)와 짝염기의 해리 상수(K_b) 사이에는 다음과 같은 관계식이 성립한다.

$$K_aK_b = K_w$$

즉, 주어진 약산의 해리 상수(K_a)가 알려지면 그 짝염기의 해리 상수(K_b)를 구할 수 있고, 주어진 약염기의 해리 상수(K_b)가 알려지면 그 짝산의 해리 상수(K_a)를 구할 수 있다. 다음은 위와 같은 관계식이 성립하는 근거를 보여준다.

산(HA)의 산-염기 반응

$$HA + H_2O \rightleftarrows H_3O^+ + A^-$$

$$\text{HA의 } K_a = \frac{[H_3O^+][A^-]}{[HA]}$$

산의 짝염기(A^-)의 산-염기 반응

$$A^- + H_2O \rightleftarrows HA + OH^-$$

A^-의 $K_b = \dfrac{[HA][OH^-]}{[A^-]}$

이제 다음과 같이 HA의 K_a를 역수로 표현하고

$$\frac{1}{K_a} = \frac{[HA]}{[H_3O^+][A^-]}$$

양변에 $[H_3O^+][OH^-]$를 곱하면, $K_aK_b = K_w$가 얻어진다.

$$\frac{[H_3O^+][OH^-]}{K_a} = \frac{([H_3O^+][OH^-])\times([HA]}{[H_3O^+][A^-]}$$

$$\frac{K_w}{K_a} = \frac{[OH^-][HA]}{[A^-]} = K_b$$

$$\Rightarrow$$

$$K_aK_b = K_w$$

다음의 예를 살펴보자.

예제 4-9

0.10 M CH_3COONa 수용액의 pH를 구하시오. (단, CH_3COOH의 $K_a = 1.8\times10^{-5}$)

풀이 $CH_3COONa \xrightarrow{H_2O} Na^+ + CH_3COO^-$

$CH_3COO^- + H_2O \rightleftarrows OH^- + CH_3COOH$

$$K_b = \frac{[CH_3COOH][OH^-]}{[CH_3COO^-]}$$

다음과 같이 평형 계산을 수행한다.

	CH_3COO^-	+	H_2O	$\rightleftarrows$	OH^-	+	CH_3COOH
초기 농도	0.10 M				0 M		0 M

반응이 끝난 후(평형에 도달한 후) 수용액에서 생겨나 존재하는 OH^- 이온의 농도를 x M이라고 가정하면,

평형 농도	$(0.10 - x)$ M				x M		x M

각 화학종들의 평형 농도를 CH_3COO^-의 해리 상수의 표현식에 대입하여 OH^- 이온의 농도를 구한다.

$$K_b = \frac{[OH^-][CH_3COOH]}{[CH_3COO^-]} = \frac{(x)(x)}{(0.10 - x)}$$

$$K_b = \frac{K_w}{K_a}$$

$$= (1.0\times10^{-14}) \div (1.8\times10^{-5})$$

$$= 5.6\times10^{-10}$$

$\Rightarrow$

$$(x)(x) \div (0.10 - x) = 5.6\times10^{-10}$$

$$x^2 + 5.6\times10^{-10}x - (0.10)(5.6\times10^{-10}) = 0$$

$$x = [OH^-] = 7.5\times10^{-6}\ M$$

이제 다음과 같은 두 가지 방법들 중 한 가지를 사용하여 pH를 구할 수 있다.

(방법 1)
모든 수용액에서 $K_w = [H_3O^+][OH^-] = 1.0\times10^{-14}$와 같은 관계식이 성립해야 하므로

$$[H_3O^+] = \frac{K_w}{[OH^-]} = (1.0\times10^{-14}) \div (7.5\times10^{-6}) = 1.3\times10^{-9}\ M$$

$$\therefore\ pH = -\log[H_3O^+] = -\log(1.3\times10^{-9}) = 8.89$$

(방법 2)
모든 수용액에서 pH + pOH = pK_w = 14.00과 같은 관계식이 성립해야 하므로

$$pOH = -\log[OH^-] = -\log(7.5\times10^{-6}) = 5.12$$

$$\therefore\ pH = 14.00 - pOH = 8.88$$

그런데 약한 일양성자산(CH_3COOH)의 짝염기인 CH_3COO^- 이온은 약한 일양성자염기(B)로 분류할 수 있으므로 다음과 같은 관계식을 적용할 수 있다.

$$\frac{C_B}{K_b} \geq 10^4\text{이면, } [OH^-] = (K_bC_B)^{\frac{1}{2}}$$

C_B: 약한 일양성자염기(B) 수용액의 초기 농도
K_b: 약한 일양성자염기(B)의 해리 상수

다음의 예를 살펴보자.

예제 4-10

0.10 M CH_3COONa 수용액의 pH를 구하시오. (단, CH_3COOH의 K_a = 1.8×10^{-5})

풀이 $CH_3COONa \xrightarrow{H_2O} Na^+ + CH_3COO^-$

$CH_3COO^- + H_2O \rightleftarrows OH^- + CH_3COOH$

$$K_b = \frac{K_w}{K_a} = (1.0\times10^{-14}) \div (1.8\times10^{-5}) = 5.6\times10^{-10}$$

이고,

$$\frac{C_{CH_3COO^-}}{K_b} = (0.10) \div (5.6\times10^{-10}) \geq 10^4$$

이 성립하므로

$$[OH^-] = (C_{CH_3COO^-} K_b)^{\frac{1}{2}}$$
$$= \{(0.10) \times (5.6\times10^{-10})\}^{\frac{1}{2}} = 7.5\times10^{-6}\ M$$

가 얻어진다. 따라서 pH는 다음과 같이 구할 수 있다.

$$pOH = -\log(7.5\times10^{-6}) = 5.12$$
$$\therefore pH = pK_w - pOH = 14.00 - 5.12 = 8.88$$

4.1.6 약한 일양성자염기의 짝산 수용액의 pH

● 약한 일양성자염기의 짝산 수용액은 산성(pH < 7) 수용액이다.

약한 일양성자염기(B)가 반응 상대인 산으로부터 H^+ 이온을 받아들이면서 생겨나는 BH^+ 이온은 B의 짝산이고, BH^+ 이온의 수용액은 산성을 나타낸다. 다음은 약한 일양성자염기인 NH_3의 짝산인 NH_4^+ 이온을 함유한 염인 NH_4Cl(ammonium chloride, 염화암모늄)의 수용액이 산성을 나타내는 이유를 보여준다.

물에 잘 녹는 이온 결합 화합물인 NH_4Cl은 물에 녹아 수용액을 이루는 경우 다음과 같이 모두 다 성분 이온들로 해리된다.

$$NH_4Cl \xrightarrow{H_2O} NH_4^+ + Cl^-$$

이들 성분 이온들 중 Cl^- 이온은 강산인 HCl의 짝염기이어서 염기이지만 그 세기가 너무 약하기 때문에 반응 상대가 물(H_2O)인 경우에는, 약산으로 행동할 수 없다. 따라서 Cl^- 이온은 수용액 속 H_3O^+ 이온이나 OH^- 이온의 농도 변화에 아무런 기여를 하지 않고, 아래의 그림에서 볼 수 있는 것과 같이 수화된 형태로 존재할 뿐이다.

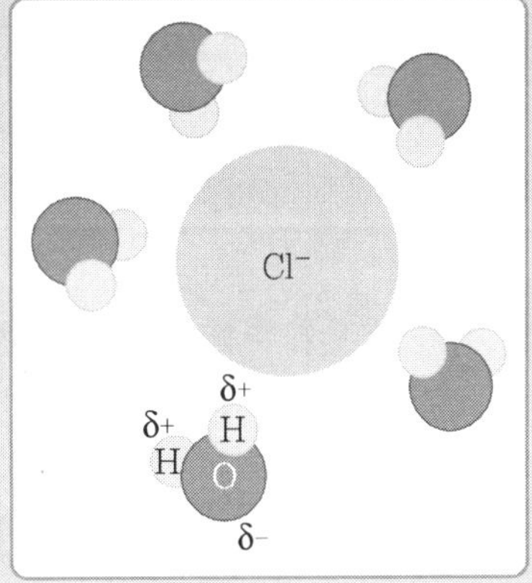

그러나 NH_4^+ 이온은 약한 일양성자염기인 NH_3의 짝산이므로 산으로 행동할 수 있다. NH_4^+ 이온이 산으로서 행동할 수 있는 반응 상대는 주변의 물 분자들이다. 다시 말해 NH_4^+ 이온과 물 분자는 다음과 같이 산-염기 반응을 일으키고, 그 반응에서 H_3O^+ 이온과 NH_3를 만들어낸다.

$$NH_4^+ + H_2O \rightleftarrows H_3O^+ + NH_3$$

$$NH_4^+ \text{ 이온의 해리 상수} = K_a = \frac{[NH_3][H_3O^+]}{[NH_4^+]}$$

결국 NH_4^+ 이온과 물 사이의 산-염기 반응은 수용액 중 H_3O^+ 이온의 농도를 증가시키게 되어 약한 산성 수용액($pH < 7$)으로 변한다.

○ 약한 일양성자염기의 짝산 수용액의 pH 구하기

다음은 약한 일양성자염기인 NH_3의 짝산인 NH_4^+ 이온을 함유한 염인 NH_4Cl (ammonium chloride, 염화 암모늄) 수용액의 pH를 구하는 방법을 보여준다.

예제 4-11

0.10 M NH_4Cl 수용액의 pH를 구하시오. (단, NH_3의 $K_b = 1.8\times10^{-5}$)

풀이 $NH_4Cl \xrightarrow{H_2O} NH_4^+ + Cl^-$

$$NH_4^+ + H_2O \rightleftarrows H_3O^+ + NH_3$$

$$K_a = \frac{[H_3O^+][NH_3]}{[NH_4^+]}$$

NH_4Cl 수용액의 pH를 구하기 위해서는 NH_4Cl 수용액의 초기 농도와 NH_4^+ 이온의 해리 상수(K_a)의 값을 알아야 한다. 약한 일양성자염기 NH_3의 짝산인 NH_4^+ 이온의 해리 상수(K_a)는 다음과 같은 식을 사용하여 구한다.

NH_4^+ 이온의 해리 상수(K_a) × NH_3의 해리 상수(K_b)
= K_w = $1.0×10^{-14}$
⇒
NH_4^+ 이온의 해리 상수(K_a)
NH_4^+ 이온의 해리 상수(K_a)
= $(1.0×10^{-14})$ ÷ NH_3의 해리 상수(K_b)
= $(1.0×10^{-14}) ÷ (1.8×10^{-5}) = 5.6×10^{-10}$

이제 다음과 같이 평형 계산을 수행한다.

	NH_4^+	+	H_2O	⇄	H_3O^+	+	NH_3
초기 농도	0.10 M				0 M		0 M

반응이 끝난 후 (평형에 도달한 후) 수용액에서 생겨나 존재하는 H_3O^+ 이온의 농도를 x M이라고 가정하면,

평형 농도	$(0.10 - x)$ M				x M		x M

이제 각 화학종들의 평형 농도를 NH_4^+ 이온의 해리 상수의 표현에 대입하여 OH^- 이온의 농도와 pH를 구한다.

$$K_a = \frac{[H_3O^+][NH_3]}{[NH_4^+]}$$
$$= \frac{(x)(x)}{(0.10 - x)}$$
$$= \frac{K_w}{K_b}$$
$$= (1.0×10^{-14}) ÷ (1.8×10^{-5})$$
$$= 5.6×10^{-10}$$
⇒
$$\frac{x×x}{0.10 - x} = 5.6×10^{-10}$$
$$x^2 + 5.6×10^{-10}x - (0.10) × (5.6×10^{-10}) = 0$$
$$x = [H_3O^+] = 7.5×10^{-6} \text{ M}$$
$$∴ \text{pH} = -\log(7.5×10^{-6}) = 5.12$$

그런데 약한 일양성자염기 NH_3의 짝산인 NH_4^+ 이온은 CH_3COOH와 마찬가지로 약한 일양성자산이므로 $\frac{C_{HA}}{K_a} \geq 10^4$이면, $[H_3O^+] = (K_aC_{HA})^{\frac{1}{2}}$를 적용할 수 있다. 다음의 예를 살펴보자.

예제 4-12

0.10 M NH_4Cl 수용액의 pH를 구하시오. (단, NH_3의 $K_b = 1.8\times10^{-5}$)

풀이 $NH_4Cl \xrightarrow{H_2O} NH_4^+ + Cl^-$ $NH_4^+ + H_2O \rightleftarrows H_3O^+ + NH_3$

$$K_a = \frac{[H_3O^+][NH_3]}{[NH_4^+]} = \frac{K_w}{K_b}$$

$$= (1.0\times10^{-14}) \div (1.8\times10^{-5}) = 5.6\times10^{-10}$$

그리고

$$\frac{C_{NH_4^+}}{K_a} = (0.10 \div 5.6\times10^{-10}) \geq 10^4$$

이 성립하므로

$$[H_3O^+] = (C_{NH_4^+}K_a)^{\frac{1}{2}} = \{(0.10) \times (5.6\times10^{-10})\}^{\frac{1}{2}} = 7.5\times10^{-6}\ M$$

$$\therefore\ pH = -\log(7.5\times10^{-6}) = 5.12$$

4.1.7 약한 이양성자산 수용액의 pH

약한 이양성자산(H_2A) 수용액에서 일어나는 산-염기 반응들은 다음과 같다.

H_2A와 물의 산-염기 반응

첫 번째 산-염기 반응

$H_2A + H_2O \rightleftarrows HA^- + H_3O^+$ $K_{a1} = \frac{[HA^-][H_3O^+]}{[H_2A]}$

두 번째 산-염기 반응

$HA^- + H_2O \rightleftarrows A^{2-} + H_3O^+$ $K_{a2} = \frac{[A^{2-}][H_3O^+]}{[HA^-]}$

물의 자체양성자이전반응

$H_2O + H_2O \rightleftarrows H_3O^+ + OH^-$ $K_w = [H_3O^+][OH^-]$

약한 이양성자산(H_2A) 수용액에서 H^+ 이온을 내어 놓는 힘이 약한 H_2A는 H^+ 이온을 받아들이는 힘이 약한 H_2O(약염기)와의 산-염기 반응에서 자신이 내어놓을 수 있는 두 개의 H^+ 이온들을 한 번에 모두 약염기인 H_2O에 내어주지 않고, H_2O도 역시 H_2A가 줄 수 있는 두 개의 H^+ 이온들을 한 번에 모두 받아들이지 않는다. 다시 말해 약한 이양성자산(H_2A) 수용액에서 H_2A와 H_2O 사이에는 두 단계에 걸친 산-염기 반응들이 일어난다. 첫 번째 산-염기 반응에서는 소량의 H_2A가 H_2O와 반응하여 그 짝염기(HA^- 이온) 형태로 바뀐다. 첫 번째 산-염기 반응에서 만들어진 소량의 HA^- 이온 중 일부만이 다시 H_2O와의 산-염기 반응을 일으키면서 그 짝염기(A^{2-} 이온) 형태로 바뀐다.

일반적으로 두 번째 산-염기 반응의 평형 상수(K_{a2})는 첫 번째 산-염기 반응의 평형 상수(K_{a1})보다 작다. 다시 말해 두 번째 반응에서 생겨나는 H_3O^+ 이온의 양은 첫 번째 반응에서 생겨나는 H_3O^+ 이온의 양보다 더 적다. 만일 $K_{a1} \gg K_{a2}$와 같은 조건이 성립한다면(예: H_2CO_3의 경우 $K_{a1} = 4.4\times10^{-7}$, $K_{a2} = 4.7\times10^{-11}$), 그것은 두 번째 반응으로부터 만들어지는 H_3O^+ 이온의 양은 첫 번째 반응에서 만들어지는 H_3O^+ 이온의 양에 비해 무시할 수 있을 정도로 적다는 것을 의미한다.

또한, 물의 자체양성자이전반응의 평형 상수는 아주 작으므로($K_w = 1.0\times10^{-11}$), 물로부터 생겨나는 H_3O^+ 이온의 양도 무시할 수 있을 정도로 작다.

결국 H_2A는 약한 이양성자산이어서 두 단계에 걸쳐 H_3O^+ 이온을 만들어 내기는 하지만, $K_{a1} \gg K_{a2}$와 같은 조건이 성립하는 경우 다음과 같이 H_2A를 약한 일양성자산(HA)으로 취급하여 다음과 같이 그 수용액의 pH를 구할 수 있다는 사실을 알 수 있다.

H_2A 수용액에서는 다음과 같은 산-염기 반응만을 고려한다.

$$H_2A + H_2O \rightleftarrows HA^- + H_3O^+ \qquad K_{a1} = \frac{[HA^-][H_3O^+]}{[H_2A]}$$

따라서 H_2A 수용액의 pH를 구하는 방법은 다음과 같다.

- 방법 1: 만일 $\dfrac{C_{H_2A}}{K_{a1}} \geq 10^4$와 같은 조건이 성립한다면,

  $[H_3O^+] = (C_{H_2A}K_{a1})^{\frac{1}{2}}$에 의해 pH를 구한다.

- 방법 2: 만일 $\dfrac{C_{H_2A}}{K_{a1}} \geq 10^4$이 성립하지 않는다면, 평형 계산을 수행하여 pH를 구한다.

다음과 같은 예를 살펴보자.

예제 4-13

0.010 M H_2CO_3 수용액의 pH를 구하시오. (단, $K_{a1} = 4.4\times10^{-7}$, $K_{a2} = 4.7\times10^{-11}$)

풀이 H_2CO_3 수용액에서 pH에 기여할 수 있는 반응들은 다음과 같다.

$$H_2CO_3 + H_2O \rightleftarrows HCO_3^- + H_3O^+$$

$$K_{a1} = \frac{[HCO_3^-][H_3O^+]}{[H_2CO_3]} = 4.4\times10^{-7}$$

$$HCO_3^- + H_2O \rightleftarrows CO_3^{2-} + H_3O^+$$

$$K_{a2} = \frac{[CO_3^{2-}][H_3O^+]}{[HCO_3^-]} = 4.7\times10^{-11}$$

$$H_2O + H_2O \rightleftarrows H_3O^+ + OH^-$$

$$K_w = [H_3O^+][OH^-] = 1.0\times10^{-14}$$

그런데 H_2CO_3의 경우

$$K_{a1}(4.4\times10^{-7}) \gg K_{a2}(4.7\times10^{-11}) \gg K_w(1.0\times10^{-14})$$

가 성립하므로 H_2CO_3를 약한 일양성자산으로 취급하여 다음과 같이 pH를 구할 수 있다.

(방법 1) 평형 계산

	H_2CO_3	+	H_2O	$\rightleftarrows$	HCO_3^-	+	H_3O^+
초기 농도	0.010				0		0
평형 농도	$0.010 - x$				x		x

$$K_{a1} = \frac{[HCO_3^-][H_3O^+]}{[H_2CO_3]} = \frac{(x)(x)}{(0.010 - x)} = 4.4\times10^{-7}$$

$$x = [H_3O^+] = 6.5\times10^{-5}\ \text{M}$$

$$\therefore \text{pH} = 4.19$$

(방법 2)

$$\frac{C_{H_2CO_3}}{K_{a1}} = (0.010 \div 4.4\times10^{-7}) \geq 10^4$$

$$\Rightarrow$$

$$[H_3O^+] = (C_{H_2CO_3}K_{a1})^{\frac{1}{2}} = \{(0.010) \times (4.4\times10^{-7})\}^{\frac{1}{2}} = 6.6\times10^{-5}\ \text{M}$$

$$\therefore \text{pH} = 4.18$$

그러나 만일 $K_{a1} \gg K_{a2}$와 같은 조건이 성립하지 않는다면, 보다 근본적인 정량적 취급 과정(용액 속 미지 농도의 화학종들 규명, 미지수들을 알아내기 위한 방정식들 마련, 방정식들을 연립으로 풀어 $[H_3O^+]$에 관한 식을 구한 후, pH를 얻는 과정)을 통해 H_2A 수용액의 pH를 구한다. 이 교재에서는 그 과정을 다루지 않는다.

4.1.8 약한 이양성자염기 수용액

약한 이양성자염기(B^{2-} 이온)의 수용액에서 일어나는 산-염기 반응들은 다음과 같다.

B^{2-} 이온 수용액에서의 산-염기 반응

- 첫 번째 산-염기 반응

  $B^{2-} + H_2O \rightleftarrows BH^- + OH^-$　　$K_{b1} = \dfrac{[BH^-][OH^-]}{[B^{2-}]}$

- 두 번째 산-염기 반응

  $BH^- + H_2O \rightleftarrows BH_2 + OH^-$　　$K_{b2} = \dfrac{[BH_2][OH^-]}{[BH^-]}$

- 물의 자체양성자이전반응

  $H_2O + H_2O \rightleftarrows H_3O^+ + OH^-$　　$K_w = [H_3O^+][OH^-]$

약한 이양성자염기(B^{2-} 이온) 수용액은 약한 이양성자산(H_2A) 수용액의 경우와 마찬가지로 취급하여 pH를 구할 수 있다. 단지, B^{2-} 이온의 경우 약산인 물과의 두 단계 산-염기 반응들을 통해 OH^- 이온을 만들어낸다. 약한 이양성자염기(B^{2-} 이온) 수용액의 경우 만일 $K_{b1} \gg K_{b2}$와 같은 조건이 성립한다면(예: CO_3^{2-} 이온의 경우 $K_{b1} = 2.1\times10^{-4}$, $K_{b2} = 2.3\times10^{-8}$), 두 번째 산-염기 반응으로부터 만들어지는 OH^- 이온의 양은 첫 번째 산-염기 반응에서 만들어지는 OH^- 이온의 양에 비해 무시할 수 있을 정도로 작다는 것을 의미한다.

그리고 물의 자체양성자이전반응에서 생겨나는 OH^- 이온의 양도 무시할 수 있을 정도로 작다. 결국 CO_3^{2-} 이온은 약한 이양성자염기이긴 하지만, 다음과 같이 약한 일양성자염기(B)로 취급하여 그 수용액의 pH를 구할 수 있다는 사실을 알 수 있다.

B^{2-} 이온 수용액에서는 다음과 같은 산-염기 반응만을 고려한다.

$B^{2-} + H_2O \rightleftarrows BH^- + OH^-$　　$K_{b1} = \dfrac{[BH^-][OH^-]}{[B^{2-}]}$

따라서 B^{2-} 이온 수용액의 pH를 구하는 방법은 다음과 같다.

(방법 1) 만일 $\dfrac{C_{B^{2-}}}{K_{b1}} \geq 10^4$와 같은 조건이 성립한다면, $[OH^-] = (C_{B^{2-}}\times K_{a1})^{\frac{1}{2}}$에 의해 pH를 구한다.

(방법 2) 만일 $\dfrac{C_{B^{2-}}}{K_{b1}} \geq 10^4$와 같은 조건이 성립하지 않는다면, 평형 계산을 수행하여 pH를 구한다.

다음과 같은 예를 살펴보자.

예제 4-14

0.010 M Na_2CO_3 수용액의 pH를 구하시오.
(단, H_2CO_3의 $K_{a1} = 4.4\times10^{-7}$, $K_{a2} = 4.7\times10^{-11}$)

⊕풀이 Na_2CO_3 수용액에서 Na_2CO_3는 다음과 같이 모두 다 성분 이온들로 해리하고,

$$Na_2CO_3 \xrightarrow{H_2O} 2Na^+ + CO_3^{2-}$$

$$[CO_3^{2-}]_{초기} = Na_2CO_3 \text{ 수용액의 농도} = 0.010\ M$$

CO_3^{2-} 이온은 물과 산-염기 반응을 일으킨다. 따라서 Na_2CO_3 수용액에서 pH에 기여할 수 있는 반응들은 다음과 같다.

$$CO_3^{2-} + H_2O \rightleftarrows HCO_3^- + OH^-$$

$$K_{b1} = \frac{[HCO_3^-][OH^-]}{[CO_3^{2-}]} = \frac{K_w}{K_{a2}} = (1.0\times10^{-14})\div(4.7\times10^{-11}) = 2.1\times10^{-4}$$

$$HCO_3^- + H_2O \rightleftarrows H_2CO_3 + OH^-$$

$$K_{b2} = \frac{[CO_3^{2-}][H_3O^+]}{[HCO_3^-]} = \frac{K_w}{K_{a1}} = (1.0\times10^{-14})\div(4.7\times10^{-11}) = 2.3\times10^{-8}$$

$$H_2O + H_2O \rightleftarrows H_3O^+ + OH^- \qquad K_w = [H_3O^+][OH^-] = 1.0\times10^{-14}$$

그러나 CO_3^{2-} 이온의 경우

$$K_{b1}(2.1\times10^{-4}) \gg K_{b2}(2.3\times10^{-8}) \gg K_w(1.0\times10^{-14})$$

가 성립하므로 CO_3^{2-} 이온을 약한 일양성자염기로 취급하여 다음과 같이 pH를 구할 수 있다.

	CO_3^{2-}	+	H_2O	$\rightleftarrows$	HCO_3^-	+	OH^-
초기 농도	0.010				0		0
평형 농도	$0.010 - x$				x		x

$$K_{b1} = \frac{[HCO_3^-][OH^-]}{[CO_3^{2-}]} = \frac{(x)(x)}{(0.010 - x)} = 2.1\times10^{-4}$$

$x = [OH^-] = 1.3\times10^{-3}$ M $\qquad$ pOH = 2.89

$\therefore$ pH = 14.00 − 2.89 = 11.11

4.1.9 약한 이양성자산(H_2A)의 짝염기이고 약한 이양성자염기(A^{2-} 이온)의 짝산인 HA^- 이온 수용액의 pH

다음은 약한 이양성자산인 H_2A의 짝염기이며, 동시에 약한 이양성자염기인 A^{2-} 이온의 짝산인 HA^- 이온 수용액(NaHA 수용액)의 pH를 구하는 과정을 보여준다.

NaHA는 물에 가용성 염으로서 성분 이온들로 해리된다.

$$NaHA \xrightarrow{H_2O} Na^+ + HA^- \qquad [HA^-]_{초기} = \text{NaHA 수용액의 농도}$$

HA^- 이온은 물과 다음과 같은 산-염기 반응을 일으킨다.

산으로서 반응

$$HA^- + H_2O \rightleftarrows A^{2-} + H_3O^+ \qquad K_{a2} = \frac{[A^{2-}][H_3O^+]}{[HA^-]}$$

염기로서 반응

$$HA^- + H_2O \rightleftarrows H_2A + OH^- \qquad K_{b2} = \frac{[H_2A][OH^-]}{[HA^-]} = \frac{K_w}{K_{a1}}$$

물의 자체양성자이전반응

$$H_2O + H_2O \rightleftarrows H_3O^+ + OH^- \qquad K_w = [H_3O^+][OH^-]$$

$NaHCO_3$의 경우를 예로 들어보면, 이 반응들 중 두 번째 반응의 평형 상수는 첫 번째 반응의 평형 상수에 비해 약 490배 정도 더 크다. 그러나 이와 같은 차이는 두 번째 반응을 무시할 수 있을 정도가 될 수 없으므로, 두 번째 반응에 의해 생겨나는 H_3O^+ 이온의 양을 무시할 수가 없다. 그리고 물의 자체양성자이전반응에 의한 H_3O^+ 이온이나 OH^- 이온들의 양도 완전히 무시할 수가 없다. 따라서 모든 반응들을 다 고려하여 용액의 pH를 구해야 하며, 이를 위해서 다음과 같은 과정을 수행한다.
용액 중의 화학종들로는 HA^-, H_2A, A^{2-}, H_3O^+, OH^-와 H_2O들이 있으며, 이들 중 미지 농도의 화학종들은 $[HA^-]$, $[A^{2-}]$, $[H_3O^+]$, $[OH^-]$ ($\because$ $[HCO_3^-] \fallingdotseq [HCO_3^-]_{초기}$)이므로 미지수들의 개수는 네 개이다. 이들 네 개의 미지수들의 값들을 알아내기 위해서는 다음과 같은 네 개의 독립된 방정식들이 필요하다.

양성자 균형: $[H_2A] + [H_3O^+] = [OH^-] + [A^{2-}]$ … ①

$[H_3O^+][OH^-] = K_w = 1.0\times10^{-14}$ … ②

$$K_{a2} = \frac{[A^{2-}][H_3O^+]}{[HA^-]} \quad \cdots ③$$

$$K_{a1} = \frac{[HA^-][H_3O^+]}{[H_2A]} \quad \cdots ④$$

위 네 개의 식들을 결합하면 다음과 같이 $[H_3O^+]$에 관한 식이 얻어진다.

$$\frac{[H_3O^+][HA^-]}{K_{a1}} + [H_3O^+] = \frac{K_w}{[H_3O^+]} + \frac{[HA^-]K_{a2}}{[H_3O^+]} \quad \cdots ⑤$$

이 식은 식 ⑥의 형태로 변환될 수 있다.

$$[H_3O^+] = \left\{ \frac{(K_{a1}K_{a2}[HA^-] + K_{a1}K_w)}{([HA^-] + K_{a1})} \right\}^{\frac{1}{2}} \quad \cdots ⑥$$

일반적으로 NaHA 수용액의 pH를 구하는 과정에서는 식 ⑥을 사용한다.

식 ⑥은 주어진 조건이 성립하는 경우 다음과 같이 보다 더 간략한 형태로 바꾸어 표현할 수 있다.

만일 $[HA^-] \gg K_{a1}$ 그리고 $K_{a1}K_{a2}[HA^-] \gg K_{a1}K_w$이면,

$$[H_3O^+] = (K_{a1}K_{a2})^{\frac{1}{2}} \quad \cdots ⑦$$

NaHA 수용액의 초기 농도가 변하여도 pH는 변하지 않는다는 독특한 내용을 보여주는 식 ⑦에 의해서는 NaHA 수용액의 pH를 정확하게 구할 수 없다. 그러나 식 ⑦을 활용할 수 있는 방법은 있다. 식 ⑥이 그리 간단한 형태가 아니므로 계산 과정에서 조금의 실수로 완전히 달라진 결과를 얻을 수 있으며, 검토 과정에서도 비슷한 실수를 반복할 가능성이 높다. 따라서 식 ⑦은 식 ⑥에 의한 계산 결과를 검정할 경우에 사용하는 것이다.

4.1.10 아미노산 등전점과 등이온점

앞에서 얻어진 식 ⑥과 식 ⑦은 생화학 분야에서도 활용하는데, 바로 아미노산(amono acid)의 등전점(isoelectric point)과 등이온점(isoionic point)이다. 다음은 아미노산 수용액의 pH에 따른 아미노산의 형태 변화를 보여준다.

아미노산 수용액의 pH에 따른 아미노산의 형태

- pH가 아주 낮은(H^+ 이온의 농도가 아주 진한) 산성 수용액에서 대부분의 아미노산은 카복실기(carboxyl group)에 H^+ 이온이 붙어 있고, 아민기(amine group)에도 H^+ 이온이 붙어 있는 H_2A^+ 형태로 존재한다.

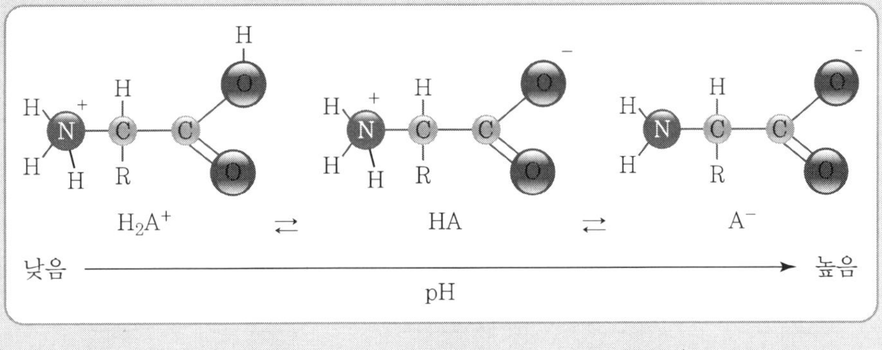

$-COOH$의 $pK_a = pK_{a1}$ $-NH_3^+$의 $pK_a = pK_{a2}$

- 수용액의 pH가 높아지면(H^+ 이온의 농도가 낮아지면), 아미노산은 카복실기(carboxyl group)에서 H^+ 이온이 떨어져 나온 HA 형태로 변하기 시작한다.
- 수용액의 pH가 더 높아지면, 아미노산은 카복실기(carboxyl group)뿐만 아니라 아민기에 붙어있던 H^+ 이온도 떨어져 나오면서 A^- 형태로 변하기 시작한다.
- 수용액의 pH가 아주 높아지면(H^+ 이온의 농도가 아주 낮아지면, 즉 OH^- 이온의 농도가 아주 높아지면), 아미노산은 대부분 A^- 형태로 변해 버린다.

아미노산의 등전점

아미노산의 등전점은 아미노산 수용액의 전하가 0이 되는 pH로 정의할 수 있으며, 대부분의 아미노산은 HA 형태로 존재하면서 적은 양의 H_2A^+ 이온 형태와 A^- 이온 형태의 농도가 같아지는 pH($[H_2A^+] = [A^-]$인 pH)를 의미한다.

즉, 아미노산 수용액의 pH가 등전점보다 더 높아지면 아미노산 수용액에는 음전하를 띤 형태의 농도가 더 많아지고, 아미노산 수용액의 pH가 등전점보다 더 낮아지면 아미노산 수용액에는 양전하를 띤 형태의 농도가 더 많아지게 된다. 아미노산 수용액에서 등전점의 pH는 다음과 같이 얻어진다.

약한 이양성자산인 H_2A^+ 수용액에서는 다음과 같은 산-염기 반응들이 일어난다.

첫 번째 산-염기 반응

$$H_2A^+ + H_2O \rightleftarrows HA + H_3O^+ \qquad K_{a1} = \frac{[HA][H_3O^+]}{[H_2A^+]}$$

두 번째 산-염기 반응

$$HA + H_2O \rightleftarrows A^- + H_3O^+ \qquad K_{a2} = \frac{[A^-][H_3O^+]}{[HA]}$$

여기서 K_{a1}과 K_{a2}의 표현식들에 $[H_2A^+] = [A^-]$인 조건을 적용하면, 다음과 같이 등전점을 얻을 수 있다.

$$K_{a1} = \frac{[HA][H_3O^+]}{[H_2A^+]} \rightarrow [H_2A^+] = \frac{[HA][H_3O^+]}{K_{a1}}$$

$$K_{a2} = \frac{[A^-][H_3O^+]}{[HA]} \rightarrow [A^-] = \frac{K_{a2}[HA]}{[H_3O^+]}$$

$\Rightarrow [H_2A^+] = [A^-]$가 성립해야 하므로

$$\frac{[HA][H_3O^+]}{K_{a1}} = \frac{K_{a2}[HA]}{[H_3O^+]} \rightarrow [H_3O^+] = (K_{a1}K_{a2})^{\frac{1}{2}}$$

$$\therefore \textbf{아미노산의 등전점} = \mathbf{pH} = \frac{(\mathrm{p}K_{a1} + \mathrm{p}K_{a2})}{2}$$

아미노산의 등이온점(pI)

아미노산의 등이온점이란 HA 형태의 아미노산이 물에 녹아 이루어진 수용액의 pH로 정의할 수 있다. 등이온점에서 아미노산의 대부분은 HA 형태로 존재하는데, 적은 양의 H_2A^+ 이온 형태와 A^- 이온 형태의 농도는 서로 같지 않다. 등이온점(pI)에 해당하는 pH는 바로 H_2A^+ 형태의 짝염기이자 A^- 형태의 짝산인 HA 형태의 아미노산 수용액의 pH이며, 다음과 같이 구할 수 있다.

아미노산의 등이온점: $\mathbf{pI = -\log[H_3O^+]}$

여기서 $[H_3O^+] = \left\{\dfrac{(K_{a1}K_{a2}[HA^-] + K_{a1}K_w)}{([HA^-] + K_{a1})}\right\}^{\frac{1}{2}}$

다음은 아미노산 수용액에 NaOH 수용액을 첨가하는 산-염기 적정에서 볼 수 있는 아미노산의 형태 변화를 보여준다.

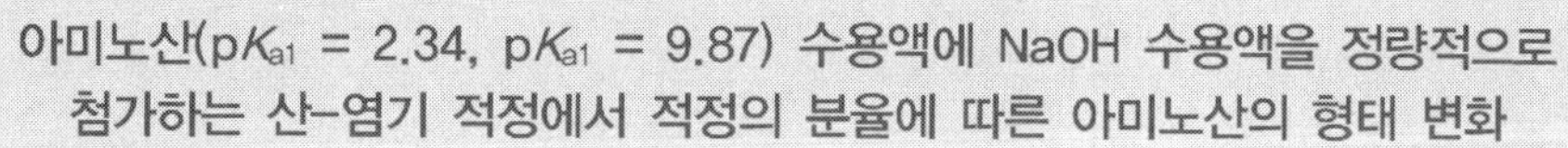

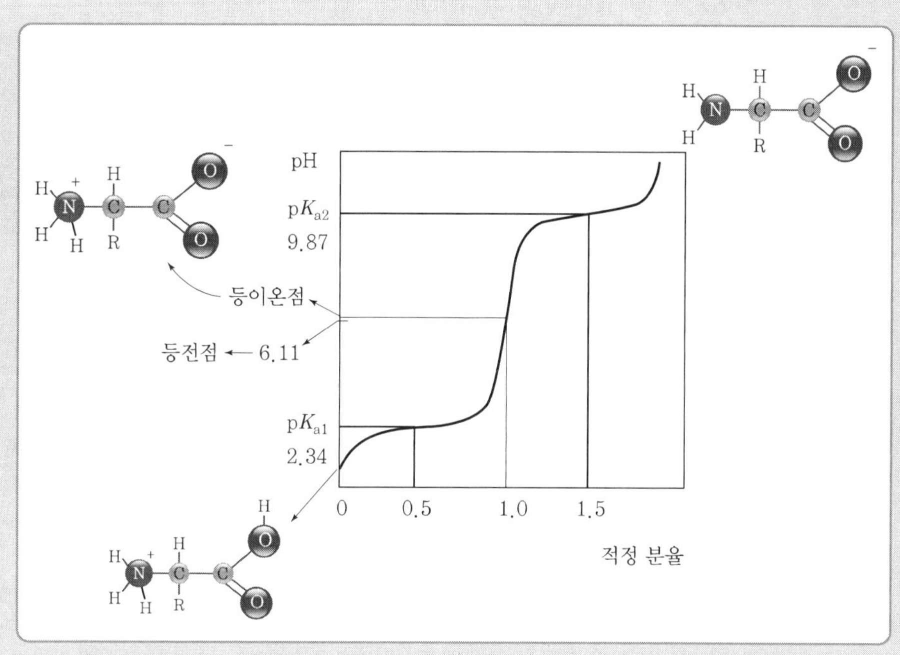

- 적정 분율이 0인 지점

  H_2A^+ 형태의 아미노산 수용액에 NaOH 수용액을 첨가하지 않은 지점이다.

- 적정 분율이 0.5인 지점

H_2A^+ 형태의 아미노산 수용액에 NaOH 수용액이 첨가되면서 H_2A^+ 형태의 아미노산 1 eq과 NaOH 0.5 eq 사이의 산-염기 반응이 완료되어 50%의 H_2A^+ 형태의 아미노산이 HA 형태로 바뀐 지점이며, 이 지점에서는 $[H_2A^+] = [HA]$이 된다.

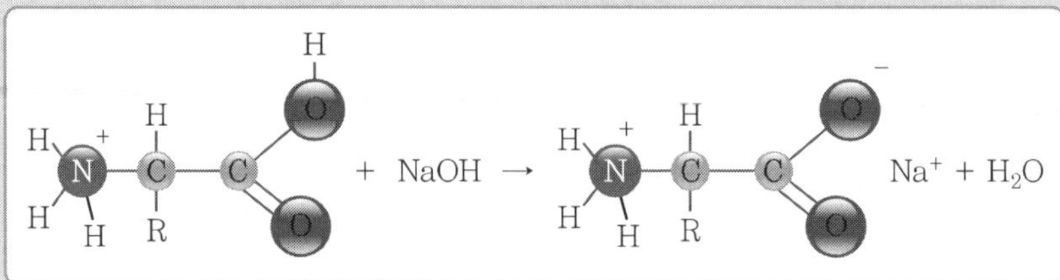

H_2A^+ 형태의 아미노산 1 eq과 NaOH 1 eq 사이의 산-염기 반응

- 등전점

H_2A^+ 형태의 아미노산 수용액에 NaOH 수용액이 첨가되면서 H_2A^+ 형태의 아미노산의 농도는 아주 낮아지고, 대부분의 아미노산이 HA 형태로 존재하는 지점이며, 이 지점에서는 $[H_2A^+] = [A^-]$가 성립하여 아미노산 수용액은 전기적으로 중성을 나타내는데, 이 지점의 pH를 등전점이라 한다.

$pK_{a1} = 2.34$ 그리고 $pK_{a1} = 9.87$인 아미노산 수용액의 경우

$$\text{등전점} = pH = \frac{(pK_{a1} + pK_{a2})}{2} = \frac{(2.34 + 9.87)}{2} = 6.11$$

- 적정 분율이 1.0인 지점과 등이온점(pI)

H_2A^+ 형태의 아미노산 수용액에 NaOH 수용액이 첨가되면서 H_2A^+ 형태의 아미노산 1 eq과 NaOH 1 eq 사이의 산-염기 반응이 완료되어 모든 아미노산이 HA 형태로 바뀐 지점이며, 이 지점에서 아미노산 수용액의 pH는 HA 형태의 아미노산 수용액의 pH로서 등이온점(pI)에 해당한다.

$[HA^-] = 0.10$ M, $pK_{a1} = 2.34$, $pK_{a1} = 9.87$인 아미노산 수용액의 경우

$$[H_3O^+] = \left\{\frac{(K_{a1}K_{a2}[HA^-] + K_{a1}K_w)}{([HA^-] + K_{a1})}\right\}^{\frac{1}{2}} = 7.6\times10^{-7}$$

$\therefore$ 등이온점 = pH = 6.12

- 적정 분율이 1.5인 지점

H_2A^+ 형태의 아미노산 수용액에 NaOH 수용액이 첨가되면서 H_2A^+ 형태의 아미노산 1 eq과 NaOH 1.5 eq 사이의 산-염기 반응이 완료되어 HA 형태의 아미노산이 50% 그리고 A^- 형태의 아미노산이 50%씩 존재하는 지점이다. 즉, 이 지점에서는 $[H_2A^+] = [HA]$이 성립한다.

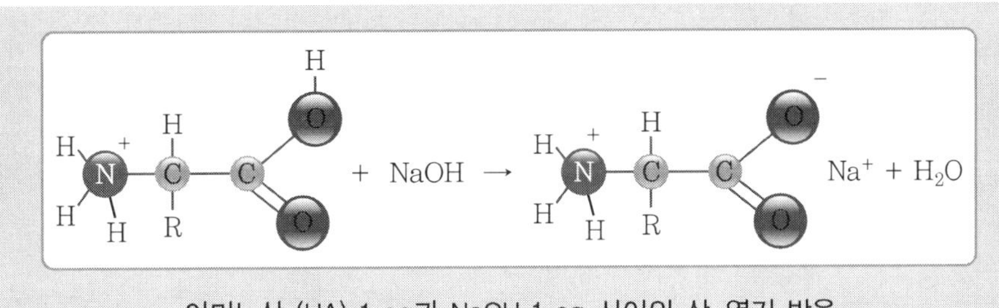

아미노산 (HA) 1 eq과 NaOH 1 eq 사이의 산-염기 반응

4.1.11 H_2SO_4 수용액의 pH

황산(sulfuric acid, H_2SO_4)는 강한 이양성자산(strong diprotic acid)으로 알려져 있다. 그 이유는 다음의 반응식에서 볼 수 있는 것처럼, 1 mol의 H_2SO_4는 반응 상대인 염기에게 2 mol의 H^+ 이온을 모두 다 쉽게 내어줄 수 있기 때문이다.

$$H_2SO_4 + 2NaOH \rightarrow Na_2SO_4 + 2H_2O$$
$$H_2SO_4 + 2NH_3 \rightarrow (NH_4)_2SO_4$$

하지만, H_2SO_4가 반응 상대로 물을 만나는 경우에는, H_2SO_4와 물 사이의 산-염기 반응은 다음과 같은 두 단계 반응들로 진행된다. 그 이유는 물의 경우 염기로서의 능력이 충분히 강하지 못하므로, 물은 반응 상대인 H_2SO_4가 내어줄 수 있는 H^+ 이온을 모두 다 받아들이지 못하기 때문이다.

H_2SO_4 수용액에서 일어나는 산-염기 반응들

• 1단계

1 mol의 H_2SO_4가 H_2O에게 1 mol의 H^+ 이온을 내어 놓는다.

$$H_2SO_4 + H_2O \rightarrow H_3O^+ + HSO_4^-$$

• 2단계

1단계에서 생겨난 HSO_4^- 이온(황산수소 이온, hydrogensulfate ion)이 약한 일양성자산으로서 H_2O와 산-염기 반응을 일으킨다.

$$HSO_4^- + H_2O \rightleftarrows H_3O^+ + SO_4^{2-}$$

$$K = \frac{[H_3O^+][SO_4^{2-}]}{[HSO_4^-]} = 1.26\times10^{-2}$$

따라서 H_2SO_4 수용액의 pH를 구하기 위해서는 위 두 가지 반응들로부터 만들어지는 H_3O^+ 이온들을 모두 다 고려해 주어야 하는 것이다. 다음의 예제 4-15는 0.10 M H_2SO_4 수용액의 pH를 구하는 과정을 보여준다.

예제 4-15

0.100 M H_2SO_4 수용액의 pH를 구하시오.

풀이

• 첫 번째 산-염기 반응

	H_2SO_4 + H_2O	→	H_3O^+	+	HSO_4^-
반응 전	0.100		0		0
반응 후	0		0.100		0.100

• 두 번째 산-염기 반응

	HSO_4^- + H_2O	⇄	H_3O^+	+	SO_4^{2-}
반응 전	0.100		0.100		0

두 번째 산-염기 반응이 일어나기 전 수용액에는 0.100 M의 H_3O^+ 이온이 존재하고 있었다. 두 번째 산-염기 반응에서 생겨나는 H_3O^+ 이온의 농도를 x M인 것으로 가정한다면, 수용액에 생겨나 있는 H_3O^+ 이온의 전체 농도는 $(0.100 + x)$ M이 된다.

평형에서	$0.100 - x$		$0.100 + x$		x

$$K = \frac{[H_3O^+][SO_4^{2-}]}{[HSO_4^-]}$$

$$= \frac{(0.100 + x)(x)}{(0.100 - x)} = 1.26\times10^{-2}$$

$$\Rightarrow x = 1.0\times10^{-2}\ \text{M}$$

$$[H_3O^+] = 0.100 + x$$

$$= 0.100\ \text{M} + 0.010\ \text{M} = 0.110\ \text{M}$$

$$\therefore\ \text{pH} = -\log[H_3O^+] = -\log(0.110) = 0.959$$

4.2 산과 염기 수용액에서의 분율

산 또는 염기 수용액에서 주어진 화학종의 분율(fraction)이란 그 수용액에 존재하는 해당 화학종의 농도를 전체 농도(수용액에 존재하는 모든 화학종들의 농도들을 합한 값)으로 나누어 얻어진 값으로써, 수용액의 pH에 따라 그 값이 달라진다.

4.2.1 약한 일양성자산(HA) 수용액의 경우

약한 일양성자산(HA)의 수용액에서는 다음과 같은 산-염기 반응이 일어난다.

$$HA + H_2O \rightleftarrows H_3O^+ + A^- \qquad K_a = \frac{[H_3O^+][A^-]}{[HA]}$$

이 반응식으로부터 다음과 같은 식을 얻을 수 있다.

질량 균형(mass balance): HA 수용액의 농도 = C_{HA} = $[A^-] + [HA]$

질량 균형에 평형 상수(K_a)의 표현식에서 유도한 $[A^-] = \frac{K_a[HA]}{[H_3O^+]}$를 대입하면,

$$\begin{aligned} C_{HA} &= [HA] + \frac{K_a[HA]}{[H_3O^+]} \\ &= \left(1 + \frac{K_a}{[H_3O^+]}\right)[HA] \\ &= \left(\frac{(K_a + [H_3O^+])}{[H_3O^+]}\right)[HA] \end{aligned}$$

이 얻어지므로 HA 용액에서 HA 형태의 분율은 다음과 같이 표현된다.

$$\text{HA 형태의 분율} = \frac{[HA]}{C_{HA}} = \alpha_{HA} = \alpha_0 = \frac{[H_3O^+]}{([H_3O^+] + K_a)}$$

앞에서와 같은 방법으로 $[HA] = \frac{[A^-][H_3O^+]}{K_a}$를 질량 균형에 대입하면,

$$\begin{aligned} C_{HA} &= \left(\frac{[A^-][H_3O^+]}{K_a}\right) + [A^-] \\ &= \left(\frac{[H_3O^+]}{K_a} + 1\right)[A^-] = \left(\frac{[H_3O^+] + K_a}{K_a}\right)[A^-] \end{aligned}$$

이 얻어지므로 같은 방식으로 HA 용액에서 A^- 이온 형태의 분율을 구하면 다음과 같다.

$$A^- \text{ 이온 형태의 분율} = \frac{[A^-]}{C_{HA}} = \alpha A^- = \alpha_1 = \frac{K_a}{([H_3O^+] + K_a)}$$

다음은 CH_3COOH(K_a = 1.75×10^{-5}) 수용액의 경우, 수용액의 pH에 따라 CH_3COOH과 CH_3COO^- 이온의 분율들이 변하는 모습(Fractional Diagram)을 보여준다.

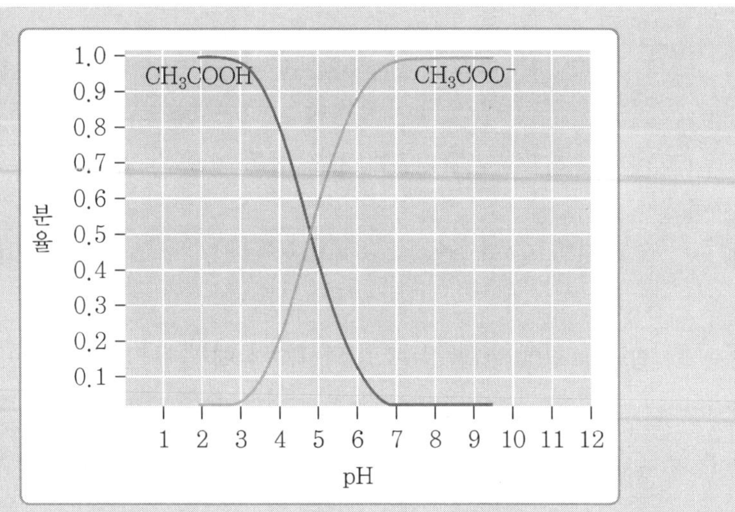

- 수용액이 강한 산성이라면, CH_3COOH의 분율은 1이 된다. 수용액의 pH가 중성과 염기성 영역의 값으로 변하면, CH_3COOH의 분율은 감소하면서 점차 0으로 변한다. 반대로 수용액이 강한 염기성이면, CH_3COO^- 이온의 분율은 1이 된다.
- 수용액의 pH가 중성과 산성 영역의 값으로 변하면, CH_3COO^- 이온의 분율은 감소하면서 점차 0으로 변한다.
- pH = pK_a인 수용액에서 CH_3COOH의 분율과 CH_3COO^- 이온의 분율은 0.5로 같아진다.

4.2.2 약한 이양성자산(H_2A) 수용액의 경우

HA의 경우와 비슷한 방법으로 다음과 같은 식들을 구할 수 있다.

- H_2A의 분율 $= \dfrac{[H_2A]}{C_{H_2A}}$

$$= \alpha_{H_2A} = \alpha_0$$

$$= \frac{[H_3O^+]^2}{[H_3O^+]^2 + K_{a1}[H_3O^+] + K_{a1}K_{a2}}$$

- HA^-의 분율 $= \dfrac{[HA^-]}{C_{H_2A}}$

$$= \alpha_{HA^-} = \alpha_1$$

$$= \frac{K_{a1}[H_3O^+]}{[H_3O^+]^2 + K_{a1}[H_3O^+] + K_{a1}K_{a2}}$$

- A^{2-}의 분율 $= \dfrac{[A^{2-}]}{C_{H_2A}}$

$$= \alpha_{A^{2-}} = \alpha_2$$

$$= \frac{K_{a1}K_{a2}}{[H_3O^+]^2 + K_{a1}[H_3O^+] + K_{a1}K_{a2}}$$

다음은 $K_{a1} = 1\times10^{-3}$이고 $K_{a2} = 1\times10^{-8}$인 H_2A의 Fractional Diagram을 보여준다.

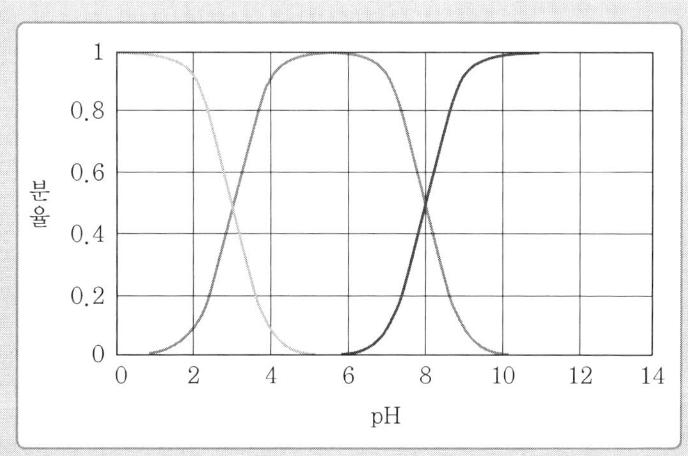

- 수용액의 pH가 강한 산성 영역의 값이면, H_2A의 분율은 1이 된다. 수용액의 pH가 증가하면서 H_2A의 분율은 감소하고, pH = 5보다 더 큰 수용액에서 분율은 0이 된다.
- 수용액의 pH가 강한 산성 영역의 값이면, HA^- 이온의 분율은 0이다. 수용액의 pH가 중성 영역의 값들로 변하면서 HA^- 이온의 분율은 증가하여 pH = 5.5에 이르면, 1이 된다. 이후 수용액의 pH가 염기성 영역의 값으로 변하면서 HA^- 이온의 분율은 감소하면서 pH = 10보다 더 큰 수용액에서 분율은 0이 된다.
- 수용액의 pH가 강한 염기성 영역의 값이면, A^{2-} 이온의 분율이 1이 된다. 수용액의 pH가 감소하면서 A^{2-} 이온의 분율이 감소하고, pH = 6보다 더 작은 수용액에서는 0이 된다.
- 수용액의 pH가 pH = pK_{a1}인 값이 되면, H_2A의 분율과 HA^- 이온의 분율은 각각 0.5가 되어 서로 같아진다. 그리고 수용액의 pH가 pH = pK_{a2}인 값이 되면, HA^- 이온의 분율과 A^{2-} 이온의 분율도 0.5로 서로 같아진다.

※ pK_{a1}과 pK_{a2}의 차이가 3 이하로 작아지는 경우, 그 어떤 pH에서도 A^- 이온 형태의 분율은 1이 되지 못한다.

5 산과 염기 III

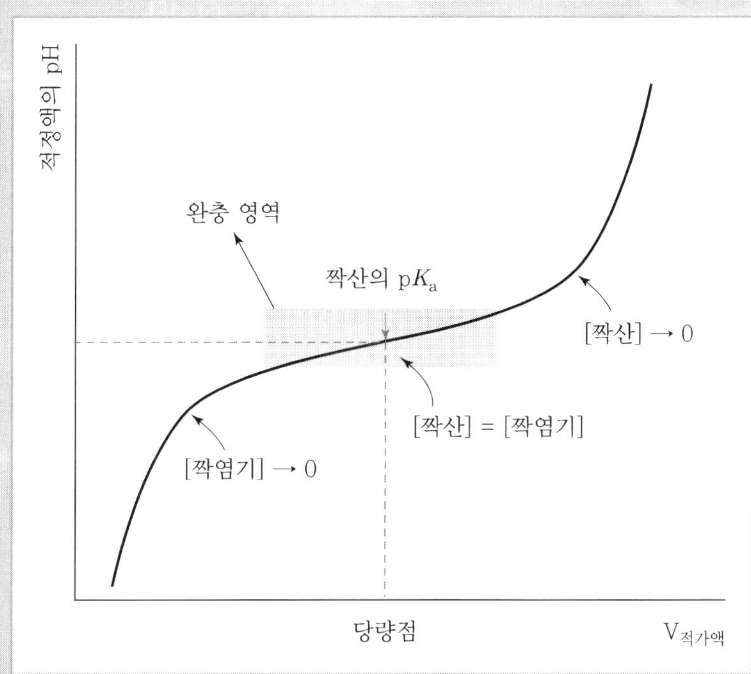

5.1 산-염기 완충 용액

산-염기 완충 용액은 다음과 같이 정의한다.

완충 용액

약산(예: 약한 일양성자산, HA)과 그 짝염기(A^-)가 공존하는 수용액 또는 약염기(예: 약한 일양성자염기, B)와 그 짝산(BH^+)이 공존하는 수용액으로서, 외부로부터 소량의 강산이나 강염기가 가해져도 pH가 크게 변하지 않는 수용액이다.

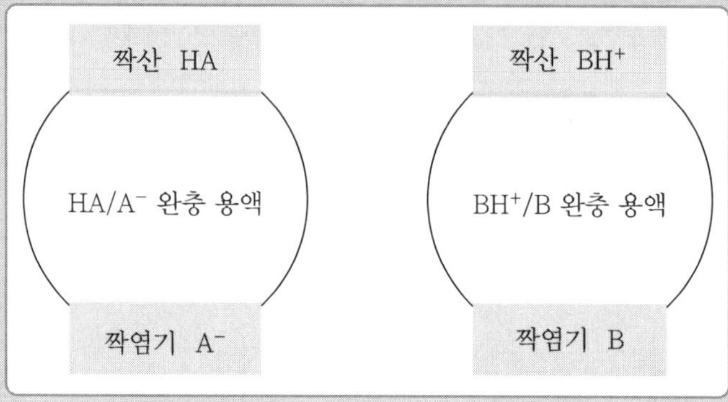

5.2 산-염기 완충 용액의 pH

5.2.1 일양성자산과 일양성자염기를 포함하는 완충계를 가지는 완충 용액의 pH

일양성자산과 일양성자염기를 포함하는 완충계(buffer system, HA/A^-)를 가지는 완충 용액의 pH는 다음과 같이 헨더슨-하셀발흐 식(Henderson-Hasselbalch equation)을 사용하여 표현할 수 있다.

Henderson-Hasselbalch식

$$\mathrm{pH} = \mathrm{p}K_a + \log\left(\frac{\text{짝염기의 농도}}{\text{짝산의 농도}}\right) = \mathrm{p}K_a + \log\frac{[\text{짝염기}]}{[\text{짝산}]}$$

여기서 $\mathrm{p}K_a$: 짝산의 해리 상수인 K_a의 p 함수 값 = $-\log K_a$

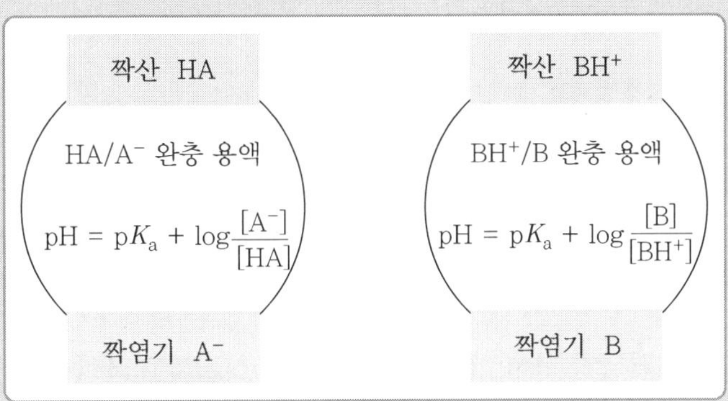

- 약한 일양성자산(HA)과 그 짝염기(A^-)로 이루어진 완충 용액의 pH

$$pH = pK_a + \log\frac{[\text{짝염기}]}{[\text{짝산}]} = -\log(\text{HA의 } K_a) + \log\frac{[A^-]}{[HA]}$$

| $\frac{CH_3COOH}{CH_3COO^-}$ 완충계가 참여한 완충 용액의 pH

$$pH = pK_a + \log\frac{[CH_3COO^-]}{[CH_3COOH]}$$
$$= -\log(CH_3COOH\text{의 } K_a) + \log\frac{[CH_3COO^-]}{[CH_3COOH]}$$

- 약한 일양성자염기(B)와 그 짝산(BH^+)으로 이루어진 완충 용액의 pH

$$pH = pK_a + \log\frac{[\text{짝염기}]}{[\text{짝산}]} = pK_a + \log\frac{[B]}{[BH^+]}$$
$$= -\log(BH^+\text{의 } K_a) + \log\frac{[B]}{[BH^+]}$$
$$= -\log(BH^+\text{의 } K_a) + \log\frac{[B]}{[BH^+]}$$
$$= -\log\{(K_w \div \text{B의 } K_b) + \log\frac{[B]}{[BH^+]}$$

| $\frac{NH_4Cl}{NH_3}$ 완충계가 참여한 완충 용액의 pH

$$pH = pK_a + \log\frac{[NH_3]}{[NH_4Cl]}$$
$$= -\log(NH_4^+\text{ 이온의 } K_a) + \log\frac{[NH_3]}{[NH_4Cl]}$$
$$= -\log(NH_4^+\text{ 이온의 } K_a) + \log\frac{[NH_3]}{[NH_4Cl]}$$
$$= -\log(K_w \div NH_3\text{의 } K_b) + \log\frac{[NH_3]}{[NH_4^+]}$$

다음의 예들을 살펴보자.

예제 5-1

0.10 M CH_3COOH 수용액 25.0 mL와 0.050 M CH_3COONa 수용액 25.0 mL를 섞어 제조한 완충 용액의 pH를 구하시오. (단, CH_3COOH의 K_a = 1.8×10^{-5})

풀이 우선 제조된 완충 용액에 들어 있는 CH_3COOH(짝산 형태)와 CH_3COO^- 이온(짝염기 형태)의 농도들을 구한다. CH_3COOH 수용액과 CH_3COO^- 이온 수용액을 섞어 주었고 두 화학종들은 서로 산-염기 반응을 하지 않고 공존하므로, 각 화학종들의 농도는 원래의 농도보다 더 묽어졌다.

$[CH_3COOH]$ = {(초기 농도, M) × (초기 부피, mL)} ÷ (최종 부피, mL)
= (0.10 M × 25.0 mL) ÷ (25.0 mL + 25.0 mL)
= 2.5 mmol ÷ 50.0 mL = 0.050 M
$[CH_3COO^-]$ = $[CH_3COONa]$
= {(초기 농도, M) × (초기 부피, mL)} ÷ (최종 부피, mL)
= (0.050 M × 25.0 mL) ÷ (25.0 mL + 25.0 mL)
= (0.050 M × 25.0 mL) ÷ (50.0 mL)
= 0.025 M

이제 Henderson-Hasselbalch식을 사용하여 pH를 구한다.

$$\begin{aligned} pH &= pK_a + \log\frac{[CH_3COO^-]}{[CH_3COOH]} \\ &= -\log(1.8\times10^{-5}) + \log\frac{(0.026)}{(0.050)} \\ &= 4.74 - 0.30 = 4.44 \end{aligned}$$

완충 용액의 pH를 구하는 과정에서는 반드시 짝산과 짝염기의 농도를 구해야 하는 것은 아니다. 왜냐하면 동일한 용액 속에 공존하는 짝산과 짝염기의 농도 비는 바로 mol수의 비와 똑같기 때문이다. 다시 말해 짝산과 짝염기의 mol수들을 사용하여 완충 용액의 pH를 구할 수 있는 것이다. 예로써, 위 완충 용액의 경우에도 다음과 같이 pH를 구할 수 있다.

$$\begin{aligned} pH &= pK_a + \log\frac{[CH_3COO^-]}{[CH_3COOH]} \\ &= pK_a + \log\{(CH_3COO^-\ \text{이온의 mol수}) \div (CH_3COOH\text{의 mol수})\} \\ &= -\log(1.8\times10^{-5}) + \log\{(0.050\ M\times25.0\ mL) \div (0.10\ M\times25.0\ mL)\} \\ &= -\log(1.8\times10^{-5}) + \log\{(0.050\ M\div0.10\ M)\} \\ &= 4.74 + \log(0.50) = 4.74 - 0.30 = 4.44 \end{aligned}$$

예제 5-2

0.10 M NH_3 용액 25.0 mL와 0.040 M NH_4Cl 용액 25.0 mL를 섞어 제조한 완충 용액의 pH를 구하시오. (단, NH_3의 K_b = 1.8×10^{-5})

풀이 제조된 완충 용액에 들어 있는 짝산 NH_4^+ 이온과 짝염기 NH_3의 mol수를 구한다.

NH_3의 mol수 = (초기 농도, M) × (초기 부피, mL)
= 0.10 M × 25.0 mL = 2.5 mmol

NH_4^+ 이온의 mol수 = (초기 농도, M) × (초기 부피, mL)
= 0.040 M × 25.0 mL = 1.0 mmol

이제 Henderson-Hasselbalch equation을 사용하여 pH를 구한다.

$$pH = pK_a + \log\frac{[NH_3]}{[NH_4^+]}$$
$$= -\log(K_w \div NH_3\text{의 } K_b) + \log(NH_3\text{의 mol수} \div NH_4^+\text{ 이온의 mol수})$$
$$= -\log(1.0\times10^{-14} \div 1.8\times10^{-5}) + \log(2.5\text{ mmol} \div 1.0\text{ mmol})$$
$$= 9.25 + 0.40 = 9.65$$

5.2.2 다양성자산과 염기가 관련된 완충계를 가지는 완충 용액의 pH

다음은 약한 이양성자산 화학종들(H_2A, HA^-, A^{2-})과 삼양성자산 화학종들(H_3A, H_2A^-, HA^{2-}, A^{3-})이 관련된 완충 용액의 pH를 구하는 식을 보여준다.

약한 이양성자산 화학종들(H_2A, HA^-, A^{2-})이 관련된 완충 용액

• H_2A/HA^- 완충계를 가진 완충 용액

$$pH = pK_a + \log\frac{[\text{짝염기}]}{[\text{짝산}]} = pK_{a1} + \log\frac{[HA^-]}{[H_2A]}$$

| H_2CO_3/HCO_3^- 완충계의 경우

$$pH = pK_{a1} + \log\frac{[HCO_3^-]}{[H_2CO_3]}$$

• HA^-/A^{2-} 완충계를 가진 완충 용액

$$pH = pK_a + \log\frac{[\text{짝염기}]}{[\text{짝산}]} = pK_{a2} + \log\frac{[A^{2-}]}{[HA^-]}$$

| HCO_3^-/CO_3^{2-} 완충계의 경우

$$pH = pK_{a2} + \log\frac{[CO_3^{2-}]}{[HCO_3^-]}$$

약한 삼양성자산 화학종들(H_3A, H_2A^-, HA^{2-}, A^{3-})이 관련된 완충 용액

• H_3A/H_2A^- 완충계를 가진 완충 용액

$$pH = pK_a + \log\frac{[짝염기]}{[짝산]} = pK_{a1} + \log\frac{[H_2A^-]}{[H_3A]}$$

| $H_3PO_4/H_2PO_4^-$ 완충계의 경우

$$pH = pK_{a1} + \log\frac{[H_2PO_4^-]}{[H_3PO_4]}$$

• H_2A^-/HA^{2-} 완충계를 가진 완충 용액

$$pH = pK_a + \log\frac{[짝염기]}{[짝산]} = pK_{a2} + \log\frac{[HA^{2-}]}{[H_2A^-]}$$

| $H_2PO_4^-/HPO_4^{2-}$ 완충계의 경우

$$pH = pK_{a2} + \log\frac{[HPO_4^{2-}]}{[H_2PO_4^-]}$$

• HA^{2-}/A^{3-} 완충계를 가진 완충 용액

$$pH = pK_a + \log\frac{[짝염기]}{[짝산]} = pK_{a3} + \log\frac{[A^{3-}]}{[HA^{2-}]}$$

| HPO_4^{2-}/PO_4^{3-} 완충계의 경우

$$pH = pK_{a3} + \log\frac{[PO_4^{3-}]}{[HPO_4^{2-}]}$$

다음의 예들을 살펴보자.

예제 5-3

0.100 M H_2CO_3 용액 100.0 mL에 0.100 M NaOH 용액 40.0 mL를 섞어준 후 얻어진 용액의 pH를 구하시오. (단, H_2CO_3의 경우 pK_{a1} = 6.40, pK_{a2} = 10.40)

풀이 두 용액을 섞어주면, H_2CO_3과 NaOH 사이에서는 다음과 같은 산-염기 반응이 일어난다.

	H_2CO_3	+	NaOH	→	$NaHCO_3$	+	H_2O
반응 전	0.100 M×100.0 mL = 10.0 mmol		0.100 M×40.0 mL = 4.00 mmol		0		0
반응 후	6.0 mmol		0		4.0 mmol		4.0 mmol

위 반응의 결과 H_2CO_3/HCO_3^- 완충계를 가진 완충 용액이 얻어지므로, pH는 다음과 같이 구한다.

$$pH = pK_{a1} + \log\frac{[HCO_3^-]}{[H_2CO_3]}$$
$$= 6.40 + \log(4.0\ mmol/6.0\ mmol) = 6.22$$

예제 5-4

0.020 M Na_2CO_3 용액 100.0 mL에 0.350 M HCl 용액 10.0 mL를 섞어준 후 얻어진 용액의 pH를 구하시오. (단, H_2CO_3의 경우 pK_{a1} = 6.40, pK_{a2} = 10.40)

풀이 두 용액을 섞어주면, Na_2CO_3과 HCl 사이에서는 다음과 같은 산-염기 반응이 일어난다.

	Na_2CO_3	+	HCl	→	$NaHCO_3$	+	NaCl
반응 전	0.020 M×100.0 mL = 2.0 mmol		0.350 M×10.0 mL = 3.50 mmol		0		0
반응 후	0		1.5 mmol		2.0 mmol		2.0 mmol

위 반응의 생성물인 $NaHCO_3$는 다시 위 반응에서 남은 HCl과 두 번째 산-염기 반응을 일으킨다.

	$NaHCO_3$	+	HCl	→	H_2CO_3	+	NaCl
반응 전	2.0 mmol		1.5 mmol				
반응 후	0.5 mmol		0		1.5 mmol		1.5 mmol

이제 용액에는 서로 산-염기 반응을 일으킬 수 있는 화학종들이 존재하지 않으며, 이 용액은 H_2CO_3/HCO_3^- 완충계(H_2CO_3: 1.5 mmol, HCO_3^-: 0.5 mmol)를 가진 완충 용액이 된다. 따라서 pH는 다음과 같이 구할 수 있다.

$$pH = pK_{a1} + \log\frac{[HCO_3^-]}{[H_2CO_3]}$$
$$= 6.40 + \log(0.5\ mmol \div 1.5\ mmol) = 5.92$$

예제 5-5

0.030 mol의 H_3PO_4와 0.050 mol의 K_3PO_4를 녹여 만든 1.00 L 용액의 pH를 구하시오. (단, H_3PO_4의 $K_{a1} = 7.6\times10^{-3}$, $K_{a2} = 6.23\times10^{-8}$, $K_{a3} = 2.2\times10^{-13}$이다.)

풀이 이 경우 약산인 H_3PO_4와 강염기인 PO_4^{3-} 이온($K_3PO_4 \rightarrow 3K^+ + PO_4^{3-}$)은 서로 다음과 같은 산-염기 반응을 일으킨다.

	H_3PO_4	+	PO_4^{3-}	→	$H_2PO_4^-$	+	HPO_4^{2-}
반응 전	0.030 mol		0.050 mol		0		0
반응 후	0		0.020 mol		0.030 mol		0.030 mol

위 반응에서 남은 화학종(PO_4^{3-} 이온)과 생겨난 화학종들($H_2PO_4^-$ 이온과 HPO_4^{2-}

이온)들을 살펴보면, $H_2PO_4^-$ 이온과 HPO_4^{2-} 이온 그리고 HPO_4^{2-} 이온과 PO_4^{3-} 이온은 서로 「짝이 되는 산과 염기」 관계에 있다. 그러나 PO_4^{3-} 이온과 $H_2PO_4^-$ 이온은 서로 짝이 되는 염기와 산이 아니므로, 두 화학종들은 서로 다음과 같은 산-염기 반응을 일으킨다.

	$H_2PO_4^-$	+	PO_4^{3-}	→	HPO_4^{2-}	+	HPO_4^{2-}
반응 전	0.030 mol		0.020 mol				
반응 후	0.010 mol		0		0.020 mol		0.020 mol

위 두 번째 산-염기 반응이 완결된 후, 용액은 $H_2PO_4^-/HPO_4^{2-}$ 완충계를 가진 완충 용액이 된다. 따라서 pH는 다음과 같이 구할 수 있다.

$$\begin{aligned} pH &= pK_{a2} + \log\frac{[HPO_4^{2-}]}{[H_2PO_4^-]} \\ &= -\log(6.23\times10^{-8}) + \log(\frac{0.070}{0.010}) \\ &= 7.206 + 0.85 = 8.06 \end{aligned}$$

5.3 산-염기 완충 용액의 완충 용량

5.3.1 HCl 수용액의 첨가로 물과 완충 용액에서 일어나는 pH의 변화

순수한 물 10.0 mL와 완충 용액($[CH_3COOH]$ = $[CH_3COONa]$ = 0.10 M, pK_a = 4.74) 10.0 mL에 0.10 M HCl 수용액을 1.0 mL씩 첨가하는 경우 발생하는 pH의 변화를 비교해보자.

10.0 mL의 물에 0.10 M HCl 수용액 1.0 mL를 첨가하여 일어나는 pH의 상대적 변화

물에 HCl 수용액을 첨가하면, 보다 묽은 농도의 HCl 수용액이 얻어진다. 따라서 묽어진 HCl 수용액의 새로운 농도(최종 농도)와 그 수용액의 pH를 구한다.

HCl 수용액의 최종 농도
= {(HCl 수용액의 초기 농도, M) × (HCl 수용액의 첨가 부피, mL)}
÷ (HCl 수용액의 최종 부피, mL)
= (0.10 M × 1.0 mL) ÷ (10.0 mL + 1.0 mL)
= 0.0091 M

$\Rightarrow$

$pH = -\log[H_3O^+] = -\log[HCl] = -\log(0.0091) = 2.04$

이제 HCl 수용액의 첨가로 발생한 물의 pH의 상대적인 변화를 알아보자.

pH의 상대적 변화
= {(HCl 첨가 후 pH − HCl 첨가 전 pH) ÷ (HCl 첨가 전 pH)} × 10^2
= {(2.04 − 7.00) ÷ 7.00} × 100 = −70.9%

➜ 10.0 mL의 물에 0.10 M HCl 수용액 1.0 mL을 첨가하면, pH는 HCl 수용액을 첨가하기 전에 비해 70.9% 감소함을 알 수 있다.

- 10.0 mL의 완충 용액([CH_3COOH] = [CH_3COONa] = 0.10 M, pK_a = 4.74)에 0.10 M HCl 수용액을 1.0 mL씩 첨가하는 경우 발생하는 pH의 상대적 변화

0.10 M HCl 수용액을 1.00 mL 첨가하기 전, 완충 용액의 pH는

$$pH = pK_a + \log\frac{[CH_3COONa]}{[CH_3COOH]}$$
$$= 4.74 + \log(\frac{0.10}{0.10}) = 4.74$$

이다. 이제 0.10 M HCl 수용액을 1.00 mL 첨가한 후, 완충 용액의 pH를 구해보자.

CH_3COOH/CH_3COO^- 완충계에 HCl 수용액을 첨가하면, HCl은 짝염기인 CH_3COO^- 이온과 산-염기 반응($CH_3COO^- + HCl \rightarrow CH_3COOH + Cl^-$)을 일으키고, 이 반응에서는 첨가된 HCl의 mol수만큼의 CH_3COO^- 이온이 짝산 형태인 CH_3COOH으로 변해 사라진다. 따라서 완충계 구성 성분들의 최종 농도들은 다음과 같이 구할 수 있다.

[CH_3COO^-] = {(CH_3COO^- 이온의 초기 농도 × 초기 부피) − (HCl 용액의 초기 농도) × (HCl 용액의 부피)} ÷ (최종 용액의 부피)
= {(0.10 M × 10.0 mL) − (0.10 M × 1.0 mL)} ÷ 11.0 mL
= (1.0 mmol − 0.10 mmol) ÷ 11.0 mL = 0.9 mmol ÷ 11.0 mL = 0.08 M

[CH_3COOH] = {(CH_3COOH의 초기 농도 × 용액의 부피) + (첨가된 HCl 용액의 농도 × HCl 용액의 부피)} ÷ 최종 용액의 부피
= {(0.10 M × 10.0 mL) + (0.10 M × 1.0 mL)} ÷ 11.0 mL
= 0.10 M

이 농도들을 사용하여 완충 용액의 새로운 pH를 구한다.

$$pH = pK_a + \log\frac{[CH_3COONa]}{[CH_3COOH]}$$
$$= 4.74 + \log(\frac{0.08}{0.10}) = 4.74 + \log(0.8) = 4.74 - 0.1 = 4.6$$

HCl 용액의 첨가로 발생한 pH의 상대적인 변화는 다음과 같다.

$\{(4.6 - 4.74) \div 4.74\} \times 100 = -2\%$

➜ 10.0 mL의 완충 용액에 0.10 M HCl 수용액 1.0 mL을 첨가하면, pH는 HCl 수용액을 첨가하기 전에 비해 2%만 감소함을 알 수 있다.

완충 용액의 완충 용량

이와 같이 주어진 완충 용액에 소량의 강산을 첨가하여도, 그 완충 용액의 pH는 그리 크게 변하지 않으며, 완충 용액이 pH 변화에 저항하는 능력인 완충 용량은 다음과 같이 정의할 수 있다.

완충 용량

주어진 완충 용액의 pH를 ± 1만큼 변화시키기 위해 첨가해 주어야 하는 강염기(B)나 강산(HA)의 양으로 정의할 수 있으며, 다음과 같은 수식으로 표현할 수 있다.

$$\textbf{완충 용량} = \beta = \frac{dC_B}{dpH} = \frac{-dC_{HA}}{dpH}$$

여기서

dC_B/dpH: 주어진 완충 용액의 pH를 dpH만큼 증가시키기 위해 필요한 강염기의 농도 변화(C_B)

dC_{HA}/dpH: 주어진 완충 용액의 pH를 dpH만큼 감소시키기 위해 필요한 강산의 농도 변화(C_{HA})

완충 용량은 +값이다. 주어진 완충 용액에 강염기를 첨가하는 경우 그 완충 용액의 pH는 더 큰 값을 나타내므로, dC_B/dpH항은 +값이 된다. 주어진 완충 용액에 강산을 첨가하는 경우에는 pH가 작아지므로 dC_{HA}/dpH항은 −값을 나타내게 된다. 따라서 dC_{HA}/dpH항의 앞에 −부호가 붙여진 것이다.

➜ 주어진 완충 용액에 강염기나 강산을 조금만 첨가해 주어도 완충 용액의 pH가 +1 또는 −1만큼 쉽게 변화한다면, 그 완충 용액의 완충 용량은 작은 것이다.
반대로 주어진 완충 용액의 pH를 +1 또는 −1만큼 변화시키기 위해 강염기나 강산을 많이 첨가해 주어야 한다면, 그 완충 용액의 완충 용량은 큰 것이다.

5.3.2 완충 용액의 완충 용량을 결정하는 요인들

이제 완충 용액의 완충 용량을 결정하는 두 가지 요인들인 완충계의 농도와 완충계를 구성하는 짝산과 짝염기의 농도 비에 관해 알아보기로 한다.

완충계의 농도와 완충 용량

완충 용액을 구성하는 완충계의 농도(완충계의 농도 = [짝산] + [짝염기])가 진할수록 완충 용량은 커진다. 예를 들어 CH_3COOH/CH_3COO^- 완충계의 경우, $[CH_3COOH]$ = 0.100 M, $[CH_3COO^-]$ = 0.100 M(완충계의 농도 = $[CH_3COOH]$ + $[CH_3COO^-]$ = 0.200 M)인 완충 용액의 완충 용량은 $[CH_3COOH]$ = 0.050 M, $[CH_3COO^-]$ = 0.050 M(완충계의 농도 = $[CH_3COOH]$ + $[CH_3COO^-]$ = 0.100 M)인 완충 용액의 완충 용량보다 더 크다. 다음의 예를 살펴보자.

예제 5-6

CH_3COOH/CH_3COO^- 완충계를 가진 완충 용액에서 완충 용량들을 비교하시오. (단, CH_3COOH의 K_a = 1.75×10^{-5})

(a) $[CH_3COOH]$ = 0.100 M, $[CH_3COO^-]$ = 0.100 M인 경우

(b) $[CH_3COOH]$ = 0.050 M, $[CH_3COO^-]$ = 0.050 M인 경우

풀이 (a) $[CH_3COOH]$ = 0.100 M, $[CH_3COO^-]$ = 0.100 M인 완충 용액의 pH는 다음과 같다.

$$pH = pK_a + \log\frac{[CH_3COO^-]}{[CH_3COOH]}$$

$$= 4.757 + \log(\frac{0.100}{0.100}) = 4.757$$

이 완충 용액에 HCl 용액을 첨가하여 pH를 1만큼 감소시키는 경우, 다음과 같은 식이 성립하게 된다.

$$pH = pK_a + \log\frac{[CH_3COO^-]}{[CH_3COOH]}$$

$$3.757 = 4.757 + \log\frac{[CH_3COO^-]}{[CH_3COOH]}$$

$$-1.000 = \log\frac{[CH_3COO^-]}{[CH_3COOH]}$$

$$\Rightarrow$$

$$\frac{[CH_3COO^-]}{[CH_3COOH]} = 10^{-1.000} = 0.100 \qquad \cdots ①$$

이 완충 용액에 HCl 용액을 첨가하면, 완충 용액 중의 CH_3COO^- 이온이 첨가된 HCl과 산-염기 반응($CH_3COO^- + HCl \rightarrow CH_3COOH + Cl^-$)을 일으킨다. 이 산-염기 반응의 결과 첨가한 HCl의 mol수만큼의 CH_3COO^- 이온이 사라지면서 CH_3COOH으로 변한다. 결국 CH_3COOH와 CH_3COO^- 이온의 mol수는 변하게 되지만 CH_3COOH와 CH_3COO^- 이온의 전체 mol수(CH_3COOH의 mol수 + CH_3COO^- 이온의 mol수)는 변함이 없으므로, 다음과 같은 식이 성립한다.

$$[CH_3COO^-] + [CH_3COOH] = 0.200\ M \qquad \cdots ②$$

이제 ①식과 ②식을 연립으로 풀면, CH_3COOH와 CH_3COO^- 이온의 농도들을 구할 수 있다.

$$[CH_3COO^-] = 0.018\ M \qquad [CH_3COOH] = 0.182\ M$$

이 결과에 의하면, HCl의 첨가로 완충 용액의 pH를 1만큼 감소시킨 결과 완충 용액 속 CH_3COOH의 농도는 0.082 M만큼 증가하였음을 알 수 있다. 즉, 완충 용액의 pH를 1만큼 감소시키기 위해 필요한 강산의 농도 변화가 0.082 M인 것이다. 따라서 완충 용액의 완충 용량은 다음과 같다.

$$\beta = \frac{-dC_{HA}}{dpH} = -\frac{(0.082\ M)}{(-1)} = 0.082\ M/pH$$

(b) $[CH_3COOH] = 0.050$ M, $[CH_3COO^-] = 0.050$ M인 완충 용액의 pH는 다음과 같다.

$$pH = pK_a + \log\frac{[CH_3COO^-]}{[CH_3COOH]}$$

$$= 4.757 + \log(\frac{0.050}{0.050}) = 4.757$$

이 완충 용액에 HCl 용액을 첨가하여 pH를 1만큼 감소시키는 경우, 다음과 같은 식이 성립하게 된다.

$$pH = pK_a + \log\frac{[CH_3COO^-]}{[CH_3COOH]}$$

$$3.757 = 4.757 + \log\frac{[CH_3COO^-]}{[CH_3COOH]}$$

$$-1.00 = \log\frac{[CH_3COO^-]}{[CH_3COOH]}$$

$$\frac{[CH_3COO^-]}{[CH_3COOH]} = 10^{-1.00} = 0.10 \qquad \cdots ①$$

이 완충 용액에 HCl 용액을 첨가하면, 완충 용액 중의 CH_3COO^- 이온이 첨가된 HCl과 산-염기 반응($CH_3COO^- + HCl \rightarrow CH_3COOH + Cl^-$)을 일으킨다.

이 산-염기 반응으로 첨가한 HCl의 mol수만큼의 CH_3COO^- 이온이 사라지면서 CH_3COOH으로 변한다. 결국 CH_3COOH와 CH_3COO^- 이온의 mol수는 변하게 되지만 CH_3COOH와 CH_3COO^- 이온의 전체 mol수(CH_3COOH의 mol수 + CH_3COO^- 이온의 mol수)는 변함이 없으므로, 다음과 같은 식이 성립한다.

$$[CH_3COO^-] + [CH_3COOH] = 0.100\ M \qquad \cdots ②$$

이제 식 ①과 식 ②를 연립으로 풀면, 다음과 같이 CH_3COOH와 CH_3COO^- 이온의 농도들을 구할 수 있다.

$$[CH_3COO^-] = 0.009\ M \qquad [CH_3COOH] = 0.091\ M$$

즉, HCl의 첨가로 완충 용액의 pH를 1만큼 감소시킨 결과 완충 용액 속 CH_3COOH의 농도는 0.041 M만큼 증가하였다. 즉, 완충 용액의 pH를 1만큼 감소시키기 위해 필요한 강산의 농도 변화가 0.041 M인 것이다.
따라서 완충 용량은 다음과 같이 구할 수 있다.

$$\begin{aligned}\beta &= \frac{-dC_{HA}}{dpH} \\ &= -\frac{(0.041\ mol/L)}{(-pH)} \\ &= 0.041\ mol\ HCl/L \cdot pH \\ &= 0.041\ M/pH\end{aligned}$$

∴ 완충계의 농도가 0.200 M인 완충 용액의 완충 용량(0.082 M/pH)은 농도가 0.100 M인 완충 용액의 완충 용량(0.041 M/pH)보다 더 크다.

○ 짝산과 짝염기의 농도 비와 완충 용량

앞에서 완충 용액 속 완충계의 농도가 진해지면, 완충 용액의 완충 용량이 더 커진다는 결론을 얻었다. 그렇다면 주어진 완충계의 농도가 일정한 값을 가지는 경우, 그 완충계의 구성 성분들인 짝산과 짝염기의 농도 비는 완충 용량에 어떠한 영향을 미칠까? 다음의 예를 살펴보자.

예제 5-7

(a) $[CH_3COOH] = 0.020\ M$, $[CH_3COO^-] = 0.080\ M$
(짝산과 짝염기의 농도비 = 1 : 4)

(b) $[CH_3COOH] = 0.050\ M$, $[CH_3COO^-] = 0.050\ M$

(짝산과 짝염기의 농도비 = 1 : 1)

(c) $[CH_3COOH]$ = 0.080 M, $[CH_3COO^-]$ = 0.020 M

(짝산과 짝염기의 농도비 = 4 : 1)

위 각 완충 용액 50.0 mL에 ① 0.100 M HCl 수용액 1.00 mL를 첨가하는 경우 그리고 ② 0.100 M NaOH 수용액 1.00 mL를 첨가하는 경우에 각 완충 용액의 완충 용량을 비교하시오.

⊕풀이 ① 각 완충 용액 50.0 mL에 0.100 M HCl 수용액 1.00 mL를 첨가하는 경우

(a) $[CH_3COOH]$ = 0.020 M, $[CH_3COO^-]$ = 0.080 M(짝산과 짝염기의 농도비 = 1 : 4)인 완충 용액

HCl 수용액을 첨가하기 전 pH

$$pH = pK_a + \log\frac{[CH_3COO^-]}{[CH_3COOH]}$$

$$= 4.757 + \log(\frac{0.080}{0.020}) = 4.757 + \log(4.0)$$

$$= 4.757 + 0.60 = 5.357 \Rightarrow 5.36$$

HCl 수용액을 첨가하면, CH_3COO^- 이온과 HCl 사이에서 산-염기 반응($CH_3COO^- + H^+ \rightarrow CH_3COOH$)이 일어나면서 다음과 같이 HCl의 mol수만큼 CH_3COO^- 이온이 사라지고 CH_3COOH가 새롭게 만들어진다.

	CH_3COO^-	+	H^+	→	CH_3COOH
반응 전	0.080 M×50.0 mL = 4.0 mmol		0.100 M×1.00 mL = 0.100 mmol		
반응 후	3.9 mmol		0		0.10 mmol

이 반응의 결과 CH_3COOH의 mol수는 증가하고, CH_3COO^- 이온의 mol수는 감소한다.

CH_3COOH의 mol수
= 초기 mol수 + 반응에서 만들어진 mol수
= (0.020 M × 50.0 mL) + 0.10 mmol
= 1.0 mmol + 0.10 mmol = 1.1 mmol

CH_3COO^- 이온의 mol수
= 초기 mol수 − 반응에서 사라진 mol수
= (0.080 M × 50.0 mL) − 0.10 mmol
= 4.0 mmol − 0.10 mmol = 3.9 mmol

이제 HCl 수용액의 첨가 후 완충 용액의 pH와 pH의 상대적 변화를 구하면 다음과 같다.

$$pH = 4.757 + \log(\frac{3.9}{1.1}) = 4.757 + 0.54 = 5.297 \Rightarrow 5.30$$

pH 변화: 초기 pH − 최종 pH = 5.36 − 5.30 = 0.06

pH의 상대적 변화: $(0.06 \div 5.36) \times 10^2 = 1.12\% \Rightarrow 1\%$

(b) $[CH_3COOH]$ = 0.050 M, $[CH_3COO^-]$ = 0.050 M(짝산과 짝염기의 농도비 = 1 : 1)인 완충 용액

HCl 수용액을 첨가하기 전 pH

HCl 수용액을 첨가하면, CH_3COO^- 이온과 HCl 사이에서 산-염기 반응($CH_3COO^- + H^+ \rightarrow CH_3COOH$)이 일어나면서 다음과 같이 HCl의 mol수만큼 CH_3COO^- 이온이 사라지고, CH_3COOH가 새롭게 만들어진다.

	CH_3COO^-	+	H^+	→	CH_3COOH
반응 전	0.050 M×50.0 mL = 2.5 mmol		0.100 M×1.00 mL = 0.10 mmol		
반응 후	2.4 mmol		0		0.10 mmol

이 반응의 결과 CH_3COOH의 mol수는 증가하고, CH_3COO^- 이온의 mol수는 감소한다.

CH_3COOH의 mol수
= 원래 mol수 + 반응에서 만들어진 mol수
= (0.050 M × 50.0 mL) + 0.10 mmol
= 2.5 mmol + 0.10 mmol
= 2.60 mmol ⇒ 2.6 mmol

CH_3COO^- 이온의 mol수
= 원래 mol수 − 반응에서 사라진 mol수
= (0.050 M × 50.0 mL) − 0.10 mmol
= 2.5 mmol + 0.10 mmol
= 2.40 mmol ⇒ 2.4 mmol

$$pH = pK_a + \log\frac{[CH_3COO^-]}{[CH_3COOH]}$$
$$= 4.757 + \log(\frac{0.050}{0.050}) = 4.757 + 0.00 = 4.757 \Rightarrow 4.76$$

이제 HCl 수용액 첨가 후 완충 용액의 pH와 pH의 상대적 변화를 구하면 다

음과 같다.

$$pH = 4.757 + \log(\frac{2.4}{2.6}) = 4.757 - 0.036 = 4.721$$

pH 변화: 4.76 − 4.721 = 0.039 ⇒ 0.04

pH의 상대적 변화: (0.04 ÷ 4.76) × 100 = 0.84% ⇒ 0.8%

(c) $[CH_3COOH]$ = 0.080 M, $[CH_3COO^-]$ = 0.020 M(짝산과 짝염기의 농도비 = 4 : 1)인 완충 용액

HCl 수용액을 첨가하기 전 pH

$$pH = pK_a + \log\frac{[CH_3COO^-]}{[CH_3COOH]}$$

$$= 4.757 + \log(\frac{0.020}{0.080}) = 4.757 - 0.60 = 4.157 \Rightarrow 4.16$$

HCl 수용액을 첨가하면, CH_3COO^- 이온과 HCl 사이에서 산-염기 반응($CH_3COO^- + H^+ \rightarrow CH_3COOH$)이 일어나면서 HCl의 mol수만큼 CH_3COO^- 이온이 사라지고 CH_3COOH가 새롭게 만들어진다.

	CH_3COO^-	+	H^+	→	CH_3COOH
반응 전	0.020 M×50.0 mL		0.100 M×1.00 mL		
	= 1.0 mmol		= 0.10 mmol		
반응 후	0.9 mmol		0		0.10 mmol

이 반응의 결과 CH_3COOH의 mol수는 증가하고, CH_3COO^- 이온의 mol수는 감소한다.

CH_3COOH의 mol수
= 원래 mol수 + 반응에서 만들어진 mol수
= (0.080 M × 50.0 mL) + 0.10 mmol
= 4.0 mmol + 0.10 mmol = 4.1 mmol

CH_3COO^- 이온의 mol수
= 원래 mol수 − 반응에서 사라진 mol수
= (0.020 M × 50.0 mL) − 0.10 mmol
= 1.0 mmol + 0.10 mmol = 0.9 mmol

이제 HCl 수용액 첨가 후 완충 용액의 pH와 pH의 상대적 변화를 구하면 다음과 같다.

$$pH = 4.757 + \log(\frac{0.9}{4.1}) = 4.757 - 0.7 = 4.057 \Rightarrow 4.1$$

pH 변화: 4.16 − 4.1 = 0.06 ⇒ 0.1

pH의 상대적 변화: (0.1 ÷ 4.16) × 100 = 2.40% ⇒ 2%

② 각 완충 용액 50.0 mL에 0.100 M NaOH 수용액 1.00 mL를 첨가하는 경우

(a) $[CH_3COOH]$ = 0.020 M, $[CH_3COO^-]$ = 0.080 M(짝산과 짝염기의 농도비 = 1 : 4)인 완충 용액

NaOH 수용액을 첨가하기 전 pH

$$pH = pK_a + \log\frac{[CH_3COO^-]}{[CH_3COOH]}$$

$$= 4.757 + \log(\frac{0.080}{0.020}) = 4.757 - 0.60 = 5.357 \Rightarrow 5.36$$

NaOH 수용액을 첨가하면, CH_3COOH과 NaOH는 산−염기 반응 ($CH_3COOH + OH^- \rightarrow CH_3COO^- + H_2O$)을 일으켜 NaOH의 mol수만큼 CH_3COOH가 사라지고, CH_3COO^- 이온이 새롭게 만들어진다.

	CH_3COOH	+	OH^-	→	CH_3COO^-	+	H_2O
반응 전	0.020 M×50.0 mL = 1.0 mmol		0.100 M×1.00 mL = 0.10 mmol				
반응 후	0.9 mmol		0		0.10 mmol		0.10 mmol

이 반응의 결과 CH_3COOH의 mol수는 감소하고, CH_3COO^- 이온의 mol수는 증가한다.

CH_3COOH의 mol수
= 원래 mol수 + 반응에서 사라진 mol수
= (0.020 M × 50.0 mL) − 0.10 mmol
= 1.0 mmol − 0.10 mmol = 0.9 mmol

CH_3COO^- 이온의 mol수
= 원래 mol수 + 반응에서 만들어진 mol수
= (0.080 M × 50.0 mL) + 0.10 mmol
= 4.0 mmol + 0.10 mmol = 4.1 mmol

이제 NaOH 수용액 첨가 후 완충 용액의 pH와 pH의 상대적 변화를 구하면 다음과 같다.

$$pH = 4.757 + \log(\frac{4.1}{0.9}) = 4.757 + 0.7 = 5.457 \Rightarrow 5.5$$

pH 변화: 5.5 − 5.36 = 0.14 ⇒ 0.1

pH의 상대적 변화: (0.1 ÷ 5.36) × 100 = 1.87% ⇒ 2%

(b) $[CH_3COOH]$ = 0.050 M, $[CH_3COO^-]$ = 0.050 M(짝산과 짝염기의 농도비 = 1 : 1)인 완충 용액

NaOH 수용액을 첨가하기 전 pH

$$pH = pK_a + \log\frac{[CH_3COO^-]}{[CH_3COOH]}$$
$$= 4.757 + \log(\frac{0.050}{0.050}) = 4.76$$

NaOH 수용액을 첨가하면, CH_3COOH과 NaOH는 산-염기 반응을 일으키고, NaOH의 mol수만큼 CH_3COOH가 사라지고, CH_3COO^- 이온이 새롭게 만들어진다.

	CH_3COOH	+	OH^-	→	CH_3COO^-	+	H_2O
반응 전	0.050 M×50.0 mL		0.100 M×1.00 mL				
	= 2.5 mmol		= 0.10 mmol				
반응 후	2.4 mmol		0		0.10 mmol		0.10 mmol

이 반응의 결과 CH_3COOH의 mol수는 감소하고, CH_3COO^- 이온의 mol수는 증가한다.

CH_3COOH의 mol수
= 원래 mol수 + 반응에서 사라진 mol수
= (0.050 M × 50.0 mL) − 0.10 mmol
= 2.5 mmol − 0.10 mmol = 2.4 mmol

CH_3COO^- 이온의 mol수
= 원래 mol수 + 반응에서 만들어진 mol수
= (0.050 M × 50.0 mL) + 0.10 mmol
= 2.5 mmol + 0.10 mmol = 2.6 mmol

이제 NaOH 수용액 첨가 후 완충 용액의 pH와 pH의 상대적 변화를 구하면 다음과 같다.

$$pH = 4.757 + \log(\frac{2.6}{2.4}) = 4.757 + 0.041 = 4.798$$

pH 변화: 4.798 − 4.76 = 0.038 ⇒ 0.04
pH의 상대적 변화: (0.04 ÷ 4.76) × 100 = 0.84% ⇒ 0.8%

(c) $[CH_3COOH]$ = 0.080 M, $[CH_3COO^-]$ = 0.020 M
(짝산과 짝염기의 농도비 = 4 : 1)인 완충 용액

NaOH 수용액을 첨가하기 전 pH

$$pH = pK_a + \log\frac{[CH_3COO^-]}{[CH_3COOH]}$$

$$= 4.757 + \log(\frac{0.020}{0.080}) = 4.757 - 0.60 = 4.16$$

NaOH 수용액을 첨가하면, CH_3COOH과 NaOH는 산-염기 반응을 일으켜 NaOH의 mol수만큼 CH_3COOH가 사라지고, CH_3COO^- 이온이 새롭게 만들어진다.

	CH_3COOH	+	OH^-	→	CH_3COO^-	+	H_2O
반응 전	0.080 M×50.0 mL = 4.0 mmol		0.100 M×1.00 mL = 0.10 mmol				
반응 후	3.9 mmol		0		0.10 mmol		0.10 mmol

이 반응의 결과 CH_3COOH의 mol수는 감소하고, CH_3COO^- 이온의 mol수는 증가한다.

CH_3COOH의 mol수
= 원래 mol수 + 반응에서 사라진 mol수
= (0.080 M × 50.0 mL) − 0.10 mmol
= 4.0 mmol − 0.10 mmol = 3.9 mmol

CH_3COO^- 이온의 mol수
= 원래 mol수 + 반응에서 만들어진 mol수
= (0.020 M × 50.0 mL) + 0.10 mmol
= 1.0 mmol + 0.10 mmol = 1.1 mmol

이제 NaOH 수용액 첨가 후 완충 용액의 pH와 pH의 상대적 변화를 구하면 다음과 같다.

$$pH = 4.757 + \log(\frac{1.1}{3.9}) = 4.757 - 0.55 = 4.21$$

pH 변화: 4.21 − 4.16 = 0.05

pH의 상대적 변화: (0.05 ÷ 4.16) × 100 = 1.20% ⇒ 1%

◎ 결론

다음의 표는 앞에서 다룬 완충 용액의 완충 용량에 미치는 두 가지 요인들에 의한 영향들을 정리한 것이다.

완충 용량 비교 결과

짝산과 짝염기의 비율	HCl의 첨가로 인한 pH의 상대적 변화	NaOH의 첨가로 인한 pH의 상대적 변화	특징
1 : 4	1% (1.12%)	2% (1.87%)	강산보다 강염기의 첨가로 인한 pH의 상대적 변화가 더 크다.
1 : 1	0.8% (0.84%)	0.8% (0.84%)	동일한 양의 강산이나 강염기의 첨가로 인한 pH의 상대적 변화는 가장 작게 일어나고, 그 크기는 동일하다.
4 : 1	2% (2.40%)	1% (1.20%)	강염기보다 강산의 첨가로 인한 pH의 상대적 변화가 더 크게 발생한다.

- 완충계의 농도([짝산] + [짝염기$^-$])가 진할수록 완충 용량은 커진다.
- 주어진 농도의 완충계의 경우 짝산과 짝염기의 농도비가 1 : 1에 가까울수록 완충 용량은 커진다.
- 짝산과 짝염기의 비율이 1 : 1을 벗어나고 짝산이 더 많이 함유된(짝염기가 더 적게 함유된) 완충계의 경우, 강산의 첨가로 인한 pH의 상대적 변화가 더 크게 일어난다.
- 짝산과 짝염기의 비율이 1 : 1을 벗어나고 짝염기가 더 많이 함유된(짝산이 더 적게 함유된) 완충계의 경우, 강염기의 첨가로 인한 pH의 상대적 변화가 더 크게 일어난다.

5.4 산-염기 완충 용액의 제조

5.4.1 약한 일양성자산(HA)과 그 짝염기(A^-)로 이루어진 완충 용액

◎ 약한 일양성자산(HA) 수용액과 그 짝염기(A^-) 수용액의 혼합

약한 일양성자산(HA) 수용액과 그 짝염기(A^-) 수용액들을 별도로 제조한 후, 필요한 비율로 섞어준다.

예제 5-8

CH_3COOH 용액과 CH_3COONa 용액을 사용하여 pH가 4.46인 0.100 M 완충 용액 100.0 mL를 제조하는 방법을 알아보시오. (단, CH_3COOH의 K_a = 1.75×10^{-5})

풀이 CH_3COOH/CH_3COO^- 완충 용액의 pH를 표현하는 식과 주어진 정보들을 사용하면 다음과 같은 작업이 가능하다.

$$pH = pK_a + \log\frac{[CH_3COO^-]}{[CH_3COOH]}$$

$$4.46 = 4.757 + \log\frac{[CH_3COO^-]}{[CH_3COOH]}$$

$$-0.30 = \log\frac{[CH_3COO^-]}{[CH_3COOH]}$$

$$\Rightarrow$$

$$\frac{[CH_3COO^-]}{[CH_3COOH]} = 0.50 \qquad \cdots ①$$

또한, 완충계의 농도가 0.100 M이므로 다음과 같은 식도 얻어진다.

$$[CH_3COO^-] + [CH_3COOH] = 0.100\ M \qquad \cdots ②$$

식 ①과 식 ②를 연립으로 풀면, 완충 용액 속 CH_3COOH과 CH_3COO^- 이온의 농도들을 구할 수 있다.

$$[CH_3COOH] = 0.067\ M \qquad [CH_3COO^-] = 0.033\ M$$

완충 용액의 제조 방법은 다음과 같다.

완충 용액 속의 CH_3COOH과 CH_3COO^- 이온의 농도들이 각각 0.067 M과 0.033 M이어야 하므로, 각 농도들의 두 배의 농도를 가지는 수용액들(0.134 M CH_3COOH 수용액과 0.066 M CH_3COONa 수용액)을 제조한 후, 50.0 mL씩 혼합해 준다.

◎ 약한 일양성자산 수용액과 강염기 수용액을 혼합

약한 일양성자산과 강염기 사이의 산-염기 반응을 활용한다. 즉, 약한 일양성자산 수용액에 적절한 농도의 강염기 수용액 일정 부피를 첨가함으로서 원하는 완충 용액을 제조할 수 있다.

예제 5-9

0.10 M CH_3COOH 용액과 0.10 M NaOH 용액을 사용하여 pH가 4.46인 완충 용액 100.0 mL를 제조하는 방법을 알아보자.

풀이 CH_3COOH/CH_3COO^- 완충 용액의 pH를 표현하는 식과 주어진 정보들을 사용하면 다음과 같은 작업이 가능하다.

$$pH = pK_a + \log\frac{[CH_3COO^-]}{[CH_3COOH]}$$

$$4.46 = 4.757 + \log\frac{[CH_3COO^-]}{[CH_3COOH]}$$

$$0.30 = \log\frac{[CH_3COO^-]}{[CH_3COOH]}$$

$\Rightarrow$

$$\frac{[CH_3COO^-]}{[CH_3COOH]} = 0.50 \quad \cdots ①$$

이제 V_{CH_3COOH}(원래 CH_3COOH 수용액의 부피)를 x mL라 하고 V_{NaOH}(첨가하는 NaOH 수용액의 부피)는 y mL라 하면, 다음과 같은 식을 얻는다.

$$x + y = 100.0 \quad \cdots ②$$

CH_3COOH과 NaOH 사이의 산-염기 반응($CH_3COOH + NaOH \rightarrow CH_3COONa + H_2O$)을 정량적으로 취급하면, 다음과 같은 정보들이 얻어진다.

생겨나는 CH_3COO^- 이온의 mol수
= 첨가한 NaOH의 몰수 = (0.10 M $\times$ y mL)
= $0.10y$ mmol ⋯ ③

남는 CH_3COOH의 mol수
= (초기 CH_3COOH의 몰수) − (사라진 CH_3COOH의 몰수)
= (초기 CH_3COOH의 몰수) − (첨가한 NaOH의 몰수)
= (0.10 M $\times$ x mL − $0.10y$ mmol)
= $(0.10x - 0.10y)$ mmol ⋯ ④

③과 ④의 값들을 식 ①에 대입하면, 다음과 같은 식을 얻는다.

$\frac{[CH_3COO^-]}{[CH_3COOH]}$ = (CH_3COO^- 이온의 몰수) ÷ (CH_3COOH의 몰수)
= $(0.10y$ mmol$) \div (0.10x$ mmol $- 0.10y$ mmol$)$
= $(0.10y) \div (0.10x - 0.10y) = 0.50$ ⋯ ⑤

이제 식 ②와 식 ⑤를 연립으로 풀면

$$V_{CH_3COOH} = x = 75 \text{ mL}, \qquad V_{NaOH} = y = 25 \text{ mL}$$

가 얻어지므로, 완충 용액의 제조 방법은 다음과 같다.

0.10 M CH_3COOH 수용액 75 mL에 0.10 M NaOH 수용액 25 mL를 첨가해 섞어 준다.

5.4.2 약한 일양성자염기(B)와 그 짝산(BH^+)으로 이루어진 완충 용액

○ 약한 일양성자염기(B) 수용액과 그 짝산(BH^+) 수용액을 혼합

약한 일양성자염기(B) 수용액과 그 짝산(BH^+) 수용액들을 별도로 제조한 후, 필요한 비율로 섞어준다.

예제 5-10

NH_3 용액과 NH_4Cl 용액을 사용하여 pH가 10.00인 0.100 M 완충 용액 100 mL를 제조하는 방법을 알아보시오. (단, NH_3의 $K_b = 1.8\times10^{-5}$)

풀이 NH_4^+/NH_3 완충계를 가진 완충 용액의 pH를 표현하는 식

$$pH = pK_a + \log\frac{[NH_3]}{[NH_4^+]}$$

과 주어진 정보들을 사용하면 다음과 같은 작업이 가능하다.

$$10.00 = -\log(NH_4^+ \text{ 이온의 } K_a) + \log\frac{[NH_3]}{[NH_4^+]}$$

$$10.00 = -\log(K_w \div NH_3\text{의 } K_b) + \log\frac{[NH_3]}{[NH_4^+]}$$

$$10.00 = -\log(5.6\times10^{-10}) + \log\frac{[NH_3]}{[NH_4^+]}$$

$$0.75 = \log\frac{[NH_3]}{[NH_4^+]}$$

$$\Rightarrow$$

$$\frac{[NH_3]}{[NH_4^+]} = 5.6 \qquad \cdots ①$$

또한, 이 완충계의 농도가 0.100 M이므로 다음과 같은 식도 얻어진다.

$$[NH_3] + [NH_4^+] = 0.100 \text{ M} \qquad \cdots ②$$

이제 식 ①과 식 ②를 연립으로 풀면, 다음과 같이 완충 용액 속 NH_3와 NH_4^+ 이온의 농도를 구할 수 있다.

$[NH_3] = 0.085\ M \qquad [NH_4^+] = [NH_4Cl] = 0.015\ M$

따라서 완충 용액의 제조 방법은 다음과 같다.

완충 용액 속의 NH_4^+ 이온과 NH_3의 농도가 각각 0.015 M과 0.085 M이어야 하므로, 0.170 M NH_3 수용액 50.0 mL와 0.030 M NH_4Cl 수용액 50.0 mL를 혼합한다.

◎ 약한 일양성자염기 수용액과 강산 수용액을 혼합

약한 일양성자염기와 강산사이의 산-염기 반응을 활용하여 약한 일양성자염기 수용액에 적절한 농도의 강산 수용액을 일정 부피 첨가함으로서 원하는 완충 용액을 제조할 수 있다.

예제 5-11

0.10 M NH_3 용액과 0.10 M HCl 용액을 사용하여 pH가 10.00인 완충 용액 100.0 mL를 제조하는 방법을 알아보시오.

⊕풀이 NH_4^+/NH_3 완충계를 가진 완충 용액의 pH를 표현하는 식

$$pH = pK_a + \log\frac{[NH_3]}{[NH_4^+]}$$

과 주어진 정보들을 사용하면 다음과 같은 작업이 가능하다.

$$10.00 = -\log(NH_4^+\ \text{이온의}\ K_a) + \log\frac{[NH_3]}{[NH_4^+]}$$

$$10.00 = -\log(5.6\times10^{-10}) + \log\frac{[NH_3]}{[NH_4^+]}$$

$$10.00 = 9.25 + \log\frac{[NH_3]}{[NH_4^+]}$$

$$0.75 = \log\frac{[NH_3]}{[NH_4^+]}$$

$\Rightarrow$

$$\frac{[NH_3]}{[NH_4^+]} = 5.6$$

V_{HCl}(첨가하는 HCl 수용액의 부피)는 y mL 그리고 V_{NH_3}(원래 NH_3 수용액의 부피)를 x mL라 하면, 다음과 같은 식을 얻는다.

$$x + y = 100.0 \quad \cdots ①$$

이제 NH_3와 HCl 사이의 산-염기 반응($NH_3 + HCl \rightarrow NH_4Cl$)을 정량적으로 취급하면, 다음과 같은 정보들을 얻을 수 있다.

NH_4^+ 이온의 몰수
= 첨가하는 HCl의 몰수 = 0.10 M × y mL = 0.10y mmol

NH_3의 몰수
= 초기 NH_3의 몰수 − 첨가하는 HCl의 몰수
= (0.10 M × x mL) − 0.10y mmol = (0.10x − 0.10y) mmol

이제 이 값들을 사용하여 다음과 같은 식을 얻는다.

$$\begin{aligned}\frac{[NH_3]}{[NH_4^+]} &= (NH_3\text{의 몰수}) \div (NH_4^+\text{ 이온의 몰수}) \\ &= (0.10x - 0.10y)\text{ mmol} \div 0.10y\text{ mmol} \\ &= (0.10x - 0.10y) \div 0.10y = 5.6 \quad \cdots ②\end{aligned}$$

식 ①과 식 ②를 연립으로 풀어

$$V_{HCl} = y = 13\text{ mL}, \qquad V_{NH_3} = x = 87\text{ mL}$$

들을 얻을 수 있으므로, 완충 용액의 제조 방법은 다음과 같다.

0.10 M NH_3 용액 87.0 mL에 0.10 M HCl 수용액 13.0 mL를 첨가하여 섞어 준다.

5.4.3 이온 강도를 고려한 완충 용액

만일 수용액에서 일어나는 주어진 화학 반응(특히 다양한 이온들과 수소 이온이 관련된 화학 반응, 예: $A^+ + B + nH^+ \rightarrow C$)이 수용액의 pH에 따라 그 진행 정도가 달라진다면, 수용액의 pH 변화가 그 화학 반응에 미치는 영향을 알아보아야 한다.

이를 위해서는 다양한 pH를 가지는 수용액(완충 용액)들을 제조한 후, 각 수용액에서 일어나는 화학 반응을 정량적으로 살펴보아야 한다. 그런데 그러한 실험에서 사용하는 다양한 pH의 수용액들은 pH만 다를 뿐, 그 이외의 다른 조건들은 같거나 비슷해야 한다.

만일 다양한 수용액들이 pH뿐만이 아니라 기타 환경의 차이(각 용액 속에 존재하는 화학종들, 특히 이온들의 종류와 농도가 다름에 따라 나타나는 환경의 차이)를 보인다면, 주어진 화학 반응에 미치는 pH의 영향을 연구하려는 목적을 달성할 수 없게 만들 수도 있다.

그리고 산성과 중성 그리고 염기성에 이르는 넓은 영역에 걸쳐 다양한 pH값들을 가지는 완충 용액들을 제조해야 하는 경우, 한 종류의 완충계만을 사용하는 것이 아니라, 두 가지 이상의 완충계들을 사용해야 한다.

예를 들어, 약한 삼양성자산인 H_3PO_4(pK_{a1} = 2.148, pK_{a2} = 7.198, pK_{a3} = 12.375) 관련 세 가지 완충계들인 $H_3PO_4/H_2PO_4^-$와 $H_2PO_4^-/HPO_4^{2-}$ 그리고 HPO_4^{2-}/PO_4^{3-}를 사용하면, 산성과 중성 그리고 염기성 영역에 걸친 다양한 pH를 가진 완충 용액들을 제조할 수 있다.

그러나 각 완충계를 구성하는 짝산과 짝염기의 종류(분자 형태, 일가 음이온 형태, 이가 음이온 형태 그리고 삼가 음이온 형태)가 다르고, 그 농도들도 다르므로, 이 완충계들을 사용하여 다양한 pH의 완충 용액들을 제조하는 경우, pH뿐만이 아니라 용액들의 환경에서도 근본적 차이가 발생하게 된다.

따라서 모든 완충 용액들은 그 용액들 속 이온들이 나타내는 환경, 즉 이온 강도(ionic strength)가 같거나 비슷해야 하는 것이다. 다음은 주어진 수용액의 이온 강도를 소개하고 있다.

이온 강도(ionic strength)

이온 강도란 용액의 총체적 환경을 의미한다. 몰농도로 표현한 분석 농도(analytical concentration)가 주어진 부피의 용액 속에 녹아 있는 용질의 종류와 mol수를 나타낸 용액의 단순한 환경(예: 0.10 M NaCl 수용액 – 수용액 1.0 L에는 Na^+ 이온과 Cl^- 이온이 0.10 mol씩 존재한다는 단순한 개념만이 적용된 환경)이라면, 이온 강도는 용액 속에 존재하는 용질(이온 형태의 화학종)의 종류별 전하의 크기와 mol수 사이에 존재하는 상호작용을 고려하여 나타내는 용액의 총체적 환경(예: 0.10 M NaCl 수용액 – 이 수용액 1.0 L에는 Na^+ 이온과 Cl^- 이온이 0.10 mol씩 존재한다는 사실에 Na^+ 이온과 Cl^- 이온 사이에 존재하는 정전기적 상호작용을 고려하여 나타내는 환경)이다.

이온 강도의 단위는 분석 농도의 단위와 같다. 주어진 수용액의 이온 강도는 다음과 같은 식으로 구할 수 있다.

$$\textbf{이온 강도} = \mu = \left(\frac{1}{2}\right)\Sigma(C_iZ_i^2)$$

C_i: 이온 형태의 화학종 i의 분석 농도(몰농도)

Z_i: i의 전하 크기

| 0.100 M $Pb(NO_3)_2$ 수용액의 이온 강도를 구하시오.

$Pb(NO_3)_2$ 수용액에 존재하는 화학종들의 종류와 농도는 다음과 같다.

$$[Pb^{2+}] = 0.100\ M,\ [NO_3^-] = [Pb^{2+}] \times 2 = 0.200\ M$$

따라서 이온 강도는 다음과 같이 구한다.

$$\mu = \left(\frac{1}{2}\right)\Sigma(C_i Z_i^2)$$
$$= \{(0.100) \times (+2)^2 + (0.200) \times (-1)^2\} \div 2 = 0.300\ M$$

예제 5-12

CH_3COOH와 CH_3COONa를 사용하여 이온 강도가 0.10 M이고 pH가 4.50인 완충용 100.0 mL를 제조하는 방법을 알아보시오. (단, CH_3COOH의 $K_a = 1.75\times10^{-5}$)

풀이 CH_3COOH와 CH_3COONa를 사용하여 만드는 완충 용액의 경우

$$pH = pK_a + \log\frac{[CH_3COO^-]}{[CH_3COOH]}$$

와 같은 식을 사용하며, 주어진 정보를 사용하여 다음과 같은 결과들을 얻는다.

$$4.50 = -\log(1.75\times10^{-5}) + \log\frac{[CH_3COO^-]}{[CH_3COOH]}$$
$$4.50 = 4.757 + \log\frac{[CH_3COONa]}{[CH_3COOH]}$$
$$-0.26 = \log\frac{[CH_3COONa]}{[CH_3COOH]}$$
$$\Rightarrow$$
$$\frac{[CH_3COONa]}{[CH_3COOH]} = 0.55$$

완충 용액 속에 함유된 CH_3COOH와 CH_3COONa의 농도를 다음과 같이 정하면

$$[CH_3COOH] = x\ M \qquad [CH_3COONa] = y\ M$$

다음과 같은 식이 얻어진다.

$$\frac{[CH_3COONa]}{[CH_3COOH]} = \frac{y}{x} = 0.55 \qquad \cdots ①$$

용액 속에 존재하는 모든 하전된 화학종들의 농도들은 다음과 같고

$$[Na^+] = y\ M \qquad [CH_3COO^-] = y\ M$$

이를 토대로 용액의 이온 강도를 구하면 다음과 두 번째 식이 구해진다.

$$\{(y)(+1)^2 + y(-1)^2\} \div 2 = y = 0.10 \text{ M} \qquad ②$$

이제 식 ①과 ②를 연립으로 풀면, 다음과 같은 정보들을 얻는다.

$$x = [CH_3COOH] = 0.18 \text{ M}$$
$$y = [CH_3COONa] = [CH_3COO^-] = 0.10 \text{ M}$$

이제 다음과 같이 완충 용액에 함유된 CH_3COONa의 양을 구할 수 있으므로

$$(0.10 \text{ M}) \times (0.1000 \text{ L}) = 0.010 \text{ mol}$$
$$\Rightarrow$$
$$(82.0 \text{ g/mol}) \times (0.010 \text{ mol}) = 0.82 \text{ g}$$

완충 용액의 제조 방법은 다음과 같다.

100 mL 부피 플라스크에 0.18 M CH_3COOH 수용액을 50 mL 정도 첨가하고 0.82 g의 CH_3COONa을 넣어 완전히 녹인 후, 0.18 M CH_3COOH 수용액을 플라스크의 표선까지 첨가한다.

6 난용성 염의 용해도와 침전

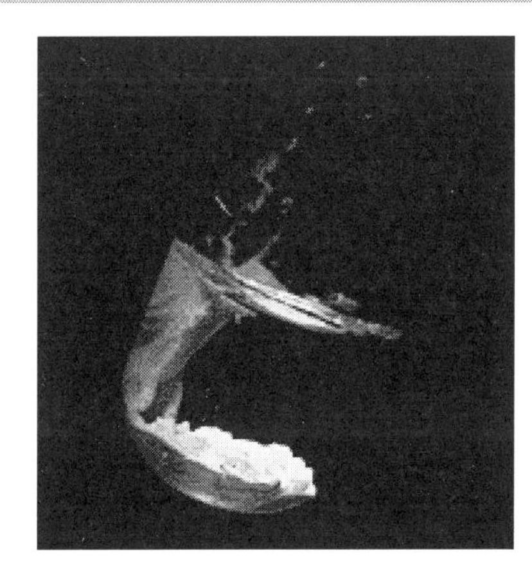

$Pb^{2+}(aq) + CrO_4^{2-}(aq) \rightleftarrows PbCrO_4(s, yellow)$

6.1 난용성 염의 용해 반응

6.1.1 물에 가용성인 염과 난용성인 염

이온 결합 화합물(ionic compound)인 염(salt)의 용해도(solubility)는

> 주어진 온도에서 정해진 양의 주어진 용매에 녹아들어 가는 염의 양

과 같이 정의한다. 여기서는 용해도를 정의하면서 온도, 용매의 종류와 양, 그리고 그 용매에 녹아들어 가는 염의 양을 나타내는 단위 등을 특정지어 표현하지 않았다. 일반적으로 물에 잘 녹는 가용성 염(soluble salt)의 경우 용해도는 온도, 용매의 종류와 양 그리고 그 용매에 녹아들어 가는 염의 양을 나타내는 단위 등을 특정지어 다음과 같이 정의하고 있다.

> 실온에서 물 100 g에 녹아들어 가는 염의 g수

그러나 이와 같은 용해도 정의 방식은 물에 거의 녹지 않는 난용성 염(sparingly soluble salt)들에는 적용할 수가 없는데, 그 이유는 물에 난용성 염의 경우 용해되는 양이 아주 작으므로, 물에 녹아들어 가는 염의 양을 g 단위로 측정하여 표현하는 것은 쉽지 않거나 불가능하기 때문이다.

다음은 물에 대한 용해도에 따라 염을 분류하는 기준을 소개하고 있다.

물에 대한 용해도에 따라 염을 분류하는 기준

가용성(soluble) 물질	> 50 g/물 1 L
제한적으로 가용성(moderately soluble) 물질	10 ~ 50 g/물 1 L
용해도가 낮은(slightly soluble) 물질	1 ~ 10 g/물 1 L
불용성(moderately insoluble) 물질	0.01 ~ 1 g/물 1 L
불용성(또는 난용성, sparingly soluble or insoluble) 물질	< 0.01 g/물 1 L

※ 여기서 제시된 수치들은 대략적인 기준 값들이다.

6.1.2 난용성 염의 용해도와 용해도곱 상수

○ 난용성 염의 용해 평형

주어진 온도에서 일정 량의 물에 난용성인 염 AX(s)를 넣고 충분히 저어준 후 방치하면, 바닥에는 녹지 않은 AX(s)가 가라앉게 된다. 녹지 않고 바닥에 가라앉은 염은 그 윗부분에 존재하는 AX(s)의 포화 용액(saturated solution: AX(s)가 주어진 온도에서 물에 녹을 수 있을 만큼만 녹은 용액)과 접촉하고 있다.

포화 용액 속에는 녹은 AX(s)로부터 해리되어 나온 A^+ 이온과 X^- 이온이 존재하고, 그 성분 이온들은 녹지 않은 AX(s)와 다음과 같은 동적 용해 평형(dynamic solution equilibrium)을 이루게 된다. 여기서 동적 용해 평형이란 녹지 않은 AX(s)가 포화 용액 속으로 녹아들어 가는 속도(용해 속도)와 포화 용액 속 성분 이온들이 서로 반응하여 다시 AX(s)로 석출되는 속도(석출 속도)가 같아진 상태를 의미한다. 아래 그림은 난용성 염의 용해 평형을 보여준다.

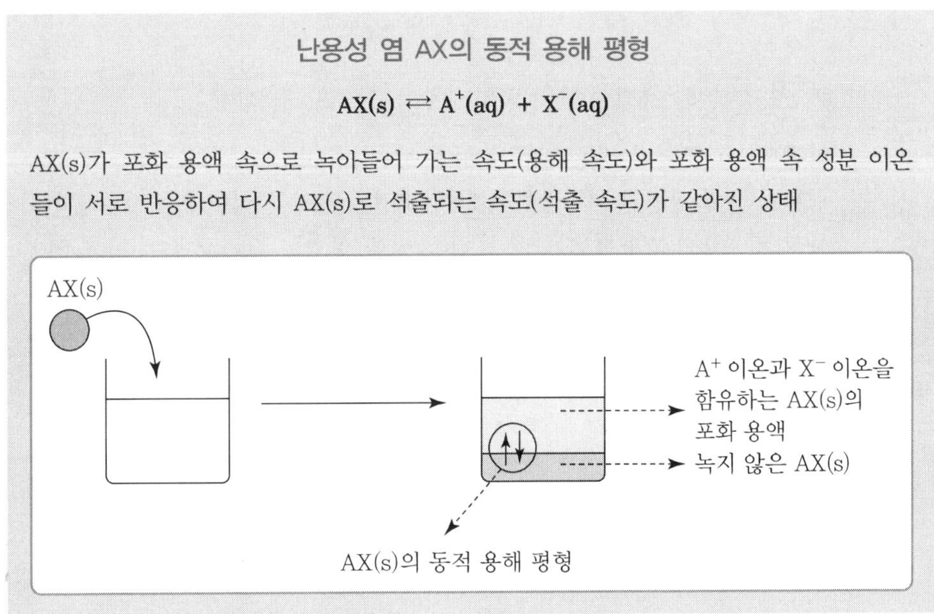

○ 물에 대한 난용성 염의 용해도

주어진 난용성 염이 물에 녹아들어 가는 용해 반응이 동적 평형 상태에 도달하면 물은 그 난용성 염의 포화 용액으로 변하고, 그 포화 용액 속에는 난용성 염으로부터 나온 성분 이온들이 존재한다. 물에 대한 난용성 염의 용해도는 다음과 같이 정의한다.

물에 대한 난용성 염의 용해도

주어진 난용성 염이 녹아 이루어진 포화 용액 속 난용성 염의 성분 이온의 몰농도(포화 용액의 부피가 1.00 L라고 가정하고, 그 용액 속에 들어 있는 그 난용성 염의 성분 이온의 mol수)

난용성 염의 용해도는 그 단위가 몰농도이다. 즉, 어떤 수용액이든 그 수용액의 몰농도는 수용액의 부피와는 무관하므로, 주어진 난용성 염의 몰 용해도 역시 그 염을 녹이려는 물의 부피와는 무관함을 기억해야 한다.

난용성 염의 용해도는 물의 부피와 상관없다!

물 100.0 mL에 대한 난용성 염의 몰 용해도
= 물 10.0 mL에 대한 난용성 염의 몰 용해도
= 물 1000.0 mL에 대한 난용성 염의 몰 용해도

● 난용성 염의 용해 반응의 평형 상수 – 용해도 곱 상수

일반적으로 주어진 평형 반응은 평형 상수(equilibrium constant, K)를 사용하여 그 평형 반응에 관련된 화학종들의 양에 관련된 정보를 얻어내는 작업에서 사용된다. 난용성 염 AX(s)의 용해 반응에 관련된 평형 상수는 다음과 같이 표현한다.

난용성 염 AX(s)의 용해 반응과 평형 상수

난용성 염 AX(s)의 용해 반응과 평형 상수(K)는 다음과 같이 표현한다.

$$AX(s) \rightleftarrows A^+(aq) + X^-(aq) \qquad K = [A^+][X^-]$$

앞에서 정의한 난용성 염의 용해도에 따르면,

$[A^+]$ = 포화 용액 속 A^+ 이온의 몰농도 = AX(s)의 몰 용해도 = S
$[X^-]$ = 포화 용액 속 X^- 이온의 몰농도 = AX(s)의 몰 용해도 = S

로 나타낼 수 있으므로, 평형 상수(K)는 다음과 같이 표현할 수 있다.

$K = [A^+][X^-]$
= (AX(s)의 몰 용해도, S) × (AX(s)의 몰 용해도, S)
= S^2
= AX(s)의 용해도의 곱(solubility product) = K_{sp}

∴ AX(s)의 용해도의 곱 = $K_{sp} = [A^+][X^-]$

다음의 예를 살펴보자.

예제 6-1

순수한 물 1.00 L에 2.23 mg의 $BaSO_4(s)$가 녹아 포화 용액을 이루었다면, $BaSO_4(s)$의 K_{sp}를 구하시오. (단, $BaSO_4(s)$의 화학식량은 233.4이다.)

풀이 $BaSO_4(s)$의 용해 반응은

$$BaSO_4(s) \rightleftarrows Ba^{2+}(aq) + SO_4^{2-}(aq)$$

으로 표현할 수 있고, 다음과 같은 관계가 성립한다.

포화 용액 속 Ba^{2+} 이온의 mol수
= 포화 용액 속 SO_4^{2-} 이온의 몰수 = 녹은 $BaSO_4(s)$의 mol수
$\Rightarrow$
포화 용액 속 Ba^{2+} 이온의 몰농도
= 포화 용액 속 SO_4^{2-} 이온의 몰농도 = 녹은 $BaSO_4(s)$의 몰농도

그러므로 $BaSO_4(s)$의 몰 용해도(S)는 다음과 같이 구할 수 있다.

몰 용해도
$= S = [Ba^{2+}] = [SO_4^{2-}]$
$= [BaSO_4(s)] = \dfrac{(\text{물에 녹은 } BaSO_4(s)\text{의 mol수})}{(\text{포화 용액 1 L})}$
$= \{2.23\times10^{-3}\ \text{g} \div (233.4\ \text{g/mol})\}/\text{L}$
$= 9.55\times10^{-6}\ \text{mol/L} = 9.55\times10^{-6}\ \text{M}$

$\therefore\ K_{sp} = [Ba^{2+}][SO_4^{2-}] = (9.55\times10^{-6}) \times (9.55\times10^{-6}) = 9.12\times10^{-11}$

6.1.3 용해도곱 상수(K_{sp})의 활용

포화 용액, 불포화 용액 그리고 과포화 용액의 구분

주어진 난용성 염을 물에 녹이는 과정에서는 물에 녹아들어간 염의 양에 따라 포화 용액(saturated solution), 불포화 용액(unsaturated solution) 그리고 과포화 용액(supersaturated solution)으로 분류할 수 있다. 다음은 난용성 염 AX(s)의 K_{sp} 표현식을 사용하여 포화 용액과 불포화 용액 그리고 과포화 용액을 분류하는 방법을 보여준다.

난용성 염 AX(s)의 K_{sp}를 기준으로 하는 포화 용액, 불포화 용액 그리고 과포화 용액의 구분

- 불포화 용액

주어진 용액에서 **$[A^+][X^-]$ < AX(s)의 K_{sp}**와 같은 상태를 보인다면 그 용액은 불포화 용액이다. 즉, 녹아들어 간 AX(s)의 양이 AX(s)의 용해도에 미치지 못하여, AX(s)가 더 녹아들어 갈 수 있는 용액을 의미한다.

- 포화 용액

주어진 용액에서 **$[A^+][X^-]$ = AX(s)의 K_{sp}**와 같은 상태를 보인다면, 그 용액은 포화 용액이다. 즉, AX(s)의 용해도만큼 녹아들어간 상태이므로, 더 이상 녹아들어 갈 수 없는 용액을 의미한다.

- 과포화 용액

주어진 용액에서 **$[A^+][X^-]$ > AX(s)의 K_{sp}**와 같은 상태를 보인다면, 그 용액은 과포화 용액이다. 즉, 녹아들어 간 AX(s)의 양이 AX(s)의 용해도에 비해 더 많아 불안정한 상태의 용액을 의미한다.

◎ 난용성 염의 몰 용해도 구하기

주어진 난용성 염의 용해도곱 상수를 알 수 있다면, 그 용해도곱 상수를 사용하여 해당 난용성 염의 몰 용해도를 구할 수 있다.

가. 양이온과 음이온이 1 : 1로 결합하여 이루어진 난용성 염(예: AgCl(s)과 $BaSO_4$(s))

난용성 염인 AgCl(s)(silver chloride, 염화 은)의 K_{sp}는 1.8×10^{-10}이다. AgCl(s)의 몰 용해도를 구해보자.

AgCl의 용해 평형 반응과 K_{sp}는 다음과 같이 표현한다.

$$AgCl(s) \rightleftarrows Ag^+(aq) + Cl^-(aq) \qquad K_{sp} = [Ag^+][Cl^-] = 1.8 \times 10^{-10}$$

앞에서 서술한 바와 같이 $K_{sp} = [Ag^+][Cl^-]$와 같은 식은 AgCl(s)이 물에 녹아 얻어진 포화 용액을 이루었음을 의미하므로, 다음과 같이 물에 대한 AgCl(s)의 몰 용해도 (S)를 구할 수 있다.

$$K_{sp} = [Ag^+][Cl^-] = S \times S = S^2 = 1.8 \times 10^{-10}$$

$$\therefore S = (K_{sp})^{\frac{1}{2}} = (1.8 \times 10^{-10})^{\frac{1}{2}} = 1.3 \times 10^{-5} \text{ M}$$

나. 양이온과 음이온이 1 : 2 또는 2 : 1로 결합하여 이루어진 난용성 염 (예: $PbCl_2(s)$, $Fe(OH)_2(s)$, $Ag_2CrO_4(s)$)

난용성 염인 $PbCl_2(s)$(lead chloride, 염화 납)의 K_{sp}는 1.7×10^{-5}이다. $PbCl_2(s)$의 몰 용해도를 구해보자.

$PbCl_2(s)$의 용해 반응과 K_{sp}는 다음과 같이 표현한다.

$$PbCl_2(s) \rightleftarrows Pb^{2+}(aq) + 2Cl^-(aq) \qquad K_{sp} = [Pb^{2+}][Cl^-]^2 = 1.7\times10^{-5}$$

이 반응의 계수에 의하면, 생겨난 Pb^{2+} 이온의 mol수는 녹은 $PbCl_2(s)$의 mol수와 같지만, Cl^- 이온의 mol수는 녹은 $PbCl_2(s)$의 mol수의 2배이다. 이 경우 $PbCl_2(s)$의 몰 용해도는 다음과 같이 표현한다.

$PbCl_2(s)$의 몰 용해도 = S = $[Pb^{2+}]$ $\qquad [Cl^-] = 2S$

따라서 $PbCl_2(s)$의 경우 K_{sp}와 몰 용해도(s) 사이에는

$$K_{sp} = [Pb^{2+}][Cl^-]^2 = S \times (2S)^2 = 4S^3 = 1.7\times10^{-5}$$

와 같은 식이 성립하므로, $PbCl_2(s)$의 몰 용해도는 다음과 같이 구할 수 있다.

$$S = \left(\frac{K_{sp}}{4}\right)^{\frac{1}{3}} = \left(\frac{1.7\times10^{-5}}{4}\right)^{\frac{1}{3}} = 1.6\times10^{-2}\ M$$

예제 6-2

$Ag_2CrO_4(s)$의 K_{sp}가 1.3×10^{-12}인 경우, $Ag_2CrO_4(s)$의 물에 대한 몰 용해도(S)를 구해보자.

⊙풀이 $Ag_2CrO_4(s)$의 용해 반응과 평형 상수는 다음과 같다.

$$Ag_2CrO_4(s) \rightleftarrows 2Ag^+(aq) + CrO_4^{2-}(aq) \qquad K_{sp} = [Ag^+]^2[CrO_4^{2-}]$$

이 경우 생겨난 CrO_4^{2-} 이온의 mol수가 녹은 $Ag_2CrO_4(s)$의 mol수와 같으므로, CrO_4^{2-} 이온의 몰농도가 $Ag_2CrO_4(s)$의 몰 용해도이다.
따라서 다음과 같은 과정을 통해 몰 용해도를 구한다.

$Ag_2CrO_4(s)$의 몰 용해도 = S = $[CrO_4^{2-}]$

$$[Ag^+] = 2[CrO_4^{2-}] = 2S$$

$$K_{sp} = [Ag^+]^2[CrO_4^{2-}] = (2S)^2 \times S = 4S^3$$

$$\therefore\ S = \left(\frac{K_{sp}}{4}\right)^{\frac{1}{3}} = \left(\frac{1.3\times10^{-12}}{4}\right)^{\frac{1}{3}} = 6.9\times10^{-5}\ M$$

다. 양이온과 음이온이 1 : 3 또는 3 : 1로 결합하여 이루어진 난용성 염 (예: $Fe(OH)_3(s)$, $Ag_3AsO_4(s)$)

난용성 염인 $Fe(OH)_3(s)$(ferric oxide, 수산화 철)의 K_{sp}는 2.8×10^{-39}이다. 그렇다면, $Fe(OH)_3(s)$의 몰 용해도를 구해보자.

$Fe(OH)_3(s)$의 용해 반응과 K_{sp}는 다음과 같이 표현한다.

$$Fe(OH)_3(s) \rightleftarrows Fe^{3+}(aq) + 3OH^-(aq)$$
$$K_{sp} = [Fe^{3+}][OH^-]^3 = 2.8\times10^{-39}$$

반응 계수에 따르면 포화 용액 속 Fe^{3+} 이온의 몰수는 녹은 $Fe(OH)_3(s)$의 몰수와 같지만, OH^- 이온의 몰수는 녹은 $Fe(OH)_3(s)$의 몰수의 3배가 된다. 따라서 $Fe(OH)_3(s)$의 몰 용해도는 다음과 같이 구한다.

$$\text{몰 용해도} = S = [Fe^{3+}] \qquad [OH^-] = 3[Fe^{3+}] = 3S$$
$$K_{sp} = [Fe^{3+}][OH^-]^3 = S \times (3S)^3 = 27S^4$$
$$\therefore S = \left(\frac{K_{sp}}{27}\right)^{\frac{1}{4}} = \left(\frac{2.8\times10^{-39}}{27}\right)^{\frac{1}{4}} = 1.0\times10^{-10}\ M$$

예제 6-3

$Ag_3AsO_4(s)$의 K_{sp}가 1.3×10^{-22}인 경우, 물에 대한 $Ag_3AsO_4(s)$의 용해도(S)를 구하시오.

풀이 $Ag_3AsO_4(s)$의 용해도와 K_{sp}는 다음과 같이 표현한다.

$$Ag_3AsO_4(s) \rightleftarrows 3Ag^+(aq) + AsO_4^{3-}(aq)$$
$$K_{sp} = [Ag^+]^3[AsO_4^{3-}] = 1.3\times10^{-22}$$

반응 계수에 따르면 포화 용액 속 AsO_4^{3-} 이온의 몰수는 녹은 $Ag_3AsO_4(s)$의 몰수와 같지만, Ag^+ 이온의 몰수는 녹은 $Ag_3AsO_4(s)$의 몰수의 3배가 된다. 따라서 $Ag_3AsO_4(s)$의 몰 용해도는 다음과 같이 구한다.

$$\text{몰 용해도} = S = [AsO_4^{3-}] \qquad [Ag^+] = 3[AsO_4^{3-}] = 3S$$
$$K_{sp} = [Ag^+]^3[AsO_4^{3-}] = (3S)^3 \times S$$
$$27S^4 = K_{sp}$$
$$\therefore S = \left(\frac{K_{sp}}{27}\right)^{\frac{1}{4}} = \left(\frac{1.3\times10^{-22}}{27}\right)^{\frac{1}{4}} = 1.5\times10^{-6}\ M$$

라. $La_2(CO_3)_3(s)$과 같이 양이온과 음이온이 2 : 3의 비율로 결합한 난용성 염이나 $Pb_3(PO_4)_2(s)$와 같이 양이온과 음이온이 3 : 2의 비율로 결합한 난용성 염

난용성 염 $Pb_3(PO_4)_2(s)$(lead phosphate, 인산 납)의 K_{sp}는 6.2×10^{-12}이라면, $Pb_3(PO_4)_2(s)$의 몰 용해도를 구해보자.

$Pb_3(PO_4)_2(s)$의 용해 반응과 K_{sp}는 다음과 같이 표현한다.

$$Pb_3(PO_4)_2(s) \rightleftarrows 3Pb^{2+}(aq) + 2PO_4^{3-}(aq)$$
$$K_{sp} = [Pb^{2+}]^3[PO_4^{3-}]^2 = 6.2\times10^{-12}$$

반응 계수에 따르면 포화 용액 속 Pb^{2+} 이온의 몰수는 녹은 $Pb_3(PO_4)_2(s)$의 몰수의 3배이고, PO_4^{3-} 이온의 몰수는 녹은 $Pb_3(PO_4)_2(s)$의 몰수의 2배가 된다. 따라서 $Pb_3(PO_4)_2(s)$의 몰 용해도는 다음과 같이 구한다.

$$[Pb^{2+}] = 3S \qquad [PO_4^{3-}] = 2S$$
$$K_{sp} = [Pb^{2+}]^3[PO_4^{3-}]^2 = (3S)^3 \times (2S)^2$$
$$108S^5 = K_{sp}$$
$$\therefore S = \left(\frac{K_{sp}}{108}\right)^{\frac{1}{5}} = \left(\frac{6.2\times10^{-12}}{108}\right)^{\frac{1}{5}} = 2.2\times10^{-3}\ M$$

◎ 침전 형성 여부 알아내기

특정 분석 대상 성분(이온)이 존재하는 수용액에 그 이온과 침전 반응을 일으킬 수 있는 이온(침전제, precipitant)을 함유하는 수용액을 첨가하는 경우, 두 이온들 사이에서는 침전 반응이 일어나기 위해서는 다음과 같은 조건이 충족되어야 한다.

침전 반응을 위한 조건 - 과포화 상태

주어진 수용액에서 두 이온들 사이에서 침전 반응이 일어나려면, 그 수용액은 두 이온들에 의해 과포화 상태를 이루어야 한다.

A^+ 이온을 함유하는 수용액에 X^- 이온 함유 수용액을 첨가하는 경우를 예로 들어본다.

두 이온들 사이에서 침전 반응이 일어나 AX(s)가 형성되기 위해서는, 그 수용액에서 $[A^+][X^-] > K_{sp}$ of AX(s)와 같은 과포화 상태가 이루어져야 한다.

다음의 예들을 살펴보자.

예제 6-4

1.0×10^{-4} M NaCl 수용액 10.0 mL에 1.0×10^{-4} M $AgNO_3$ 수용액 1.0 mL를 첨가해주면, AgCl(s) 침전이 얻어질 수 있을까? (단, AgCl(s)의 $K_{sp} = 1.8\times10^{-10}$)

풀이 이 수용액에서 진행될 수 있는 침전 반응은 다음과 같다.

$$Ag^+(aq) + Cl^-(aq) \rightleftarrows AgCl(s)$$

침전이 형성되기 위해서는 두 수용액들을 섞어준 초기 시점에서 혼합 용액이 과포화 상태를 이루어야 한다. 따라서 혼합 용액의 초기 상태가 과포화 상태인지의 여부를 판단하기 위해서는, 두 수용액들을 섞어 준 직후 두 이온들의 새로운 농도들을 알아야 한다.

Ag^+ 이온의 새로운 농도

$= [Ag^+] = (1.0\times10^{-4}\text{ M}\times1.0\text{ mL}) \div 11.0\text{ mL} = 9.1\times10^{-6}\text{ M}$

Cl^- 이온의 새로운 농도

$= [Cl^-] = (1.0\times10^{-4}\text{ M}\times10.0\text{ mL}) \div 11.0\text{ mL} = 9.1\times10^{-5}\text{ M}$

이제 이 농도들을 이용하여 혼합 용액이 과포화 상태의 조건인

$$[Ag^+][Cl^-] > K_{sp}\text{ of AgCl(s)}$$

을 충족시키는지를 알아본 결과

$$[Ag^+][Cl^-] = (9.1\times10^{-6}) \times (9.1\times10^{-5})$$
$$= 8.3\times10^{-10} > K_{sp}\text{ of AgCl(s) }(1.8\times10^{-10})$$

와 같이 과포화 상태를 위한 조건을 만족시키므로, 혼합 용액에서는 침전이 형성될 수 있다.

예제 6-5

옥살산 이온(oxalate ion, $C_2O_4^{2-}$ 이온)의 농도가 0.020 M인 수용액에 침전제인 Ag^+ 이온의 용액을 가하여 $Ag_2C_2O_4(s)$ 침전을 얻고자 한다면, 이 침전을 얻기 위한 Ag^+ 이온의 최소 농도는 얼마인가? (단, $Ag_2C_2O_4(s)$의 $K_{sp} = 3.0\times10^{-11}$)

풀이 침전 반응은 다음과 같다.

$$2Ag^{+} + C_2O_4^{2-} \rightleftarrows Ag_2C_2O_4(s)$$

침전이 형성되려면 용액이 과포화 상태($[Ag^{+}]^2[C_2O_4^{2-}] > K_{sp}$)가 이루어져야 하고, 이러한 조건을 충족시켜주는 Ag^{+} 이온의 농도는 다음과 같이 구할 수 있다.

$$[Ag^{+}] > \left(\frac{K_{sp}}{[C_2O_4^{2-}]}\right)^{\frac{1}{2}}$$

$$[Ag^{+}] > (3.0\times10^{-11} \div 0.020)^{\frac{1}{2}} = 3.9\times10^{-5}\ M$$

그러므로 침전을 이루기 위해서는 Ag^{+} 이온의 농도가 3.9×10^{-5} M보다 커져야 한다.

예제 6-6

SO_4^{2-} 이온의 농도가 10.0 ppm(w/v)인 수용액 10.0 mL에 1.00 M $BaCl_2$ 수용액 10.0 μL를 첨가하면 $BaSO_4$ 침전이 생기겠는가?
(단, $BaSO_4(s)$의 $K_{sp} = 9.1\times10^{-11}$)

풀이 침전 반응은 다음과 같다.

$$SO_4^{2-}(aq) + Ba^{2+}(aq) \rightleftarrows BaSO_4(s)$$

두 가지 수용액들을 섞어주기 전 각 이온들의 농도는 다음과 같다.

$[SO_4^{2-}]$
$= 10.0$ ppm(w/v)
$= 10.0\ mg/L = 10.0\times10^{-3}\ g/L = 1.00\times10^{-2}\ g/L$
$= \{1.00\times10^{-2}\ g \div (96.0\ g/mol)\}/L$
$= 1.04\times10^{-4}\ mol/L = 1.04\times10^{-4}\ M$
$[Ba^{2+}] = 1.00\ M$

이제 두 가지 수용액들을 섞어준 후 각 이온들의 새로운 농도들을 구하면 다음과 같다.

$[SO_4^{2-}]$
$= \{(1.04\times10^{-4}\ M) \times 10.0\ mL\} \div (10.0\ mL + 10.0\ \mu L)$
(10.0 mL + 10.0 μL = 10.0 mL이므로)
$= \{(1.04\times10^{-4}\ M) \times 10.0\ mL\} \div 10.0\ mL = 1.04\times10^{-4}\ M$
$[Ba^{2+}] = (1.00\ M\times10.0\ \mu L) \div 10.0\ mL = 1.00\times10^{-3}\ M$

두 이온들의 새로운 농도들이 과포화 상태를 위한 조건을 만족시키는지를 알아본 결과

$$[Ba^{2+}][SO_4^{2-}] = 1.04\times10^{-7} > 9.1\times10^{-11} \text{ (}BaSO_4(s)\text{의 } K_{sp}\text{)}$$

와 같이 과포화 조건을 만족시키므로, 침전 형성이 가능하다.

6.2 난용성 염의 용해도에 영향을 미치는 요인들

지금까지 난용성 염이 순수한 물에 대해 나타내는 몰 용해도에 관련된 사항들을 다루어 왔다. 난용성 염의 용해도는 주어진 온도에서 다양한 요인들(공통 이온, 이종 이온, 난용성 염의 양이온의 착이온 형성 반응 그리고 난용성 염의 음이온의 산-염기 반응 등)에 의한 영향을 받는다. 이제 난용성 염의 용해도에 영향을 미치는 요인들을 알아보기로 한다.

6.2.1 공통 이온 효과

공통 이온(common ion)이란 난용성 염을 이루는 성분 이온들과 동일한 이온들을 의미한다. 공통 이온이 난용성 염의 용해도에 미치는 영향(공통 이온 효과, common ion effect)은 다음과 같이 그 내용을 표현할 수 있다.

공통 이온 효과

주어진 수용액에 난용성 염을 구성하는 양이온 또는 음이온과 동일한 공통 이온이 이미 존재하고 있다면, 그 수용액에 대한 난용성 염의 용해도는 물에 대한 용해도보다 훨씬 더 낮아진다.

공통 이온 효과를 다루기 위해서는 평형에 관한 Le Chatelier's principle을 이해하고 있어야 한다.

Le Chatelier's principle

주어진 평형에 영향을 미치는 요인이 나타나면, 그 평형은 그 요인에 의한 영향을 최소화하는 방향으로 이동하여 다시 성립한다.

• **예 1**

A ⇄ C + D와 같은 평형이 성립한 상태에 외부에서 C가 첨가되면, 평형은 C의 양이 감소하는 방향으로 이동한 후 다시 성립한다. 즉, 역반응이 더 빨리 일어나면서 증가된 C의 양을 감소시키고, 그 결과 새로운 평형에서는 원래의 평형에서보다 더 많은 양의 A가 존재하게 된다.

• **예 2**

이미 C가 존재하고 있는 수용액에 A가 첨가되어 A ⇄ C + D와 같은 평형이 성립된다면, 그 평형에서 측정되는 D의 양은 용액 중에 C가 없는 경우 A의 첨가로 이루어진 평형에서 측정되는 양보다 더 적다.

예를 들어, 물과 NaCl 수용액에 대한 AgCl(s)의 용해도를 비교하면서 공통 이온 효과를 이해해 보자.

• 물에 대한 AgCl(s)의 몰 용해도

용해 평형 반응: $AgCl(s) \rightleftarrows Ag^{+}(aq) + Cl^{-}(aq)$

➜ 용해 반응인 정반응($AgCl(s) \rightarrow Ag^{+}(aq) + Cl^{-}(aq)$)의 속도와 석출 반응인 역반응 ($Ag^{+}(aq) + Cl^{-}(aq) \rightarrow AgCl(s)$)의 속도가 서로 같다.

물에 대한 AgCl(s)의 몰 용해도 = $S_{물} = [Ag^{+}] = [Cl^{-}]$

• NaCl 수용액에 대한 AgCl(s)의 몰 용해도

NaCl 수용액 속에 존재하는 Cl^{-} 이온(녹이려는 AgCl(s)의 성분 이온인 Cl^{-} 이온과는 공통 이온)은 위 반응의 역반응($Ag^{+}(aq) + Cl^{-}(aq) \rightarrow AgCl(s)$)의 속도를 더 빨라지게 한다. 더 빠른 속도로 일어나는 역반응은 Ag^{+} 이온의 양을 감소시키고, 그에 따라 그 속도가 느려지면서 다시 정반응의 속도와 같아진다. 즉, 새로운 동적 평형 상태에 도달하게 되는 것이다. 새로운 평형이 성립한 상태의 용액 속에는 다음과 같은 식이 성립한다.

$[Ag^{+}]$ = AgCl(s)에서 나온 Ag^{+} 이온의 몰농도 = $[Ag^{+}]_{AgCl(s)}$

$[Cl^{-}]$ = AgCl(s)에서 나온 Cl^{-} 이온의 몰농도 + NaCl 수용액 속 Cl^{-} 이온의 몰농도

$= [Cl^{-}]_{AgCl(s)} + [Cl^{-}]_{NaCl}$

$\Rightarrow$

$[Ag^{+}] \neq [Cl^{-}]$, $[Ag^{+}] \ll [Cl^{-}]$ (➜ $[Ag^{+}]$의 값은 아주 작아진다.)

$\Rightarrow$

AgCl(s)의 몰 용해도 = $S_{NaCl} = [Ag^{+}]_{AgCl(s)} \ll S_{물}$

• 결론

공통 이온을 함유한 NaCl 수용액에 대한 AgCl(s)의 몰 용해도(S_{NaCl})는 물에 대한 AgCl(s)의 몰 용해도($S_{물}$)보다 훨씬 더 작다.

다음의 예를 살펴보자.

예제 6-7

0.10 M NaCl 수용액에 AgCl(s)를 녹이는 경우, AgCl(s)의 몰 용해도를 구하시오. (단, AgCl(s)의 K_{sp}는 1.8×10^{-10}이다.)

풀이 NaCl 수용액에 AgCl(s)를 녹이는 경우 다음과 같은 반응들이 관련된다.

$$AgCl(s) \rightleftarrows Ag^{+}(aq) + Cl^{-}(aq) \qquad K_{sp} = [Ag^{+}][Cl^{-}] = 1.8 \times 10^{-10}$$
$$NaCl(s) \rightarrow Na^{+}(aq) + Cl^{-}(aq)$$

그리고 용액 속 각 이온들의 농도는 다음과 같다.

$[Cl^{-}]_{전체}$ = NaCl에서 나온 Cl^{-} 이온의 몰농도
+ AgCl에서 나온 Cl^{-} 이온의 몰농도
$= [Cl^{-}]_{NaCl} + [Cl^{-}]_{AgCl}$
$= (0.10 + x)$ M

$[Ag^{+}] = [Ag^{+}]_{AgCl}$
$= x$ M
= AgCl(s)의 몰 용해도

이제 AgCl(s)의 몰 용해도는 다음과 같이 구한다.

$$K_{sp} = [Ag^{+}][Cl^{-}]_{전체} = x(0.10 + x) = 1.8 \times 10^{-10}$$

그런데 $0.10 + x \fallingdotseq 0.10$ ($\because 0.10 \gg x$)와 같은 관계가 성립할 것이므로

$$x(0.10 + x) = 1.8 \times 10^{-10}$$
$$x(0.10) = 1.8 \times 10^{-10}$$

$\therefore x$ M $= [Ag^{+}]_{AgCl}$
= AgCl(s)의 몰 용해도
$= 1.8 \times 10^{-9}$ M

6.2.2 이종 이온 효과

여기서 이종 이온(diverse ion)이란 난용성 염을 이루는 성분 이온들과 다른 종류의 이온들을 의미한다. 이종 이온이 난용성 염의 용해도에 미치는 영향(이종 이온 효과, diverse ion effect)은 그 내용을 다음과 같이 표현할 수 있다.

이종 이온 효과

주어진 수용액에 난용성 염을 구성하는 양이온이나 음이온이 아닌 다른 종류의 이온들이 존재하고 있다면, 그 수용액에 대한 난용성 염의 용해도는 물에 대한 용해도보다 다소 증가한다.

예로써, 물과 KNO_3 수용액에 대한 AgCl(s)의 용해도를 비교하면서 공통 이온 효과를 이해해 보자.

- 물에 대한 AgCl(s)의 몰 용해도

  용해 평형 반응: $AgCl(s) \rightleftarrows Ag^+(aq) + Cl^-(aq)$

  ➜ 용해 반응인 정반응($AgCl(s) \rightarrow Ag^+(aq) + Cl^-(aq)$)의 속도와 석출 반응인 역반응 ($Ag^+(aq) + Cl^-(aq) \rightarrow AgCl(s)$)의 속도가 서로 같다.

  물에 대한 AgCl(s)의 몰 용해도 = $S_{물} = [Ag^+] = [Cl^-]$

- KNO_3 수용액에 대한 AgCl(s)의 몰 용해도

  KNO_3 수용액에 존재하는 K^+ 이온과 NO_3^- 이온(녹이려는 AgCl(s)의 성분 이온들과 다른 종류의 이온들)은 위 반응에서 생겨난 Ag^+ 이온 그리고 Cl^- 이온과의 정전기적 상호작용(electrostatic interaction)을 일으키며 Ag^+ 이온과 Cl^- 이온의 주위에 몰려든다.

  K^+ 이온들이 주위를 둘러싼 Cl^- 이온과 NO_3^- 이온들이 주위를 둘러싼 Ag^+ 이온은 그 반응 능력들이 감소하며, 그에 따라 역반응($Ag^+(aq) + Cl^-(aq) \rightarrow AgCl(s)$)의 속도가 정반응의 속도보다 더 느려진다. 즉, AgCl(s)의 용해 반응이 더 빠른 속도로 일어나므로 용액 속에는 더 많은 양의 Ag^+ 이온과 Cl^- 이온들이 생겨나게 된다.

  하지만 시간이 지남에 따라 반응 능력은 감소하지만 더 많은 양이 만들어진 Ag^+ 이온과 Cl^- 이온 사이의 역반응의 속도 역시 충분히 빨라지게 되고, 그 결과 정반응의 속도와 역반응의 속도가 다시 같아지는 새로운 평형에 도달한다. 그러나 새로운 평형에서 용액 속에 존재하는 Ag^+ 이온과 Cl^- 이온들의 양은 순수한 물에 AgCl(s)이 녹아 이루어진 평형에서의 Ag^+ 이온과 Cl^- 이온들의 양보다 더 많다.

- 결론

  이종 이온들을 함유하는 KNO_3 수용액에 대한 AgCl(s)의 몰 용해도(S_{KNO_3})는 물에 대한 AgCl(s)의 몰 용해도($S_{물}$)보다 다소 더 커진다.

다음의 예를 살펴보자.

예제 6-8

$BaSO_4(s)$를 같은 농도의 $LaCl_3$, $MgCl_2$ 그리고 KCl 수용액에 녹이는 경우, (a) $BaSO_4(s)$의 용해도가 증가하는 순서로 수용액들을 나열하시오. 그리고 (b) 그에 대한 이유도 제시하시오.

풀이 (a) 순서

$LaCl_3$ 수용액 (La^{3+}, $3Cl^-$)
$MgCl_2$ 수용액 (Mg^{2+}, $2Cl^-$)
KCl 수용액 (K^+, Cl^-)

(b) 이유

다음과 같은 $BaSO_4(s)$의 용해 반응

$$BaSO_4(s) \rightleftarrows Ba^{2+}(aq) + SO_4^{2-}(aq)$$

에서의 역반응의 속도를 감소시킬 수 있는 이종 이온들의 전하의 크기가 커지거나 이온의 수가 많아지면, 그 영향력이 증가한다.
따라서 전하의 크기가 가장 큰 La^{3+} 이온과 가장 많은 수의 Cl^- 이온들을 함유하는 $LaCl_3$ 수용액에서 $BaSO_4(s)$의 용해도가 가장 높아진다. 이와는 반대로 전하의 크기가 가장 작은 K^+ 이온과 가장 적은 수의 Cl^- 이온들을 함유하는 KCl 수용액에서 $BaSO_4(s)$의 용해도가 가장 낮다.

그렇다면, 만일 같은 양의 공통 이온과 이종 이온들이 존재하는 용액에 대한 AgCl(s)의 용해도는 물에 대한 용해도에 비해 어떻게 달라질 것인가? 이에 대한 답은 다음과 같다.

공통 이온 효과와 이종 이온 효과의 동시 작용

사실 앞의 NaCl 수용액에 대한 AgCl(s)의 용해도를 알아보는 과정에서는 공통 이온인 Cl^- 이온에 의한 공통 이온 효과만을 다루었다. 그러나 NaCl 수용액에는 Cl^- 이온과 같은 양의 Na^+ 이온(이종 이온)도 존재하고 있었다. 그럼에도 불구하고 Na^+ 이온에 의한 이종 이온 효과를 다루지 않은 이유는 무엇일까? 그 이유는 일반적으로 동일한 양의 공통 이온과 이종 이온에 의한 효과를 살펴보면, 이종 이온 효과는 공통 이온 효과에 비해 난용성 염의 용해도에 미치는 영향이 훨씬 더 적게 나타나기 때문이다. 공통 이온 효과가 이종 이온 효과보다 훨씬 더 크게 나타나는 이유는 학생들 각자가 알아보기로 한다.

힌트: 동일한 수의 공통 이온들과 이종 이온들이 용해도에 영향을 미치는 과정이 서로 어떻게 다른지를 생각해 보자.

6.2.3 난용성 염의 음이온이 염기로 행동하는 효과

AgCl(s)과 같은 난용성 염이 녹아 생겨나는 Cl^- 이온은 강한 일양성자산인 HCl의 짝염기이다. 그러나 HCl이 매우 강한 산이므로, 그 짝염기인 Cl^- 이온은 수용액에서 거의 염기로 행동할 수 없다.

그러나 AgCN(s)과 같은 난용성 염이 녹아 생겨나는 CN^- 이온은 약한 일양성자산인 HCN의 짝염기이므로, CN^- 이온은 수용액에서 약한 염기로 행동할 수 있다. 다시 말해 CN^- 이온은 물과 산-염기 반응($CN^- + H_2O \rightleftarrows HCN + OH^-$)을 일으킬 수 있으며, 그에 따라 CN^- 이온이 사라지면서 AgCN(s)의 용해 반응($AgCN(s) \rightleftarrows Ag^+ + CN^-$)에 영향을 미쳐 AgCN(s)의 용해도가 증가한다.

난용성 염의 음이온이 수용액에서 염기로 작용하는 경우, 그 염을 녹이려는 수용액이 산성으로 변할수록 그 염의 용해도가 증가한다. 다음의 예를 살펴보자.

예제 6-9

(a) pH = 5.00인 완충 용액 그리고
(b) pH = 9.00인 완충 용액에 대한 AgCN(s)의 몰 용해도를 구하시오.
(단, AgCN(s)의 $K_{sp} = 2.2\times10^{-16}$, $K_b = 6.2\times10^{-10}$)

풀이 AgCN(s)의 용해 반응과 CN^- 이온의 산-염기 반응은 다음과 같이 표현한다.

$$AgCN(s) \rightleftarrows Ag^+(aq) + CN^-(aq)$$
$$K_{sp} = [Ag^+][CN^-] = 2.2\times10^{-16}$$
$$CN^-(aq) + H_2O(l) \rightleftarrows HCN(aq) + OH^-(aq)$$
$$K_b = \frac{[HCN][OH^-]}{[CN^-]} = 6.2\times10^{-10}$$

순수한 물에 AgCN(s)이 녹아 들어가면, AgCN(s)의 용해 반응에서 생겨난 이온은 H_2O와의 산-염기 반응으로 사라진다. 그 결과 AgCN(s)의 용해 반응이 더 진행되면서 더 많은 양의 Ag^+ 이온과 CN^- 이온을 만들어낸다. 추가로 생겨나는 CN^- 이온은 다시 물과의 산-염기 반응으로 사라진다. 이러한 현상은 다시 용해 반응을 더 일으키면서 더 많은 양의 Ag^+ 이온과 CN^- 이온을 만들어낸다.
이러한 반복은 CN^- 이온의 산-염기 반응이 평형에 도달하면서 끝이 나고, AgCN(s)의 용해 반응도 평형에 도달한다. 이 경우 수용액 속 Ag^+ 이온의 몰농도가 AgCN(s)의 몰 용해도가 된다.
그러나 주어진 pH의 완충 용액에 AgCN(s)이 녹아들어 가면, CN^- 이온의 산-염기 반응은 그 진행 정도가 완충 용액의 pH에 의해 결정된다.

(a) pH = 5.00인 완충 용액에 대한 AgCN(s)의 몰 용해도는 다음과 같다.

$$[H^+] = 1.0\times10^{-5}\ M$$

$$[OH^-] = \frac{K_w}{[H^+]}$$
$$= (1.0\times10^{-14}) \div (1.0\times10^{-5})$$
$$= 1.0\times10^{-9}\ M = [HCN]$$

$$[CN^-] = \frac{[HCN][OH^-]}{(6.2\times10^{-10})}$$
$$= (1.0\times10^{-9})^2 \div 6.2\times10^{-10}$$
$$= 1.6\times10^{-9}\ M$$

∴ 용해도 $= [Ag^+]$
$$= \frac{K_{sp}}{[CN^-]} = (2.2\times10^{-16}) \div (1.6\times10^{-9}) = 1.4\times10^{-7}\ M$$

(b) pH = 9.00인 완충 용액에 대한 AgCN(s)의 몰 용해도는 다음과 같다.

$$[H^+] = 1.0\times10^{-9}\ M$$

$$[OH^-] = \frac{K_w}{[H^+]}$$
$$= (1.0\times10^{-14}) \div (1.0\times10^{-9})$$
$$= 1.0\times10^{-5}\ M = [HCN]$$

$$[CN^-] = \frac{[HCN][OH^-]}{K_b}$$
$$= (1.0\times10^{-5})^2 \div 6.2\times10^{-10} = 0.16$$

∴ 용해도 $= [Ag^+]$
$$= \frac{K_{sp}}{[CN^-]}$$
$$= (2.2\times10^{-16}) \div (0.16)$$
$$= 1.4\times10^{-15}\ M$$

예제 6-10

(a) pH = 5.00인 완충 용액 그리고

(b) pH = 9.00인 완충 용액에 대한 $Mg(OH)_2(s)$의 몰 용해도를 구하시오.

(단, $Mg(OH)_2(s)$의 K_{sp} = 1.0×10^{-13}이다.)

풀이 $Mg(OH)_2(s)$의 용해 반응과 K_{sp}는 다음과 같이 표현한다.

$$Mg(OH)_2(s) \rightleftarrows Mg^{2+}(aq) + 2OH^-(aq)$$

$$K_{sp} = [Mg^{2+}][OH^-]^2 = 1.0\times10^{-13}$$

이와 같은 용해 반응은 그 진행 정도가 완충 용액의 pH (또는 $[OH^-]$)에 의해 결정되며, Mg^{2+} 이온의 몰농도가 몰 용해도이다.

(a) pH = 5.00인 완충 용액에 대한 $Mg(OH)_2(s)$의 몰 용해도

$$[H^+] = 1.0\times10^{-5}\ M$$

$$[OH^-] = \frac{K_w}{[H^+]} = (1.0\times10^{-14}) \div (1.0\times10^{-5}) = 1.0\times10^{-9}\ M$$

$$\therefore \text{용해도} = [Mg^{2+}]$$

$$= \frac{K_{sp}}{[OH^-]^2} = (1.0\times10^{-13}) \div (1.0\times10^{-9})^2 = 1.0\times10^{5}\ M$$

예제 6-11

pH가 9.00인 완충 용액에 대한 $CaCO_3(s)$(탄산 칼슘, calcium carbonate)의 용해도를 구하시오. (단, H_2CO_3의 K_{a1} = 4.4×10^{-7}, K_{a2} = 4.7×10^{-11} 그리고 $CaCO_3(s)$의 K_{sp} = 4.5×10^{-9}이다.)

풀이 $CaCO_3(s)$의 용해 반응 생성물들 중 CO_3^{2-} 이온은 물과의 산-염기 반응을 통해 중탄산 이온(bicarbonate ion, HCO_3^- 이온)으로 변할 수 있으며, HCO_3^- 이온은 다시 물과의 산-염기 반응을 통하여 탄산(carbonic acid, H_2CO_3)으로 변한다.

$CaCO_3(s)$의 용해 반응이 평형에 도달하여 일정한 양의 Ca^{2+} 이온과 CO_3^{2-} 이온이 형성되면, CO_3^{2-} 이온은 HCO_3^- 이온과 H_2CO_3로 변하며 $CaCO_3(s)$의 용해 평형은 깨어지면서 $CaCO_3(s)$의 용해는 지속된다. $CaCO_3(s)$의 용해에 의해 생성된 Ca^{2+} 이온과 CO_3^{2-} 이온들에 의해 $CaCO_3(s)$의 용해 반응이 다시 평형에 도달하여도 CO_3^{2-} 이온은 또다시 HCO_3^- 이온이나 H_2CO_3로 변화하고 $CaCO_3(s)$의 용해 평형은 다시 깨어진다.

이러한 반복은 CO_3^{2-} 이온이 HCO_3^- 이온과 H_2CO_3로 변하는 산-염기 반응들이

평형에 도달하여 CO_3^{2-} 이온의 양이 일정한 수준을 유지할 수 있을 때까지 계속된다. HCO_3^- 이온이나 H_2CO_3의 생성 반응들이 평형에 도달하면, CO_3^{2-} 이온의 양도 더 이상 변하지 않고 일정한 수준을 유지할 수 있게 되고 $CaCO_3(s)$의 용해 반응도 진정한 평형 상태에 도달하게 되는 것이다.

이와 같은 경우 용액 속의 Ca^{2+} 이온과 CO_3^{2-} 이온의 농도는 서로 다르며, Ca^{2+} 이온의 농도가 바로 $CaCO_3(s)$의 용해도가 된다. 이처럼 2차적인 산-염기 반응을 수반하는 $CaCO_3(s)$의 용해 반응의 경우에도 그 진행 정도는 $CaCO_3(s)$이 녹아 들어 가는 용액의 액성에 의해 달라지는데, 만일 그 용액이 완충 용액인 경우에는 그 용액의 pH에 의해 산-염기 반응의 진행 정도가 좌우되므로 $CaCO_3(s)$의 몰 용해도 역시 완충 용액의 pH에 의해 달라질 수 있다.

즉, 다음과 같은 반응들

- $CaCO_3(s)$의 용해 반응

  $CaCO_3(s) \rightleftarrows Ca^{2+}(aq) + CO_3^{2-}(aq) \qquad [Ca^{2+}][CO_3^{2-}] = K_{sp}$

- CO_3^{2-} 이온과 물 사이의 산-염기 반응

  $CO_3^{2-}(aq) + H_2O(l) \rightleftarrows HCO_3^-(aq) + OH^-(aq)$

  $$\frac{[HCO_3^-][OH^-]}{[CO_3^{2-}]} = K_{b1} = \frac{K_w}{K_{a2}} = 2.1\times10^{-4}$$

- HCO_3^- 이온과 물 사이의 산-염기평형

  $HCO_3^-(aq) + H_2O(l) \rightleftarrows H_2CO_3(aq) + OH^-(aq)$

  $$\frac{[H_2CO_3][OH^-]}{[HCO_3^-]} = K_{b2} = \frac{K_w}{K_{a1}} = 2.3\times10^{-8}$$

- 물의 자체양성자이전반응

  $H_2O(l) + H_2O(l) \rightleftarrows H_3O^+(aq) + OH^-(aq)$

  $K_w = [H_3O^+][OH^-] = 1.0\times10^{-14}$

에 의해 다음과 같은 결과가 얻어진다.

$$CaCO_3(s)\text{의 몰 용해도} = S = [Ca^{2+}] \neq [CO_3^{2-}]$$

그러나 질량 균형(mass balance: 주어진 화학 반응 이후 새롭게 생겨나거나 남은 모든 화학종들의 농도 합은 그 화학 반응이 일어나기 전 초기 화학종의 농도와 같다)에 근거하여 다음과 같은 식이 성립할 수 있다.

$$[CO_3^{2-}]_{\text{초기}} = [CO_3^{2-}] + [HCO_3^-] + [H_2CO_3]$$

따라서 탄산 칼슘의 용해도는 다음과 같이 표현할 수 있으며,

$$용해도 = S = [Ca^{2+}] = [CO_3^{2-}]_{초기} = [CO_3^{2-}] + [HCO_3^-] + [H_2CO_3]$$

이 식은 위 산-염기 반응의 평형 상수의 표현식들을 사용하여 다음과 같이 바꾸어 표현할 수 있다.

$$몰\ 용해도 = S = [Ca^{2+}]$$

$$= [CO_3^{2-}] + \frac{[CO_3^{2-}]K_{b1}}{[OH^-]} + \frac{[CO_3^{2-}]K_{b1}K_{b2}}{[OH^-]^2}$$

완충 용액의 pH가 9.00이면, $[OH^-] = 1.0\times10^{-5}$ M이므로 이 값을 대입하면,

$$S = [CO_3^{2-}] + \frac{[CO_3^{2-}] \times (2.1\times10^{-4})}{[OH^-]} + \frac{[CO_3^{2-}] \times (2.1\times10^{-4}) \times (2.3\times10^{-8})}{[OH^-]^2}$$

$$= [CO_3^{2-}] + \frac{[CO_3^{2-}] \times (2.1\times10^{-4})}{(1.0\times10^{-5})} + \frac{[CO_3^{2-}] \times (2.1\times10^{-4}) \times (2.3\times10^{-8})}{(1.0\times10^{-5})^2}$$

$$= [CO_3^{2-}] + 21[CO_3^{2-}] + 0.0483[CO_3^{2-}]$$

$$= (1 + 21 + 0.0483)[CO_3^{2-}]$$

$$= 22.0483[CO_3^{2-}] \Rightarrow [CO_3^{2-}] = \frac{S}{22.0483}$$

이제 $CaCO_3(s)$의 K_{sp}를 사용하여 $CaCO_3(s)$의 몰 용해도를 구한다.

$$[Ca^{2+}][CO_3^{2-}] = (S) \times (\frac{S}{22.0483}) = K_{sp} = 4.5\times10^{-9}$$

$$\therefore S = 3.1\times10^{-4}\ M$$

6.2.4 난용성 염의 양이온의 착물화 반응 효과

◎ 난용성 염의 양이온이 수용액 중 다른 화학종과 착물화 반응을 일으키는 경우

주어진 난용성 염의 양이온이 수용액 속 화학종과 착이온(complex ion)을 형성하면, 그 염의 용해도는 증가한다. 다음의 예를 살펴보자. 그러나 다음의 예에서는 착물화 반응을 다루므로, 차후 다룰 예정인 착물화 반응에 관한 지식을 얻은 후, 다시 돌아와 다음의 예를 다루는 것이 더 바람직하다.

예제 6-12

NH_3 수용액에 대한 $AgCl(s)$의 용해도를 구하시오. (단, $Ag(NH_3)^+$의 K_{f1} = 2.0×10^3이고 $Ag(NH_3)_2{}^+$의 $K_{f2} = 8.0\times10^3$ 그리고 $AgCl(s)$의 $K_{sp} = 1.8\times10^{-10}$이며, 착이온 형성 반응이 종료된 후 용액 속 NH_3의 평형 농도는 0.010 M이다.)

풀이 $AgCl(s)$이 녹아 생성된 이온들 중에서 Ag^+ 이온은 용액 속에 존재하는 암모니아와의 착화합물 형성 반응에 의해 $Ag(NH_3)^+$ 착이온과 $Ag(NH_3)_2{}^{2+}$ 착이온의 형태로 변한다.

따라서 $AgCl(s)$의 용해 평형은 깨어지고 $AgCl(s)$의 용해는 지속된다. 새롭게 생성된 Ag^+ 이온과 Cl^- 이온에 의해 AgCl의 용해 반응은 다시 평형에 도달할 수는 있지만, Ag^+ 이온과 NH_3 사이의 반응들에 의해 그 평형은 다시 깨어진다. 이러한 현상은 Ag^+ 이온과 NH_3 사이의 착이온 형성 반응들이 평형에 도달할 때까지 지속된다. 모든 반응들이 평형에 도달한 시점에서 $AgCl(s)$의 몰 용해도(S)는 용액 속 Cl^- 이온의 농도가 된다.

$$AgCl(s) \rightleftarrows Ag^+(aq) + Cl^-(aq)$$

$$AgCl(s)\text{의 } K_{sp} = [Ag^+][Cl^-] = 1.8\times10^{-10}$$

$$Ag^+(aq) + NH_3(aq) \rightleftarrows Ag(NH_3)^+(aq)$$

$$K_{f1} = \frac{[Ag(NH_3)^+]}{[Ag^+][NH_3]} = 2.0\times10^3$$

$$Ag(NH_3)^+(aq) + NH_3(aq) \rightleftarrows Ag(NH_3)_2{}^+(aq)$$

$$K_{f2} = \frac{[Ag(NH_3)_2{}^{2+}]}{[Ag(NH_3)^+][NH_3]} = 8.0\times10^3$$

$$AgCl(s)\text{의 용해도} = S = [Cl^-] = [Ag^+] + [Ag(NH_3)^+] + [Ag(NH_3)_2{}^+]$$

이제 $[Ag(NH_3)^+]$와 $[Ag(NH_3)_2{}^+]$는 위의 K_{f1}과 K_{f2}의 표현식들을 사용하여 각각 $[Ag^+]$의 항들로 바꾸어 표현하면 다음과 같다.

$$S = [Ag^+] + [Ag^+][NH_3](2.0\times10^3) + [Ag^+][NH_3]^2(2.0\times10^3)(8.0\times10^3)$$

$$= [Ag^+] + 20[Ag^+] + 1.6\times10^2[Ag^+] = (1 + 20 + 1600)[Ag^+]$$

$$= 1621[Ag^+]$$

$$[Ag^+] = \frac{S}{1621}$$

여기서 얻은 $[Ag^+]$와 $AgCl(s)$의 용해도(S) 사이의 관계를 사용하여 다음과 같이 $AgCl(s)$의 용해도를 구한다.

$$[Ag^+][Cl^-] = (\frac{S}{1621}) \times (S) = K_{sp} = 1.8\times10^{-10}$$

$$\therefore S = 5.4\times10^{-4} \text{ M}$$

◎ 난용성 염의 양이온이 함께 침전을 이루는 음이온과 착물화 반응을 일으키는 경우

난용성 염의 양이온이 같은 염의 음이온과 착화합물들을 형성하는 경우에도 그 염의 용해도는 증가한다.

예로써, NaCl 수용액에 대한 AgCl(s)의 용해도를 구하는 경우에는 다음과 같은 착화합물들의 형성을 고려해 주어야 하며, 이와 같은 착화합물들이 형성되는 환경에서는 AgCl(s)의 물에 대한 용해도보다 더 증가한다.

$Ag^+ + Cl^- \rightleftarrows AgCl$(분자 형태)	AgCl의 $K_f = \frac{[AgCl]}{[Ag^+][Cl^-]}$
$AgCl + Cl^- \rightleftarrows AgCl_2^-$	$AgCl_2^-$의 $K_f = \frac{[AgCl_2^-]}{[AgCl][Cl^-]}$
$AgCl_2^- + Cl^- \rightleftarrows AgCl_3^{2-}$	$AgCl_3^{2-}$의 $K_f = \frac{[AgCl_3^{2-}]}{[AgCl_2^-][Cl^-]}$
$AgCl_3^{2-} + Cl^- \rightleftarrows AgCl_4^{3-}$	$AgCl_4^{3-}$의 $K_f = \frac{[AgCl_4^{3-}]}{[AgCl_3^{2-}][Cl^-]}$

여기서 AgCl(s)의 용해도 (S)는 다음과 같이 표현된다.

$$\mathbf{S = [Cl^-] = [Ag^+] + [AgCl] + [AgCl_2^-] + [AgCl_3^{2-}] + [AgCl_4^{3-}]}$$

이제 AgCl(s)의 몰 용해도를 구할 수 있다.

다음은 수용액 속 Cl^- 이온의 농도 변화에 따라 AgCl(s)의 용해도가 어떤 형태로 변하는 지를 보여준다.

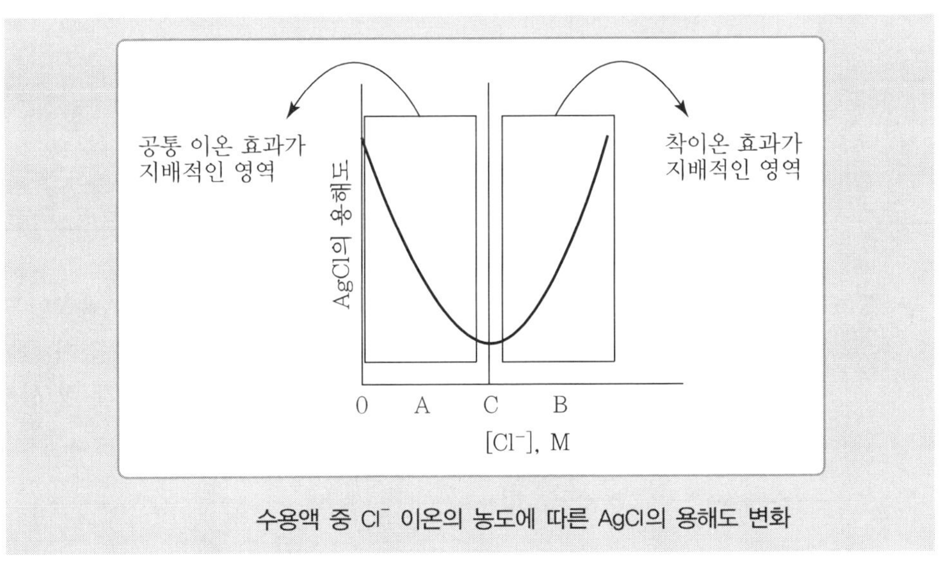

수용액 중 Cl^- 이온의 농도에 따른 AgCl의 용해도 변화

$[Cl^-] = 0$ M인 곳에서의 AgCl의 용해도는 바로 순수한 물에 대한 용해도이다. $[Cl^-]_{NaCl}$의 값이 증가하면서 공통 이온 효과가 지배적으로 등장하여 AgCl의 용해도는 급격히 감소하기 시작(A영역의 전반부)한다.

그러나 $[Cl^-]_{NaCl}$의 값이 어느 수준을 넘어서면, 공통 이온 효과와 더불어 착이온 형성 효과가 나타나기 시작하면서 AgCl의 용해도는 다시 완만하게 증가하기 시작하며(B영역의 전반부), 결국 착이온 형성 효과가 지배적으로 나타나기 시작하면서 AgCl 용해도는 급격하게 증가하는 양상을 보이게(B영역의 후반부)된다.

0.010 M $AgNO_3$ 용액 200 mL에 NaCl 포화 용액을 조금씩 가하면 흰색 AgCl 침전이 형성되는 모습을 볼 수 있지만, NaCl 용액을 많이 가하면 흰색 AgCl 침전이 사라지면서 용액은 맑게 변한다.

6.3 침전과 침전법에 의한 무게 분석

6.3.1 수용액에서 침전 반응에 의해 석출되기 쉬운 염

주어진 온도의 수용액에서 다양한 종류의 양이온들과 음이온들은 서로 결합하는 침전 반응(precipitation reaction)에 의해 난용성 염으로 석출될 수 있으며, 이렇게 수용액에서 석출된 난용성 염을 침전(precipitate)라 부른다.

일반적으로 NaCl(s)과 같이 물에 대한 용해도가 높은 염(물에 가용성인 염)들은 수용액에서의 침전 반응에 의해 생겨나기 매우 힘들지만, AgCl(s)과 같이 물에 대한 용해도가 아주 낮은 난용성인 염들은 수용액에서의 침전 반응에 의해 잘 생겨난다.

6.3.2 상대 과포화도와 폰 바이만 비

주어진 수용액에서 침전을 얻으려면 그 수용액은 침전을 이룰 성분 이온들에 의해 과포화 상태를 이루어야 하지만, 큰 입자의 침전을 얻으려면 수용액의 상대 과포화도는 낮게 조절해야 한다. 다음은 수용액의 상대 과포화도와 침전 입자의 크기 사이의 관계를 보여주는 폰 바이만 비(von Weimarn ratio)를 소개하고 있다.

von Weimarn ratio

$$\text{수용액의 상대 과포화도} = \frac{(Q - S)}{S} = \frac{k}{d}$$

여기서

Q: 과포화 상태에서 용질의 농도, S: 포화 상태에서 용질의 농도

d: 침전 입자의 지름, k: 비례 상수

⇒ 수용액의 상대 과포화도가 낮아지면, 큰 입자들로 이루어진 침전을 얻을 수 있다. 또는 큰 입자들로 이루어진 침전을 얻으려면, 수용액의 상대 과포화도가 낮아야 한다.

6.3.3 균일 침전

크고 균일한 입자의 침전을 얻기 위해서는 수용액의 상대 과포화도를 낮게 유지시키는 작업이 필요함과 동시에 그러한 낮은 상대 과포화도가 수용액 전체에 고르게 분포되게 해야 한다. 그러나 두 가지 수용액들을 물리적으로 섞어주는 방법은 국부적으로 상대 과포화도가 높은 상태가 조성되는 현상을 방지할 수가 없다. 따라서 용액의 전체에 걸쳐서 낮고 균일한 상대 과포화도를 이루기 위해서 균일 침전(homogeneous precipitation)이라는 기법을 사용한다.

◎ 침전제의 생성

침전제를 외부에서 가하지 않고 수용액 자체에서 서서히 일어나는 화학 반응에 의해 침전제가 용액 전체에서 균일하게 그리고 서서히 생성되게 한다. 예를 들어 Ba^{2+} 이온 수용액에 H_3NSO_3(sulfamic acid)를 첨가한 후 가열해 주면, 다음과 같은 화학 반응이 일어나면서 SO_4^{2-} 이온들이 생겨난다.

$$H_3NSO_3 + H_2O \xrightarrow{\text{가열}} NH_4^+ + SO_4^{2-} + H^+$$

◎ 염기의 생성

주어진 수용액의 액성을 산성에서 염기성 쪽으로 바꾸어 주는 경우에도, 그 수용액에 염기 수용액을 직접 첨가하지 않고 수용액 내부에서 서서히 일어나는 화학 반응에 의해 염기가 수용액 전체에 걸쳐 균일하고 서서히 생성되게 하는 방법을 사용한다. 다음의 예를 살펴보자.

요소(urea)의 가수분해반응을 사용하는 $CaC_2O_4(s)$ 침전 얻기

Ca^{2+} 이온 수용액을 산성 용액으로 만들고 $C_2O_4^{2-}$ 이온 수용액을 첨가하여 섞어준 후 ($C_2O_4^{2-}$ 이온은 산성 용액에서 $H_2C_2O_4$의 형태로 바뀌어 존재하므로, Ca^{2+} 이온과 침전 반응을 일으키지 않음), 요소를 첨가하여 가열하면, 요소는 느린 가수분해반응을 통해 NH_3를 만들어 낸다. NH_3는 수용액에서 OH^- 이온을 만들어 내면서 용액을 서서히 염기성으로 변화시킨다. 수용액이 염기성이 되면, $C_2O_4^{2-}$ 이온이 다시 생겨나고, Ca^{2+} 이온과 반응하여 $CaC_2O_4(s)$ 침전을 이룬다.

$$(NH_2)_2CO + 3H_2O \xrightarrow{\text{가열}} 2NH_4^+ + CO_2(\uparrow) + 2OH^-$$
$$2OH^- + H_2C_2O_4 \rightarrow C_2O_4^{2-} + 2H_2O$$
$$Ca^{2+} + C_2O_4^{2-} \rightleftarrows CaC_2O_4(s)$$

6.3.4 침전 반응

◎ 침전 반응식

가. 분자 반응식

주어진 침전 반응에 관련된 모든 화학종들의 화학식을 그대로 표기한다.

| $AgNO_3(aq) + NaCl(aq) \rightleftarrows AgCl(s) + NaNO_3(aq)$

나. 이온 반응식

주어진 침전 반응에 관련된 모든 화학종들 중에서 이온으로 존재하는 것들은 이온으로 표기한다.

| $Ag^+(aq) + NO_3^-(aq) + Na^+(aq) + Cl^-(aq) \rightleftarrows AgCl(s) + Na^+(aq) + NO_3^-(aq)$

다. 알짜 이온 반응식

주어진 침전 반응에 직접적으로 참여한 화학종들만으로 반응식을 표기한다.

| $Ag^{+}(aq) + Cl^{-}(aq) \rightleftharpoons AgCl(s)$

$Ag^{+}(aq)$, $Cl^{-}(aq)$: 알짜 이온(실제로 반응에 참여한 이온)
$NO_3^{-}(aq)$, $Na^{+}(aq)$: 구경꾼 이온(반응 전후 아무런 변화가 일어나지 않은 이온)

◎ 침전 반응의 활용

가. 단일 양이온 또는 음이온에 대한 정성 분석

침전 반응은 수용액 중에 존재하는 양이온이나 음이온의 확인에 활용될 수 있다. 다음은 수용액 중 Pb^{2+} 이온과 Cl^{-} 이온에 대한 정성 분석을 위한 침전 반응이다.

$Pb^{2+}(aq) + CrO_4^{2-}(aq) \rightleftharpoons PbCrO_4(s, yellow)$
납 이온 함유 수용액에 크로뮴산 이온 함유 수용액을 첨가하면, 노란색 크로뮴산 납 침전이 얻어진다.

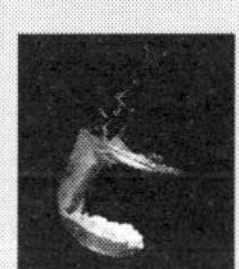

$Cl^{-}(aq) + Ag^{+}(aq) \rightleftharpoons AgCl(s, white)$
염화 이온 함유 수용액에 은 이온 함유 수용액을 첨가하면, 흰색 침전이 얻어진다.

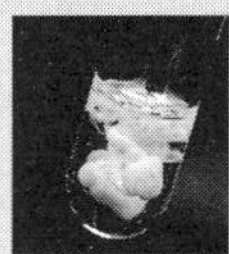

나. 양이온 혼합물 또는 음이온 혼합물에 대한 정성 분석

침전 반응을 사용하면 주어진 수용액에 두 가지 이상이 양이온 또는 음이온들이 함유되어 있는 경우 그 이온들의 종류를 확인할 수 있다.

■ **은 이온(Ag^{+}), 수은(I) 이온(Hg_2^{2+}) 그리고 납 이온(Pb^{2+})을 함유하는 시료 용액에 대한 계통적 정성 분석**

① 1단계

은 이온(Ag^{+}), 수은(I) 이온(Hg_2^{2+}) 그리고 납 이온(Pb^{2+})을 함유한 시료 용액에 6 M HCl 수용액을 첨가하고 가열하면, AgCl과 Hg_2Cl_2가 혼합된 흰색 침전이 만들어진다. 침전 위 상층 액에는 Pb^{2+} 이온이 함유되어 있다.

※ 즉, 이 단계에서 흰색 침전이 얻어진다는 것은 시료 용액 중에 Ag^{+} 이온이나 Hg_2^{2+} 이온 또는 두 이온들이 모두 다 존재함을 의미한다.

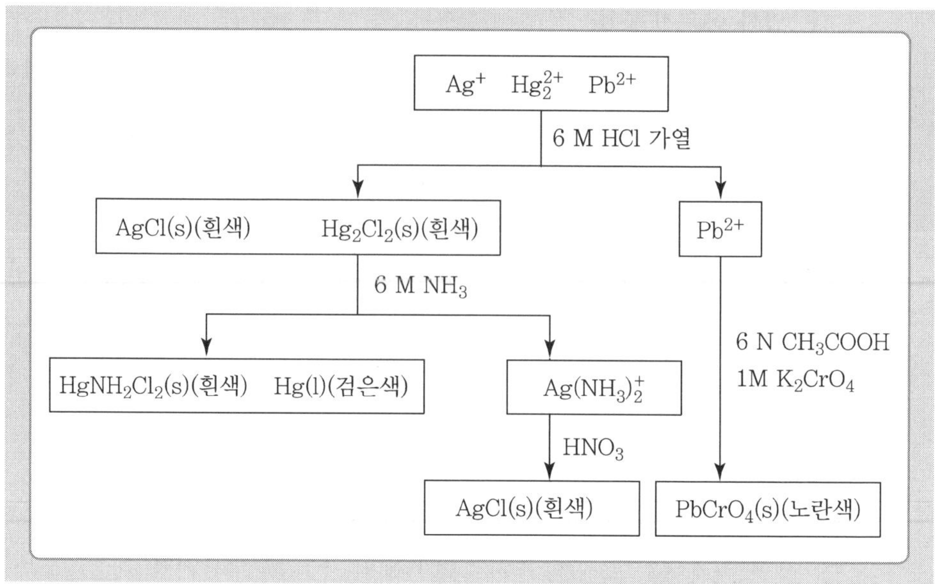

② 2단계

1단계에서 얻은 침전 부분을 분리하여 6 M NH_3 수용액을 첨가하면, 흰색 $HgNH_2Cl_2$와 검은색 Hg이 섞인 검회색 침전이 얻어진다. 이때 상층 액에는 Ag^+ 이온이 변하여 만들어진 $Ag(NH_3)^{2+}$ 착이온이 녹아 있다.

※ 즉, 이 단계에서 원래의 흰색 침전이 검회색 침전으로 변한다는 것은 시료 용액 중에 Hg_2^{2+} 이온이 함유되어 있었다는 것을 의미한다.

③ 3단계

2단계에서 얻은 상층 액에 6 M HNO_3를 첨가하여 산성 수용액으로 만들어주면, 흰색 AgCl 침전이 만들어진다,

※ 이 단계에서 투명한 수용액으로부터 흰색의 침전이 나타난다는 것은 시료 용액 속에 Ag^+ 이온이 존재하였음을 의미한다.

④ 4단계

1단계에서 분리한 상층 액에 6 M CH_3COOH를 첨가하여 수용액을 약한 산성으로 만들어주면서 1 M K_2CrO_4 수용액을 섞어주면, 노란색 $PbCrO_4$ 침전이 만들어진다.

※ 이 단계에서 투명한 수용액으로부터 노란색 침전이 나타난다는 것은 시료 용액 속에 Pb^{2+} 이온이 존재하였음을 의미한다.

■ **인산 이온(PO_4^{3-}), 탄산 이온(CO_3^{2-}), 황산 이온(SO_4^{2-}), 염화 이온(Cl^-) 그리고 아이오딘화 이온(I^-)을 함유하는 시료 용액에 대한 계통적 정성 분석**

① 1단계

인산 이온(PO_4^{3-}), 탄산 이온(CO_3^{2-}), 황산 이온(SO_4^{2-}), 염화 이온(Cl^-) 그리고 아이오딘화 이온(I^-)을 함유하는 시료 용액에 1 M $Ba(NO_3)_2$ 수용액을 첨가하면, $Ba_3(PO_4)_2$, $BaCO_3$, 그리고 $BaSO_4$가 섞인 흰색 침전이 얻어진다. 투명한 상층 액에는 Cl^- 이온과 I^- 이온이 존재한다.

※ 이 단계에서 흰색 침전이 얻어진다는 것은 시료 용액 중에 PO_4^{3-} 이온과 CO_3^{2-} 이온, SO_4^{2-} 이온 중 한 가지 이상의 이온이 들어 있었다는 것을 의미한다.

② 2단계

1단계에서 얻은 침전 부분을 분리하여 6 M NH_3 수용액을 첨가하면, 흰색 $HgNH_2Cl_2$와 검은색 Hg이 섞인 검회색 침전이 얻어진다. 이때 상층 액에는 Ag^+ 이온이 변하여 만들어진 $Ag(NH_3)^{2+}$ 착이온이 녹아 있다.

※ 이 단계에서 원래의 흰색 침전이 검회색 침전으로 변한다는 것은 시료 용액 중에 Hg_2^{2+} 이온이 함유되어 있었다는 것을 의미한다.

③ 3단계

2단계에서 얻은 상층 액에 6 M HNO_3를 첨가하여 산성 수용액으로 만들어주면, 흰색 AgCl 침전이 만들어진다.

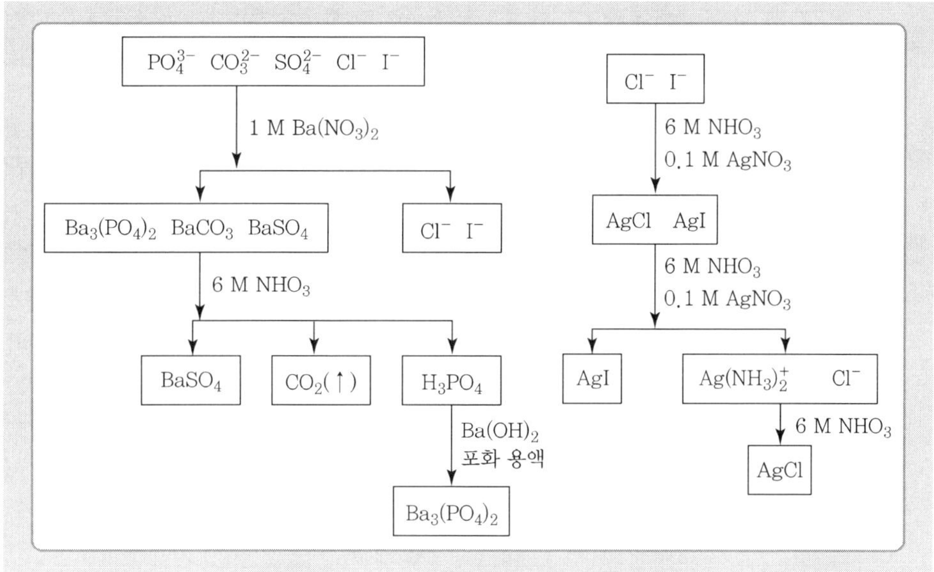

※ 이 단계에서 투명한 수용액으로부터 흰색의 침전이 나타난다는 것은 원래 시료 용액 속에 Ag^{+} 이온이 존재하였음을 의미한다.

④ 4단계

1단계에서 분리한 상층 액에 6 M CH_3COOH를 첨가하여 수용액을 약한 산성으로 만들어주면서 1 M K_2CrO_4 수용액을 섞어주면, 노란색 $PbCrO_4$ 침전이 만들어진다.

※ 이 단계에서 투명한 수용액으로부터 노란색 침전이 나타난다는 섯은 원래 시료 용액 속에 Pb^{2+} 이온이 존재하였음을 의미한다.

● 침전 반응에 의한 무게 분석

가. 침전 반응에 의한 무게 분석(gravimetric analysis)의 개요

분석 대상 성분을 함유한 시료 용액에 그 성분과 신속하고 완전하게 화학량론적인 침전 반응(stoichiometric precipitation reaction)을 진행할 수 있는 성분(침전제, precipitant 또는 precipitating agent)을 함유한 용액을 섞어주어 원하는 형태의 침전을 얻는다.

적절한 침전제

침전 반응을 활용한 무게 분석에서 가장 중요한 점은 시료 용액에 함유된 분석 대상 성분(양이온 또는 음이온)을 거의 모두 다(100 %에 가깝게) 침전의 형태로 변환시켜주는 작업이다. 이를 위해서는 적절한 침전제를 찾아 시료 용액에 첨가해 주어야 한다. 다시 말해 사용할 침전제는 시료 용액 중 분석 대상 성분과 신속하고 완전히 화학량론적으로 반응하여 물에 난용성인(sparingly soluble, 물에 거의 녹지 않는) 고체를(침전을) 형성할 수 있어야 하는 것이다.

시료 용액 속 Cl^{-} 이온이 분석 대상 성분인 경우, Cl^{-} 이온과 반응하여 난용성 침전을 이룰 수 있는 양이온들의 종류와 해당 침전 반응들을 예로 들면 다음과 같다.

$$Cl^{-} + Na^{+} \rightleftarrows NaCl\downarrow \qquad Cl^{-} + Ag^{+} \rightleftarrows AgCl\downarrow \qquad 2Cl^{-} + Pb^{2+} \rightleftarrows PbCl_2\downarrow$$

이들 중 NaCl은 물에 가용성인 고체이고 AgCl과 $PbCl_2$는 물에 난용성인 고체이다. 그러므로 Cl^{-} 이온이 존재하는 시료 용액에 Na^{+} 이온의 용액을 섞어준다면 그로부터 NaCl고체를 얻기가 힘들다. 왜냐하면 두 이온들이 반응하여 형성할 고체는 물에 잘 녹는 NaCl이므로 수용액 중에서 NaCl이 형성되기 어렵기 때문이다. 이와는 달리 Ag^{+} 이온의 용액을 섞어 준다면 그로부터 AgCl 고체는 쉽게 얻을 수 있다. 왜냐하면 AgCl은 몰에 거의 녹지 않는 염이고, 수용액 중에서 고체 상태로 존재할 수 있기 때문이다.

그렇다면 Ag^{+} 이온과 Pb^{2+} 이온 중 어떤 이온을 침전제로 선택해야 하는가? 이 질문에 대한 대답을 얻기 위해서는 이들 이온들이 형성할 난용성 침전들(AgCl과 $PbCl_2$)

중 어떤 것의 용해도(solubility)가 더 낮은가를 알아보아야 한다. 왜냐하면 주어진 침전의 용해도가 더 낮다는 사실은 그 침전을 이루는 성분 이온들 사이의 반응성이 더 크다(두 이온들로부터 해당 침전이 더 잘 생겨난다)는 점과 더불어 침전 형성 반응의 추진력(driving force)(평형 상수, equilibrium constant)이 더 커서 보다 더 많은 양의 Cl^- 이온을 침전의 형태로 바꾸어 줄 수 있다는 점을 의미하기 때문이다.

얻어신 침선은 익힘(digestion at elevated temperature)이나 묵힘(aging) 등의 과정을 통하여 바람직한 침전(크고 고른 입자들로 이루어진 침전)으로 바꾸어 준 후, 거름 작업 (filtration)을 통해 침전을 상청액(supernatant)으로부터 분리해 낸다.

침전의 묵힘과 익힘

일반적으로 작은 크기의 입자들로 이루어진 침전은 거름 작업이 쉽지 않고, 침전의 세척 과정에서 침전의 일부가 세척액에 녹아 손실될 가능성도 높다. 따라서 침전을 얻은 즉시 얻어진 침전을 모액(mother liquor)으로부터 분리하는 거름 작업을 수행하기 전 일정시간동안 실온에서 그대로 방치해 두는 묵힘 과정을 거치는 것이 좋다. 즉, 묵힘이란 얻어진 침전의 용해와 석출 과정을 일정 시간 동안 진행시키는 것이며, 이 과정에서 모액으로 녹아들어가 작은 크기의 침전 입자들은 보다 더 큰 크기의 입자들로 변하여 침전된다.

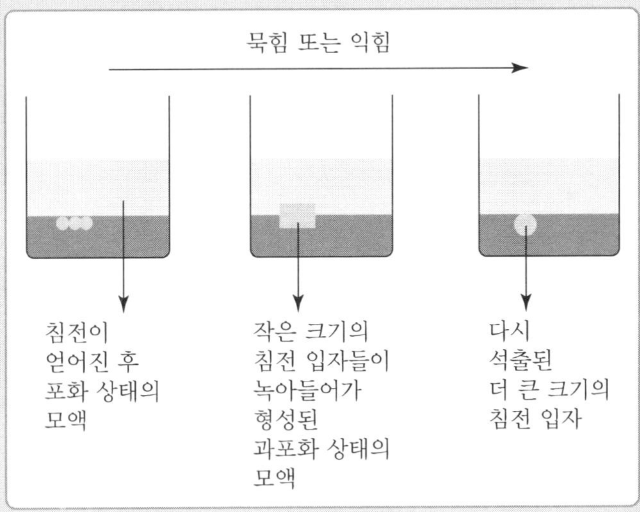

얻어진 침전을 실온에서 방치하지 않고 모액과 함께 가열해 주면, 침전 입자들의 용해와 침전 반응이 보다 더 빨리 진행될 수 있다. 이와 같은 과정을 「익힘」이라 부른다.

그러나 AgCl과 같은 뭉친 상태의 침전 입자들이나 젤 형태의 수산화 금속 침전 입자들의 경우, 묵힘이나 익힘에 의한 효과를 볼 수 없다.

분리한 침전을 적절한 세척제(washing agent)를 사용하여 세척(washing)한 후, 세척된 침전은 건조(drying) 과정을 통해 세척제 용액을 증발시킨다. 침전 작업에서 얻어진 침전의 특성상 세척이나 단순 건조 작업이 힘들 경우(예 : 얻어진 침전이 공기 중에서 불안정한 침전의 경우)에는 강열 또는 연소(ignition) 작업을 통해 화학식(chemical formula)이 알려진 순수한 재(ash) 형태인 최종 물질로 바꾸어 준다.

최종 물질의 무게(weight)와 화학식에 근거하여 무게 분석 계산(gravimetric calculation)을 수행하면 시료 용액에 존재하던 분석 대상 성분에 관한 정량적인 정보를 구할 수 있다.

나. 침전 반응에 의한 무게 분석 계산

다음은 몇 가지 예들을 소개하고 있다.

예제 6-13

50.0 mL의 황산 수용액에 과량의 $BaCl_2$ 용액을 가하여 $BaSO_4$ 침전을 얻었다. 이 침전을 거르고 말린 후 무게를 재었더니 1.2930 g이었다. 황산 수용액의 몰농도를 구하시오. (단, 원자량은 Ba: 137.34, S: 32.0, H: 1.01, O: 16.0이다.)

풀이 SO_4^{2-} 이온과 Ba^{2+} 이온 사이의 침전 반응은 다음과 같다.

$$SO_4^{2-}(aq) + Ba^{2+}(aq) \rightleftarrows BaSO_4(s)$$

그리고 $BaSO_4(s)$는 물에 대한 용해도가 아주 낮은 난용성 염이므로 이 반응에 대하여 다음과 같은 해석이 가능하다.

1몰의 SO_4^{2-} 이온과 1몰의 Ba^{2+} 이온이 반응하면 1몰의 $BaSO_4(s)$가 생겨난다. 그러므로

침전 반응에서 생겨난 $BaSO_4$ 침전의 mol수 = 황산 수용액 중의 mol수

와 같은 관계가 성립한다.

침전 반응에서 생겨난 $BaSO_4$ 침전의 mol수
= (1.2930 g) ÷ (137.34 + 32.0 + 16.0×4) g/mol = 0.05542 mol

그리고 황산 수용액의 농도 = SO_4^{2-} 이온의 농도이므로

황산 수용액의 농도 = 0.05542 mol/0.0500 L = 0.111 mol/L = 0.111 M

이 얻어진다.

예제 6-14

은반지에서 얻은 0.0100 g의 은반지 가루에 대한 무게 분석에서 얻어진 순수하고 마른 AgCl 침전의 무게가 0.0113 g이다. 은반지의 순도(단위: %(w/w))를 구하시오. (단, Ag: 107.87, Cl : 35.45)

풀이 AgCl 침전 중 Ag의 무게

= AgCl 침전의 무게 × (Ag의 원자량 ÷ AgCl의 화학식량)

= 0.0113 g × {107.87 ÷ (107.87 + 35.45)} = 0.00851 g

은반지의 순도

= (은의 무게 ÷ 은반지 가루의 무게) × 10^2

= (0.00851 g ÷ 0.0100 g) × 10^2 = 85.1%(w/w)

예제 6-15

철광석 시료 0.1000 g로부터 제조된 Fe^{3+} 용액에 침전제(precipitating agent, 여기서는 OH^- 이온)를 가하여 얻은 $Fe(OH)_3$ 침전을 연소시켜 Fe_2O_3의 형태의 재(ash)로 변화시켰다. Fe_2O_3의 무게가 0.0290 g이라면, 시료 중 철(Fe)의 함량(%)을 구하시오. (단, Fe의 원자량 : 55.85, O의 원자량 : 16.0)

풀이 침전 반응: $Fe^{3+}(aq) + 3OH^-(aq) \rightleftarrows Fe(OH)_3(s)$

그런데 $Fe(OH)_3$ 침전은 다루기가 어려우므로 $Fe(OH)_3(s)$ 침전을 고온에서 연소시켜 공기 중에서 안정한 재의 형태로 바꾸어준다.

$Fe(OH)_3$ 침전은 아주 조그마한 입자들로 이루어진 침전이어서 수용액으로부터 침전을 분리해 내는 작업이나 침전을 씻어주는 작업 그리고 침전을 건조시키는 작업들이 매우 힘들고, 공기 중에서 안정하지 않다.

$$Fe(OH)_3(s) \xrightarrow{\text{연소}} Fe_2O_3(s, \text{재})$$

최종적으로 무게를 단 형태(재)의 화학식은 Fe_2O_3이고 철광석 중 그 양을 알고 싶은 철의 화학식은 Fe이므로 다음과 같은 계산 과정이 필요하다.

Fe_2O_3 속에 들어 있는 Fe의 무게

= (Fe_2O_3의 무게) × [{(Fe의 원자량)×2} ÷ (Fe_2O_3의 화학식량)]

= (0.0290 g) × {(55.85×2) ÷ (55.85×2 + 16.0×3)}

따라서

철광석 시료에 들어 있는 Fe의 분율
= {(Fe의 무게)÷(철광석 시료의 무게)}×100
= [(0.0290 g) × {(55.85×2) ÷ (55.85×2 + 16.0×3)}] ÷ (0.1000 g)
= 0.203 (w/w)

철광석 시료에 들어 있는 Fe의 함량
= 0.203×100 = 20.3%(w/w)

예제 6–16

K_2SO_4와 $(NH_4)_2SO_4$의 혼합물 0.647 g을 녹여 만든 용액에 침전제로 $Ba(NO_3)_2$ 용액을 가해 얻은 $BaSO_4$ 침전의 무게가 0.877 g이다. 원래 혼합물 중 K_2SO_4의 양(%)을 계산하시오.
(단, Ba : 137.34, K : 39.102, N : 14.0, H : 1.01, S : 32.0, O : 16.0)

풀이 혼합물 중 K_2SO_4의 무게 = x g

$(NH_4)_2SO_4$의 무게 = y g
⇒ $x + y = 0.647$ … ①

그리고
{x g ÷ (174.2 g/mol)} + {y g ÷ (132.0 g/mol)}
$0.005741x + 0.007576y$ = $BaSO_4$의 mol수
= 0.877 g/(233.3 g/mol)
= 0.00376 mol … ②

이제 ①식과 ②식을 연립으로 풀면, K_2SO_4와 $(NH_4)_2SO_4$의 무게를 알 수 있고, 원래 혼합물 중 K_2SO_4의 함량(%)을 계산할 수 있다.

혼합물 중 K_2SO_4의 무게 = x g = 0.621 g

∴ 혼합물 중 K_2SO_4의 함량 = $\frac{0.621\ g}{0.647\ g} \times 10^2$ = 96.0%(w/w)

7 EDTA 착물화 반응

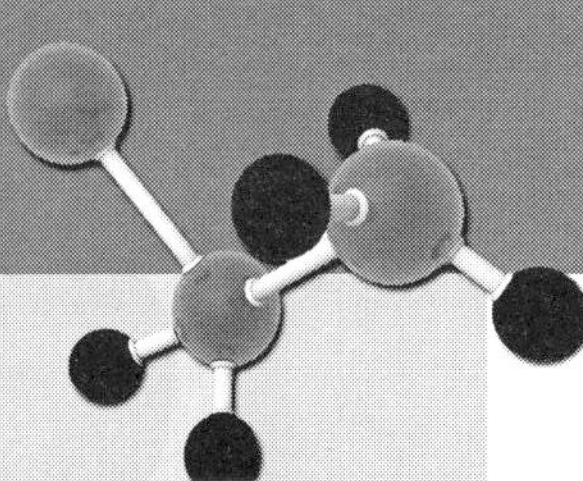

$$K_f \times \alpha Y^{4-} = K_f' \geq 10^6$$

7.1 착물화 반응

7.1.1 착물화 반응과 착화합물

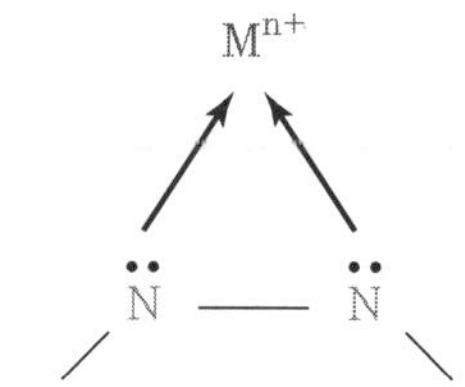

두 자리 리간드(bidentate ligand)가 금속 양이온에 두 쌍의 전자들을 제공하며, 두 개의 결합들이 형성된다.

착물화 반응(complexation reaction)이란 금속 양이온(metal cation, M^{n+})과 비공유 전자쌍(unshared electron pair)을 소유한 원자를 한 개 이상 가진 화학종 사이에서 결합이 이루어지는 반응이다.

이 반응에서는 비공유 전자쌍(unshared electron pair)을 소유한 원자를 한 개 이상 가진 중성 또는 음으로 하전된 화학종이 한 쌍 이상의 전자쌍(들)을 내어놓으면서 금속 양이온(M^{n+})과 결합을 이루는데, 이렇게 전자쌍(들)을 제공하며 결합의 형성에 참여하는 화학종을 리간드(ligand)라고 부른다.

착물화 반응을 통해 만들어지는 생성물은 배위 착화합물(coordination complex) 또는 착화합물(complex compound)이라 하며, 이온 형태의 착화합물들은 착이온(complex ion)이라 부른다.

다양한 금속 양이온들이 리간드와 결합하여 착이온을 형성할 수 있으며, 이러한 착이온들 중에서 전이 금속(transition metal)의 양이온들이 참여하여 형성된 착이온들은 각각 독특한 색을 나타내는데, 그 이유는 착이온들이 가시광선(visible radiation) 영역의 빛을 흡수하기 때문이다. 주어진 착이온의 형성에 참여한 리간드의 종류가 달라지면, 그 착이온의 색(그 착이온이 흡수하는 빛의 파장)이 달라진다.

7.1.2 리간드

착물화 반응에서 전자쌍(들)을 제공하는 화학종을 리간드라고 부르며, 두 쌍 이상의 전자들을 제공하는 리간드를 킬레이트제(chelating agent)라 한다.

리간드들은 염기도(basicity)에 따라 일염기성 리간드(monobasic ligand), 이염기성 리간드(dibasic ligand) 그리고 삼염기성 리간드 (tribasic ligand) 등으로 분류하며, 상대 화학종에게 제공하는 전자쌍의 수 또는 결합의 수(배위수, coordination number)에 따라 한자리 리간드(monodentate ligand), 두자리 리간드(bidentate ligand), 세자리 리간드(tridentate ligand) 그리고 네자리 리간드(tetradentate ligand) 등으로 분류할 수 있다. 다음은 몇 가지 리간드들을 소개하고 있다.

몇 가지 ligand들

- 한자리 리간드이면서 일염기성 리간드
  | X^-, OH^-, CN^-, SCN^- 그리고 CH_3NH_2(methylamine)
- 두자리 리간드이면서 중성 리간드
  | 에틸렌다이아민(ethylenediamine, EN)
- 세자리 리간드이면서 중성 리간드
  | 에틸렌트라이아민(diethylenetriamine)
- 네자리 리간드이면서 중성 리간드
  | 트라이에틸렌테트라아민 (triethylenetetraamine)

7.1.3 착화합물의 생성 상수

주어진 착물화 반응으로부터 한 가지 이상의 생성물들이 만들어지는 경우, 해당 착물화 반응은 두 가지 방식으로 표현할 수 있으며, 그에 따라 각 착물화 반응의 평형 상수를 표현하는 방식도 달라진다.

◎ 단계별 생성 상수

한 가지 이상의 생성물들이 만들어지는 착물화 반응을 다음과 같이 생성물에 포함된 리간드의 수가 단계별로 증가하는 방식으로 표현하는 경우, 각 단계별 착물화 반응의 평형 상수를 단계별 생성 상수(stepwise formation constant, K_{fn})라 부른다.

단계별 착물화 반응과 단계별 생성 상수

$$M^{n+} + L \rightleftarrows ML^{n+} \qquad K_{f1} = \frac{[ML^{n+}]}{[M^{n+}][L]}$$

$$ML^{n+} + L \rightleftarrows ML_2^{\ n+} \qquad K_{f2} = \frac{[ML_2^{\ n+}]}{[ML^{n+}][L]}$$

$$ML_2^{\ n+} + L \rightleftarrows ML_3^{\ n+} \qquad K_{f3} = \frac{[ML_3^{\ n+}]}{[ML_2^{\ n+}][L]}$$

$$\vdots$$

$$ML_{n-1}^{\ \ n+} + L \rightleftarrows ML_n^{\ n+} \qquad K_{fn} = \frac{[ML_n^{\ n+}]}{[ML_{n-1}^{\ \ n+}][L]}$$

M^{n+} 이온에 리간드(L)가 한 개 결합하여 ML^{n+} 착이온을 형성한 후, 그 착이온에 리간드가 다시 한 개씩 추가로 결합하면서 결합에 참여한 리간드의 수가 늘어난 다양한 착이온들이 만들어진다.

◎ 총괄 생성 상수

한 가지 이상의 생성물들이 만들어지는 착물화 반응을 생성물에 함유된 리간드들이 한 번에 모두 다 결합에 참여하는 방식으로 표현하는 경우, 각 착물화 반응의 평형 상수를 총괄 생성 상수(stepwise formation constant, β_n)라고 부른다.

총괄 착물화 반응과 총괄 생성 상수

$M^{n+} + L \rightleftarrows ML^{n+} \qquad \beta_1 = \dfrac{[ML^{n+}]}{[M^{n+}][L]}$

$ML^{n+} + 2L \rightleftarrows ML_2^{n+} \qquad \beta_2 = \dfrac{[ML_2^{n+}]}{[M^{n+}][L]^2}$

$ML_2^{n+} + 3L \rightleftarrows ML_3^{n+} \qquad \beta_3 = \dfrac{[ML_3^{n+}]}{[M^{n+}][L]^3}$

$\vdots$

$ML_{n-1}^{n+} + nL \rightleftarrows ML_n^{n+} \qquad \beta_n = \dfrac{[ML_n^{n+}]}{[M^{n+}][L]^n}$

M^{n+} 이온에 리간드(L)가 한 개 결합하여 ML^{n+} 착이온을 형성하고, M^{n+} 이온에 두 개의 리간드들이 결합하여 ML_2^{n+} 착이온을 형성하고, M^{n+} 이온에 세 개의 리간드들이 결합하여 ML_3^{n+} 착이온을 형성하고, 그리고 M^{n+} 이온에 n개의 리간드들이 결합하여 ML_n^{n+} 착이온을 형성한다.

◎ K_{fn}와 β_n 사이의 관계

착물화 반응에 적용할 수 있는 두 가지의 평형 상수들인 단계별 생성 상수(K_{fn})와 총괄 생성 상수(β_n) 사이에는 다음과 같은 상관관계가 존재한다.

K_{fn}와 β_n 사이의 상관관계

$$\beta_1 = \frac{[ML^{n+}]}{[M^{n+}][L]} = K_{f1}$$

$$\beta_2 = \frac{[ML_2^{n+}]}{[M^{n+}][L]^2} = K_{f1}K_{f2}$$

$$\beta_3 = \frac{[ML_3^{n+}]}{[M^{n+}][L]^3} = K_{f1}K_{f2}K_{f3}$$

$$\vdots$$

$$\beta_n = \frac{[ML_n^{n+}]}{[M^{n+}][L]^n} = K_{f1}K_{f2}K_{f3} \cdots K_{fn}$$

예를 들어 $\beta_2 = \dfrac{[ML_2^{n+}]}{[M^{n+}][L]^2} = K_{f1}K_{f2}$와 같은 상관관계를 증명해보자.

K_{f1}과 K_{f2}에 관련된 착물화 반응들은

$$M^{n+} + L \rightleftarrows ML^{n+} \qquad K_{f1} = \frac{[ML^{n+}]}{[M^{n+}][L]}$$

$$ML^{n+} + L \rightleftarrows ML_2^{n+} \qquad K_{f2} = \frac{[ML_2^{n+}]}{[ML^{n+}][L]}$$

이다. 두 개의 평형 반응들을 더해주는 경우 다음과 같은 최종 반응이 얻어지는데,

$$\begin{array}{l} M^{n+} + L \rightleftarrows \cancel{ML^{n+}} \\ \underline{\cancel{ML^{n+}} + L \rightleftarrows ML_2^{n+}} \\ ML^{n+} + 2L \rightleftarrows ML_2^{n+} \end{array}$$

이 최종 반응의 평형 상수는 더하기에 사용된 각 평형 반응들의 평형 상수를 서로 곱해주어 얻으므로, 다음과 같은 상관관계가 얻어진다.

$$M^{n+} + 2L \rightleftarrows ML_2^{n+} \qquad K_{f1} \times K_{f2} = \frac{[ML_2^{n+}]}{[M^{n+}][L]^2} = \beta_2$$

7.2 EDTA

7.2.1 EDTA

◎ 약한 사양성자산으로서의 EDTA

에틸렌다이아민테트라아세트산(ethylenediamin-etetraacetic acid, EDTA)는 네 개의 양성자들을 내어놓을 수 있는 약한 사양성자산(tetraprotic acid, H_4Y: pK_{a1} = 2.0, pK_{a2} = 2.66, pK_{a3} = 6.16 그리고 pK_{a4} = 10.24)으로 취급되고 있다.

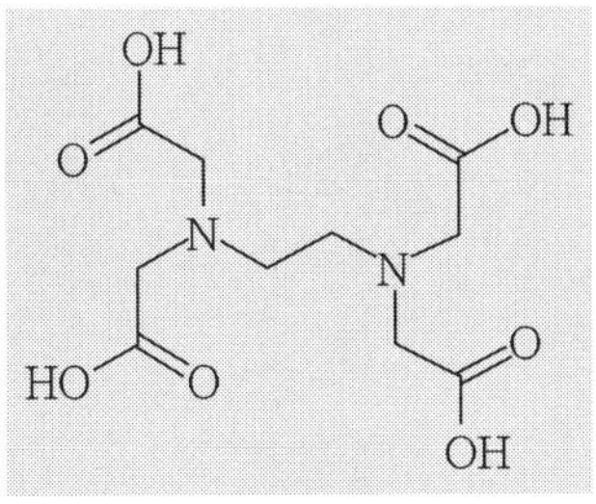

OH O OH O N N O HO O OH

H_4Y

약한 사양성자산(H_4Y)으로서의 EDTA 수용액에서 일어날 수 있는 산-염기 반응들

$H_4Y(aq) + H_2O(l) \rightleftarrows H_3Y^-(aq) + H_3O^+(aq) \qquad K_{a1} = \frac{[H_3Y^-][H_3O^+]}{[H_4Y]}$

$H_3Y^-(aq) + H_2O(l) \rightleftarrows H_2Y^{2-}(aq) + H_3O^+(aq) \qquad K_{a2} = \frac{[H_2Y^{2-}][H_3O^+]}{[H_3Y^-]}$

$H_2Y^{2-}(aq) + H_2O(l) \rightleftarrows HY^{3-}(aq) + H_3O^+(aq) \qquad K_{a3} = \frac{[HY^{3-}][H_3O^+]}{[H_2Y^{2-}]}$

$HY^{3-}(aq) + H_2O(l) \rightleftarrows Y^{4-}(aq) + H_3O^+(aq) \qquad K_{a4} = \frac{[Y^{4-}][H_3O^+]}{[HY^{3-}]}$

- EDTA는 다섯 가지 형태들(H_4Y, H_3Y^- 이온, H_2Y^{2-} 이온, HY^{3-} 이온, Y^{4-} 이온)로 존재할 수 있으며, 주어진 EDTA 수용액에 존재하는 EDTA 형태들의 종류와 양은 그 EDTA 수용액의 pH에 따라 달라진다.
- pH가 아주 낮은 강한 산성 수용액의 경우 EDTA는 대부분 H_4Y 또는 H_3Y^- 이온 형태로 존재하고, pH가 아주 높은 강한 염기성 수용액의 경우 EDTA는 대부분 HY^{3-} 이온이나 Y^{4-} 이온 형태들로 존재한다. 그 어떤 EDTA 수용액에서도 EDTA의 다섯 가지 형태들이 모두 다 존재할 수는 없다.

EDTA수용액에 적용할 수 있는 질량 균형

$[EDTA]_{초기}$(또는 C_{EDTA}) $= [H_4Y] + [H_3Y^-] + [H_2Y^{2-}] + [HY^{3-}] + [Y^{4-}]$

여기서 $[EDTA]_{초기}$ = EDTA 수용액의 농도

킬레이트제로서의 EDTA

EDTA는 주어진 금속 양이온에게 여섯 쌍의 전자들을 제공하면서 여섯 개의 배위 결합들을 가진 안정한 1 : 1 착이온(MY^{n-4})을 형성할 수 있는 킬레이트제이다. 금속 양이온에 대한 EDTA의 높은 반응성은 주어진 시료 용액에 함유된 금속 양이온의 양을 결정하는 적정 기법인 착물화 적정(complexation titration)에 활용되고 있다.

MY^{n-4}

금속 양이온(M^{n+})에 6개의 전자쌍들을 제공할 수 있는 EDTA(H_4Y)는 주어진 평면에서 네 쌍의 전자들을 제공하며, 네 개의 배위 결합들을 그리고 위아래에서 각 한 쌍씩의 전자들을 제공하며 두 개의 배위 결합들을 형성한다.

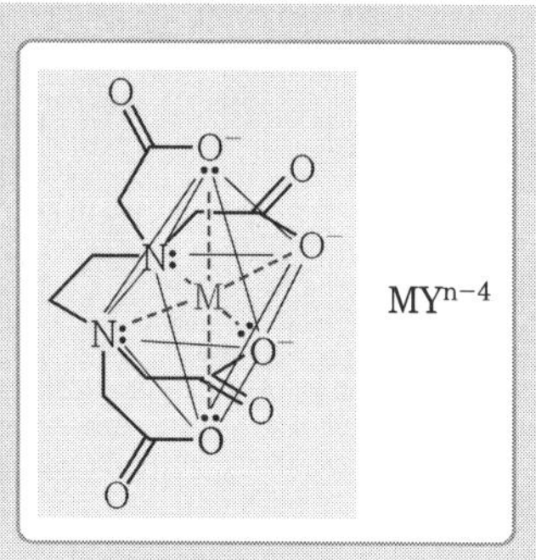

EDTA의 이소듐염

유기 물질인 중성 EDTA(H_4Y)는 물에 대한 용해도가 높지 않으므로, EDTA를 물에 녹여 실질적인 농도의 EDTA 수용액(예: 0.10 M EDTA 수용액)을 제조할 수 없다. 따라서 EDTA 수용액을 제조하기 위해서는 중성 EDTA 대신 물에 대한 용해도가 높은 EDTA의 이소듐염(disodium salt of EDTA: $Na_2H_2Y \cdot 2H_2O$)을 사용한다.

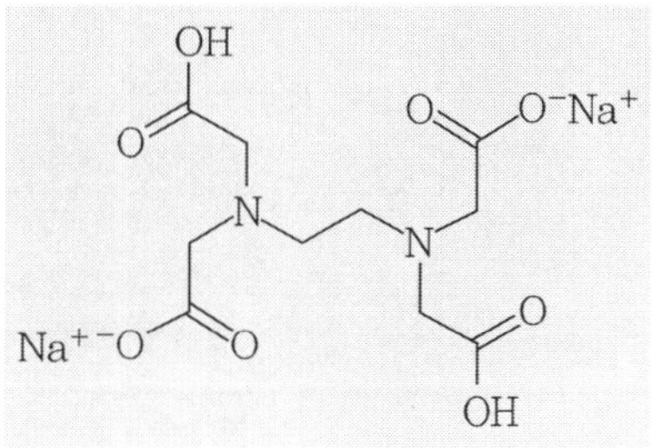

OH
O
O
O⁻Na⁺
N
N
Na⁺⁻O
O
O
OH

Na_2H_2Y

Y^{4-} 이온 형태의 EDTA

EDTA를 함유하는 수용액은 pH에 따라 그 수용액에 존재하는 EDTA 형태들의 종류와 양이 달라진다. 주어진 pH의 EDTA 수용액에는 한 가지 이상의 EDTA 형태들이 존재할 수 있으며, 모든 EDTA 형태들은 각각 금속 양이온과 독립적인 착물화 반응을 일으킬 수 있다.

EDTA 형태들 중 H_4Y, H_3Y^- 이온, H_2Y^{2-} 이온 그리고 HY^{3-} 이온은 금속 양이온과 결합하면서 자신이 소유하였던 H^+ 이온(들)을 내어놓아야 하지만, Y^{4-} 이온은 H^+ 이온(들)을 내어놓을 필요가 없으므로, Y^{4-} 이온은 금속 양이온과 가장 수월하게 반응할 수 있다. 따라서 EDTA와의 반응성이 그리 크지 않은 금속 양이온들의 경우 EDTA 수용액의 pH를 충분히 염기성으로 바꾸어 EDTA 수용액 속에 존재하는 Y^{4-} 이온의 양을 높여준다면, 금속 양이온과 EDTA 사이의 착물화 반응이 수월하게 일어날 수 있다.

다양한 EDTA 형태들과 M^{n+} 사이의 착물화 반응

$M^{n+} + H_4Y \rightleftarrows MY^{n-4} + 4H^+$

$M^{n+} + H_3Y^- \rightleftarrows MY^{n-4} + 3H^+$

$M^{n+} + H_2Y^{2-} \rightleftarrows MY^{n-4} + 2H^+$

$M^{n+} + HY^{3-} \rightleftarrows MY^{n-4} + H^+$

$M^{n+} + Y^{4-} \rightleftarrows MY^{n-4}$

EDTA의 모든 형태들은 각각 금속 양이온(M^{n+})과 독립적으로 착물화 반응을 일으킬 수 있다.

그러나 H^+ 이온이 생겨나오는 착물화 반응(들)의 경우, 수용액이 산성으로 변할수록(수용액 속 H^+ 이온의 양이 증가할수록) 그 착물화 반응(들)은 잘 일어나지 않을 것임을 추정할 수 있다.

EDTA 수용액에서 Y^{4-} 이온의 분율

주어진 EDTA 수용액에는 그 수용액의 pH에 따라 다양한 EDTA 형태들이 존재할 수 있으며, EDTA 수용액 중에 존재하는 Y^{4-} 이온의 분율(fraction: α_4 또는 $\alpha_{Y^{4-}}$)은 다음과 같이 나타낼 수 있다.

EDTA 수용액 중에 존재하는 Y^{4-} 이온의 분율($\alpha_{Y^{4-}}$)

$$\alpha_{Y^{4-}} = \frac{[Y^{4-}]}{[EDTA]}$$

$$= \frac{K_{a1}K_{a2}K_{a3}K_{a4}}{([H_3O^+]^4 + K_{a1}[H_3O^+]^3 + K_{a1}K_{a2}[H_3O^+]^2 + K_{a1}K_{a2}K_{a3}[H_3O^+] + K_{a1}K_{a2}K_{a3}K_{a4})}$$

여기서 K_{a1}, K_{a2}, K_{a3}, K_{a4}는 EDTA(H_4Y)의 해리 상수들이다.

EDTA 수용액의 pH가 낮아져 산성 쪽으로 변하면($[H_3O^+]$가 커지면) Y^{4-} 이온의 분율($\alpha_{Y^{4-}}$)은 작아지고, pH가 높아져 염기성으로 변할수록($[H_3O^+]$가 작아질수록) Y^{4-} 이온의 분율($\alpha_{Y^{4-}}$)은 커진다.

다음의 표는 EDTA 수용액의 pH에 따른 Y^{4-} 이온의 분율을 보여준다.

EDTA 수용액의 pH에 따른 $\alpha_{Y^{4-}}$

pH	2.0	3.0	4.0	5.0
α_4 또는 $\alpha_{Y^{4-}}$	3.7×10^{-14}	2.5×10^{-11}	3.6×10^{-9}	3.5×10^{-7}

pH	6.0	7.0	8.0	9.0	10.0
α_4 또는 $\alpha_{Y^{4-}}$	2.2×10^{-5}	4.8×10^{-4}	5.4×10^{-3}	5.2×10^{-2}	0.35

7.2.2 금속 양이온과 EDTA 사이의 착물화 반응

금속 양이온과 EDTA 사이의 착물화 반응에 미치는 pH의 영향

주어진 pH의 EDTA 수용액에는 한 가지 이상의 EDTA 형태들이 존재할 수 있으며, EDTA 형태들은 모두 다 금속 양이온과 독립적으로 반응하여 MY^{n-4} 착이온들을 만들어낼 수 있다. 그러나 주어진 금속 양이온과 EDTA 사이의 반응이 원활하게 일어나기 위해서는 그 반응이 일어나는 수용액의 pH를 조절해 주어야 한다.

가. 산성 수용액의 경우

pH가 낮은 산성 수용액은 많은 양의 H^+ 이온들을 함유하고 있으며, H^+ 이온들도 역시 EDTA와 반응하려는 경향성을 소유하므로, 일반적으로 산성 수용액에서는 금속 양이온과 EDTA 사이의 반응이 원활하게 진행되지 못한다. 그런데 금속 양이온마다 EDTA와의 반응성(반응 능력)이 다르며, 어떤 금속 양이온들은 산성 수용액에서도 EDTA와 원활하게 반응할 수 있다.

예를 들어 Fe^{3+} 이온의 경우에는 EDTA와의 반응성이 매우 높기 때문에 pH = 3.0인 산성 수용액에서도 H^+ 이온들에 의해 영향을 받지 않고 EDTA와 원활하게 반응할 수 있다. 그러나 EDTA와의 반응성이 매우 낮은 Mg^{2+} 이온의 경우에는 산성 수용액은 물론 H^+ 이온들의 양이 그리 많지 않은 중성 수용액에서도 EDTA와 원활하게 반응할 수 없다.

나. 염기성 수용액의 경우

염기성 수용액의 경우 H^+ 이온의 농도는 낮고 EDTA의 Y^{4-} 이온 형태의 양은 상대적으로 더 많이 존재하므로, 금속 양이온과 EDTA 사이의 반응은 훨씬 더 용이해진다. 따라서 금속 양이온과 EDTA 사이의 원활한 반응을 위해서는, 그 반응이 일어나는 수용액을 염기성으로 조절해 주는 것이 바람직하다. 그러나 주어진 수용액의 pH가 높아질수록 그 수용액 속 OH^- 이온들의 농도도 높아지는데, 염기성 수용액에 존재하는 적지 않은 양의 OH^- 이온들은 금속 양이온들과 결합하여 금속 양이온의 수산화물 침전을 형성($M^{n+}(aq) + nOH^-(aq) \rightleftarrows M(OH)_n(s)$)한다. 그리고 금속 양이온이 수산화 금속으로 변해버리는 염기성 수용액에서는 EDTA와 금속 양이온 사이의 반응이 일어날 수 없게 된다.

이와 같이 주어진 염기성 수용액에서는 OH^- 이온들이 금속 양이온과 반응하여 금속 양이온과 EDTA 사이의 반응을 방해하는 현상이 발생할 수 있으므로, 수용액을 염기성으로 만드는 과정에서는 단순한 염기(예: NaOH)를 사용하는 대신 NH_4^+/NH_3 완충계를 사용한다. NH_4^+/NH_3 완충계를 사용하여 염기성 수용액을 제조하는 경우에는 완충계의 구성 성분들 중 암모니아(NH_3)는 보조 착화제(auxiliary complexing agent)로서의 역할을 수행하면서 금속 양이온이 수산화 금속의 형태로 변하는 것을 방지한다. 즉, NH_3는 금속 양이온과의 $M^{n+}(aq) + x\,NH_3(aq) \rightleftarrows M(NH_3)_x^{n+}(aq)$와 같은 착물화 반응을 통해 금속 양이온을 $M(NH_3)_x^{n+}$ 착이온으로 변화시키면서 금속 양이온이 수산화 금속의 형태로 변하는 것을 방지하는 것이다. 그리고 금속 양이온들이 $M(NH_3)_x^{n+}$ 착이온의 형태로 변한 염기성 수용액에 EDTA수용액이 첨가되면, $M(NH_3)_x^{n+}$ 착이온은 EDTA에게 금속 양이온을 쉽게 내어 놓아 금속 양이온과 EDTA 사이의 착물화 반응이 원활하게 이루어질 수 있게 된다.

◎ MY^{n-4} 착이온의 조건부 생성 상수

가. MY^{n-4} 착이온의 생성 상수

금속 양이온과 Y^{4-} 이온 사이의 착물화 반응과 평형 상수는 다음과 같이 표현한다.

$$M^{n+} + Y^{4-} \rightleftarrows MY^{n-4} \qquad K_f = \frac{[MY^{n-4}]}{[M^{n+}][Y^{4-}]}$$

몇 가지 금속 양이온들의 K_f

M^{n+}	Li^{+}	Ba^{2+}	Mg^{2+}	Ca^{2+}	Fe^{2+}	Al^{3+}	Cu^{2+}	Hg^{2+}	Fe^{3+}
$\log K_f$	2.79	7.76	8.79	10.70	14.32	16.13	18.80	21.80	25.1

| Fe^{3+} 이온의 $K_f = 10^{25.1} = 1\times10^{25}$ Mg^{2+} 이온의 $K_f = 10^{8.79} = 6.2\times10^{8}$

위 반응의 K_f는 주어진 금속 양이온과 EDTA 사이의 반응성을 나타낸다. 즉, K_f값이 큰 금속 양이온은 EDTA와의 반응성이 크고, K_f값이 작은 금속 양이온은 EDTA와의 반응성이 낮은 것이다.

나. MY^{n-4} 착이온의 조건부 생성 상수

주어진 pH의 수용액에서 금속 양이온과 EDTA 사이의 반응이 원활하게 일어나기 위해서는 다음과 같은 조건이 만족되어야 한다.

$$K_f \times \alpha_{Y^{4-}} = K_f' \geq 10^6$$

K_f': MY^{n-4} 이온의 조건부 생성 상수(conditional formation constant)

즉, 주어진 수용액에서 금속 양이온이 EDTA와 원활한 착물화 반응을 일으키기 위해서는, 그 수용액의 pH를 $K_f' \geq 10^6$이 성립하는 pH값(금속 양이온이 EDTA와 원활하게 반응할 수 있는 최소 pH값) 이상으로 조절해 주어야 하는 것이다.

예를 들어 Cu^{2+} 이온과 Mg^{2+} 이온이 EDTA와 원활하게 반응하기 위해서 필요한 최소 pH값들을 알아보자.

- Cu^{2+} 이온의 경우 $K_f = 6.3\times10^{18}$이다.

  따라서 $K_f \times \alpha_{Y^{4-}} = K_f' \geq 10^6$ 와 같은 조건을 만족시키는 $\alpha_{Y^{4-}}$의 값은

$$\alpha_{Y^{4-}} \geq \frac{10^6}{K_f} = 10^6 \div 6.3\times10^{18}$$

$$= 1.6\times10^{-13}$$

으로 구할 수 있다. 이제 이러한 조건 ($\alpha_{Y^{4-}} \geq 1.6\times10^{-13}$)을 만족시키는 pH를 찾아보면, 다음과 같은 결론을 얻을 수 있다.

pH ≥ 3.0: Cu^{2+} 이온이 EDTA와 반응할 수 있는 최소 pH는 3.0이다.

- Mg^{2+} 이온의 경우 $K_f = 6.2\times10^8$이다.

따라서

$$K_f \times \alpha_{Y^{4-}} = K_f' \geq 10^6$$

와 같은 조건을 만족시키는 $\alpha_{Y^{4-}}$의 값은

$$\alpha_{Y^{4-}} \geq 10^6 \div K_f = 10^6 \div 6.2\times10^8 = 0.0016$$

으로 구할 수 있다. 이제 이러한 조건 ($\alpha_{Y^{4-}} \geq 0.0016$)을 만족시키는 pH를 찾아보면, 다음과 같은 결론을 얻을 수 있다.

pH ≥ 8.0: Mg^{2+} 이온이 EDTA와 반응할 수 있는 최소 pH는 8.0이다.

8 적정분석

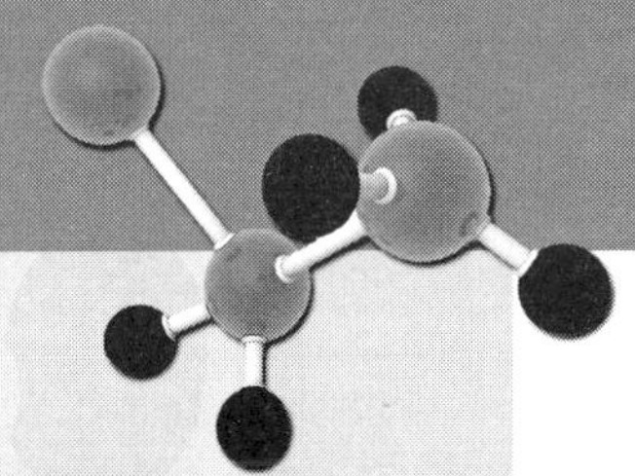

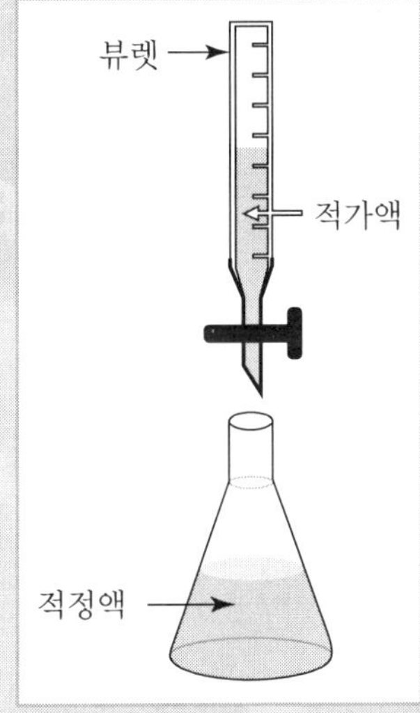

8.1 적정분석

적정분석

적정분석(titrimetric analysis 또는 titrimetry)은 부피 분석(volumetric analysis 또는 volumetry)라고도 부르며, 다음과 같이 정의할 수 있다.

적정분석

- 농도가 알려지지 않은 주어진 분석 대상 성분이 존재하는 일정 부피의 시료 용액에 뷰렛을 사용하여 그 분석 대상 성분과 화학량론적으로 신속하고 완전하게 반응할 수 있는 성분을 함유하고 있는 표준 용액(standard solution: 농도가 정확히 알려진 용액)을 정량적으로 섞어준다.
- 분석 대상 성분과 첨가한 표준 용액 속 성분 사이에서 일어나는 화학량론적 반응이 완결되는 지점까지 첨가한 표준 용액의 부피로 정의하는 당량점(equivalence point)을 구한다.
- 시료 용액의 부피($V_{미지}$), 첨가해 준 표준 용액의 농도($C_{표준}$)와 당량점($V_{표준}$) 그리고 화학량론적 반응식에 근거하여 시료 용액에 함유되어 있던 분석 대상 성분의 농도($C_{미지}$)를 알아내는 분석 기법이다.

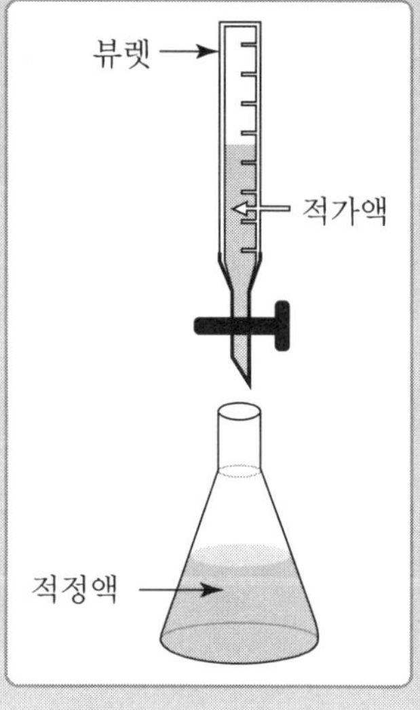

이와 같은 적정분석에서 분석 대상 성분을 함유한 용액을 적정액(titrand)이라 하고, 뷰렛을 사용하여 정량적으로 첨가하는 표준 용액은 적가액(titrant)이라 부른다.

적정분석에서 적가액과 적정액 중 한 가지는 농도가 정확하게 알려진 표준 용액이어야 하는데, 표준 용액의 경우 다음과 같이 주어진 적정분석에서의 필요성에 따라 그 위치가 정해진다.

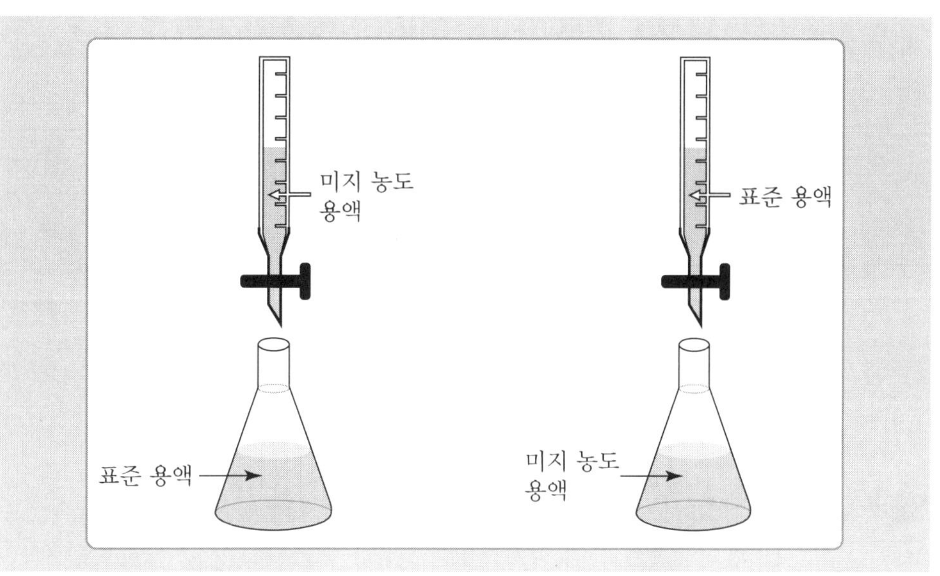

적정분석에 사용하는 화학량론적 반응들

주어진 화학 반응이 적정분석에 활용되기 위해서는 그 반응이 화학량론적으로 신속하고 완전히 진행될 수 있어야 한다. 예로써, 강산(strong acid)과 강염기(strong base), 강산과 약염기(weak base), 그리고 강염기와 약산(weak acid) 사이의 산-염기 반응들은 다음과 같이 화학량론적으로 신속히 완결되는 반응들이어서 적정분석에 활용할 수 있다.

강산 + 강염기 → 중화 반응 생성물
강산 + 약염기 → 중화 반응 생성물
약산 + 강염기 → 중화 반응 생성물

와 같은 반응들에서 산과 염기는 주어진 화학량론적 반응식에서의 반응 mol비에 따라 신속하고 완전하게 반응한다.

그러나 약산과 약염기 사이의 반응은 다음과 같이 화학량론적으로 신속히 완결되지 않으므로 적정분석에 사용하지 않는다.

약산 + 약염기 ⇄ 중화 반응 생성물

산과 염기 사이의 반응이 평형 상수가 그리 크지 않은 평형 반응인 경우, 주어진 mol 수의 산과 염기가 반응하는 속도가 충분히 빠르지 못할 뿐 아니라 만들어지는 중화 반응 생성물의 양도 쉽게 알아낼 수 없다.

다음은 적정분석에 활용될 수 있는 네 가지 유형의 화학 반응들을 소개하고 있다.

- 산–염기 반응(acid–base reaction): | $HCl + NaOH \rightarrow NaCl + H_2O$
- 침전 반응(precipitation reaction): | $Ag^{+} + Cl^{-} \rightleftarrows AgCl(s)$
- 착물화 반응(complexation reaction): | $Ca^{2+} + EDTA \rightleftarrows Ca^{2+}- EDTA$
- 산화–환원 반응(redox reaction): | $Ce^{4+} + Fe^{2+} \rightleftarrows Ce^{3+} + Fe^{3+}$

위 반응들 중 침전 반응, 착물화 반응 그리고 산화–환원 반응들의 경우 평형 상수가 충분히 큰 평형 반응들이므로, 이 평형 반응들은 화학량론적으로 신속하게 완결된다.

8.2 산–염기 적정분석

8.2.1 산–염기 적정분석

산–염기 적정분석(acid–base titrimetry)은 주어진 산 수용액이나 염기 수용액의 농도를 모르는 경우, 적정 기법을 사용하여 산이나 염기 수용액의 농도를 알아내는 분석법이다. 산–염기 적정분석에서는 적가액과 적정액 중 한 가지는 표준 용액이어야 하고, 산 수용액과 염기 수용액 중 어떤 용액을 적정액으로 사용할지는 적정분석의 종류에 따라 달라진다.

염기 표준 용액을 적정액으로 사용하는 경우

- 일정 부피의 염기 표준 용액을 삼각 플라스크(Erlenmeyer flask)에 담은 후, 뷰렛에 담긴 산 수용액(적가액)을 정량적으로 염기 표준 용액(적정액)에 첨가해 준다.
- 염기 표준 용액에 산 수용액이 첨가되면서 적정액에서는 산–염기 반응이 일어나며, 염기 표준 용액에 함유된 염기와 산 수용액에 함유된 산 사이의 산–염기 반응이 완결될 때까지 첨가된 산 수용액의 부피인 당량점을 구한다.
- 이제 당량점, 염기 표준 용액의 농도와 부피 그리고 산–염기 반응식에 근거하여 산 수용액의 농도를 알아낼 수 있다.

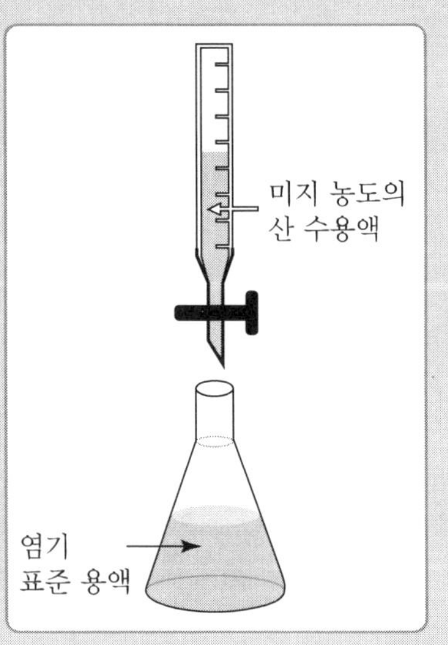

산 표준 용액을 적정액으로 사용하는 경우

- 일정 부피의 산 표준 용액을 삼각 플라스크(Erlenmeyer flask)에 담은 후, 뷰렛에 담긴 염기 수용액(적가액)을 정량적으로 산 표준 용액(적정액)에 첨가해 준다.
- 산 표준 용액에 염기 수용액이 첨가되면서 적정액에서는 산-염기 반응이 일어나며, 산 표준 용액에 함유된 산과 염기 수용액에 함유된 염기사이의 산-염기 반응이 완결될 때까지 첨가된 염기 수용액의 부피인 당량점을 구한다.
- 이제 당량점, 산 표준 용액의 농도와 부피 그리고 산-염기 반응식에 근거하여 염기 수용액의 농도를 알아낼 수 있다.

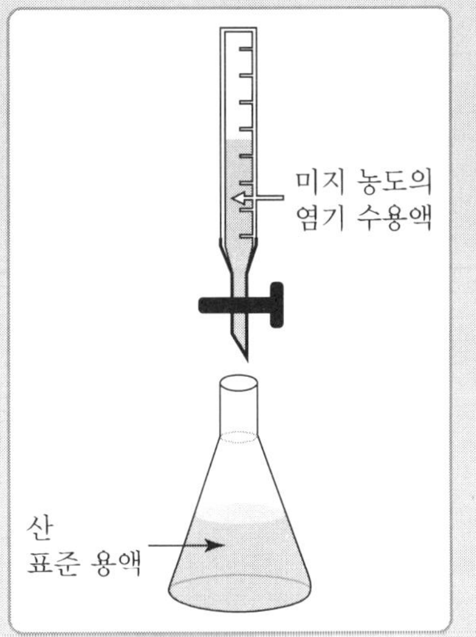

다음은 HCl 수용액의 표준화 적정 또는 표정(standardization titration)을 예로 든 것이다.

HCl 수용액의 표준화 적정

- 진한 HCl 수용액을 적절히 묽혀 원하는 농도 근처의 HCl 수용액을 제조한다.
- HCl 수용액을 뷰렛에 담고, 일정 부피의 탄산소듐(sodium carbonate, Na_2CO_3) 표준 용액을 삼각 플라스크(Erlenmeyer flask)에 담는다.
- 뷰렛으로부터 HCl 수용액을 Na_2CO_3 표준 용액에 정량적으로 첨가해 준다.
- 약염기인 Na_2CO_3와 강산인 HCl 사이에서 산 - 염기 반응이 일어나며, 이러한 산-염기 반응이 완결될 때까지 첨가된 HCl 수용액의 부피인 당량점을 구한다.

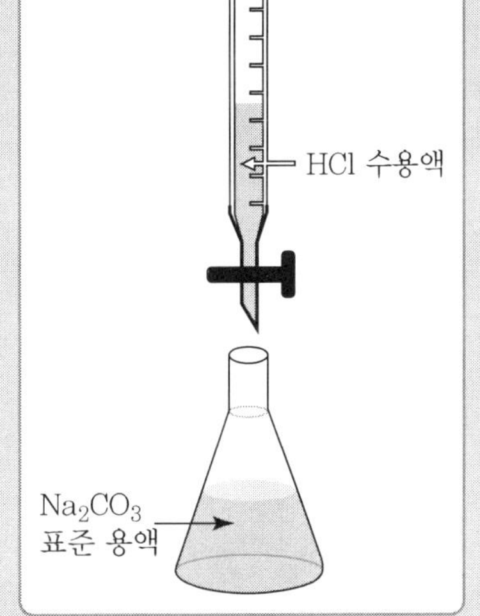

$$Na_2CO_3 + 2HCl \rightarrow H_2CO_3 + 2NaCl$$

- Na_2CO_3 표준 용액의 부피와 농도 그리고 당량점을 사용하여 HCl 수용액의 농도를 계산한다.

8.2.2 산-염기 적정분석에서의 당량점

산-염기 적정분석에서의 당량점(equivalence point)은 다음과 같이 정의할 수 있다.

산-염기 적정분석에서의 당량점

적정액의 성분(산 또는 염기)과의 화학량론적인 산-염기 반응이 완결될 때까지 첨가한 적가액(염기 또는 산 수용액)의 부피

그리고 주어진 산-염기 적정에서 산 수용액과 염기 수용액의 농도들을 모두 다 알고 있는 경우에는, 그 적정의 당량점을 계산하여 구할 수 있다. 예를 들어 0.100 M HCl 수용액 20.0 mL를 적정액으로 사용하고, 0.105 M NaOH 수용액을 적가액으로 사용하는 산-염기 적정분석에서의 당량점은 다음과 같이 구한다.

0.100 M HCl 20.0 mL vs. 0.105 M NaOH 적정에서의 당량점 구하기

이 적정에 적용되는 산-염기 반응식과 그 의미는 다음과 같다.

$HCl + NaOH \rightarrow NaCl + H_2O$

➜ 1 mol의 HCl과 1 mol의 NaOH가 반응하면, HCl과 NaOH는 모두 다 사라지면서 1 mol씩의 NaCl과 H_2O가 생성된다.

⇒ 적정액에 1 mol의 HCl이 존재하는 경우, HCl과의 산-염기 반응을 완결하기 위해 첨가해야 할 NaOH의 양은 1 mol이다.

이 적정에서의 당량점은 다음과 같이 구한다. 당량점에서는 다음과 같은 등식이 성립해야 한다.

적정액 속 HCl의 mol수 = 첨가해야 하는 NaOH의 mol수

따라서 HCl 수용액의 몰농도와 부피 그리고 NaOH 수용액의 몰농도를 사용하면, 다음과 같은 식을 얻는다.

(0.100 M) × (20.0 mL) = (0.105 M) × (첨가해야 할 NaOH 수용액의 부피, x mL)

이 식으로부터 당량점을 구한다.

당량점 = 첨가해야 할 NaOH 수용액의 부피(x)
= (0.100 M × 20.0 mL) ÷ 0.105 M
= 19.0476 mL ⇒ 19.0 mL

8.2.3 산-염기 적정분석에서의 종말점

산이나 염기 수용액들 중 어느 한 가지 수용액의 농도를 모르는 실제의 산-염기 적정분석에서는 당량점을 직접적으로 알아낼 수 있는 방법은 없다.

◎ 산-염기 적정분석에서의 종말점

주어진 산-염기 적정을 시작하기 전에 적정액에 소량의 산-염기 지시약을 첨가해 주면, 적가액의 첨가로 일어나는 산-염기 반응이 당량점을 통과하는 단계 또는 당량점을 통과한 직후에 지시약의 색이 변하고, 그 결과 적정액의 색이 변한다.

이렇게 주어진 산-염기 적정분석에서 지시약의 색이 변할 때까지 첨가해 준 적가액의 부피를 종말점(end point)이라고 정의한다. 그리고 주어진 산-염기 적정에서 발생하는 종말점을 알아냄으로써, 그 적정의 당량점을 구할 수 있다.

◎ 적정 오차와 바탕 적정

가. 적정 오차

일반적으로 종말점은 당량점 이후에 발생하게 된다. 다시 말해 당량점을 지나 과량으로 첨가된 적가액에 의해 적정액의 성질에 급격한 변화(pH의 급격한 변화, pH jump)가 발생하여 지시약의 색이 변하게 되면, 적정 작업을 종료하게 되는 것이다.

다시 말해 주어진 산-염기 적정의 종말점은 그 적정의 당량점에 관한 정보(당량점을 통과하였다는 정보)를 제공하는 것이며, 여기서 당량점과 종말점 사이의 차이를 적정 오차(titration error)(= 종말점 - 당량점)라고 부른다.

나. 바탕 적정

바탕 적정(blank titration)이란 주어진 산-염기 적정에서 종말점이 당량점을 얼마나 지난 단계에서 발생하였는지를 알아내어, 그 산-염기 적정에서 발생한 적정 오차의 크기를 최소화함으로써, 그 적정의 당량점에 관한 보다 정확한 정보를 얻어내는 보조적인 산-염기 적정이다.

바탕 적정에 관한 사항들은 차후 몇 가지 산-염기 적정을 다루면서 자세히 알아보기로 한다.

◎ 산-염기 지시약과 변색 범위

가. 산-염기 지시약

산-염기 지시약은 짝산 형태와 짝염기 형태의 색들이 서로 다른 약한 유기산(weak organic acid) 또는 약한 유기염기(weak organic base)이다.

즉, 주어진 산-염기 지시약이 들어 있는 수용액의 pH가 변하면, 그 지시약의 짝산과 짝염기 형태들의 농도가 변하고, 그 결과 수용액은 보다 높은 농도를 가지는 지시약 형태의 색을 나타내게 되는 것이다.

나. 산–염기 지시약의 변색 범위와 지시약의 선택

■ 지시약의 변색 범위

주어진 산–염기 지시약의 짝산 형태는 노란색을 나타내는 HIn이고, 짝염기 형태는 푸른색을 나타내는 In 이온인 경우를 예로 들어, 다음과 같이 산–염기 지시약의 변색 범위를 정의할 수 있다.

주어진 산–염기 지시약 수용액이 나타내는 색은 그 수용액의 pH에 따라 달라지며, 일반적으로 지시약의 짝산 형태와 짝염기 형태 중 한 가지 형태의 농도가 다른 형태의 농도에 비해 약 10배 이상이 되는 경우, 그 수용액은 보다 높은 농도를 가지는 형태의 지시약이 가진 색을 나타낸다.

산–염기 지시약의 변색 범위

다음은 HIn 수용액에서 일어나는 HIn과 H_2O 사이의 산–염기 반응과 평형 상수의 표현식이다.

$$\underset{\text{짝산 형태, 노란색}}{HIn} + H_2O \rightleftarrows H_3O^+ + \underset{\text{짝염기 형태, 푸른색}}{In^-}$$

$$K_{HIn} = \frac{[In^-][H_3O^+]}{[HIn]}$$

만일 HIn 수용액을 HIn 형태와 In^- 이온 형태가 공존하는 완충 용액으로 받아들일 수 있으므로,

$$pH = pK_{HIn} + \log\frac{[In^-]}{[HIn]}$$

와 같은 식 (완충 용액의 pH에 관련된 식)이 성립한다.

이 식에서

$[In^-] \geq 10[HIn]$이면 ($pH \geq pK_{HIn} + 1$이면),
HIn 수용액은 $[In^-]$의 색을 보이고,
$[HIn] \geq 10[In^-]$이면 ($pH \leq pK_{HIn} + 1$이면),
HIn 수용액은 $[HIn^-]$의 색을 나타낸다.

그러므로 지시약 HIn의 변색 범위는 다음과 같이 나타낼 수 있다.

HIn의 변색 범위 = $pK_{HIn} - 1 \sim pK_{HIn} + 1$

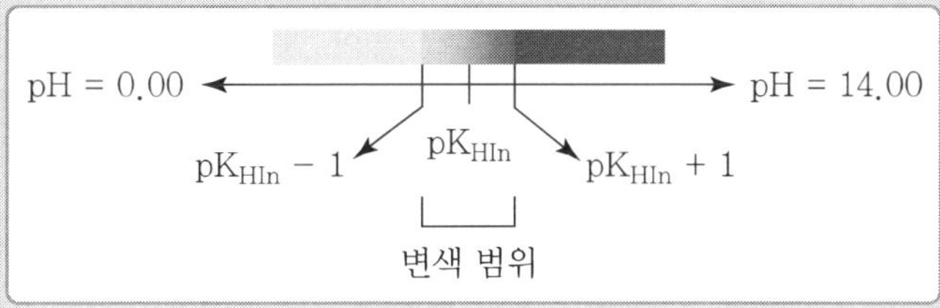

지시약을 함유하는 수용액의 pH가 $pK_{HIn} - 1$ 이하인 영역에서 그 수용액은 HIn의 노란색을 나타내지만, pH가 $pK_{HIn} + 1$ 이상인 영역에서 그 수용액은 In^-의 푸른색을 나타낸다.

즉, pH가 $pK_{HIn} - 1$와 $pK_{HIn} + 1$ 사이인 범위는 지시약의 변색(노란색 ↔ 초록색 ↔ 푸른색)이 일어나는 영역이다. 다음의 표는 몇 가지 지시약의 변색 범위들을 보여 준다.

지시약	변색 범위	짝산 형태의 색	짝염기 형태의 색
메틸 레드 (methyl red)	4.4 ~ 6.2	red	orange
브로모크레졸 그린 (bromocresol green)	3.8 ~ 5.4	yellow	blue
브로모티몰 블루 (bromothymol Blue)	6.0 ~ 7.6	yellow	blue
페놀프탈레인 (phenolphthalein)	8.2 ~ 10.0	colorless	red
알리자린 옐로 (alizarin yellow)	10.1 ~ 12.0	yellow	lilac

■ **지시약의 선택**

산-염기 적정에서 당량점을 전후하여 pH의 변화가 가장 급격하게 나타나는 현상을 pH 급변(pH jump)라고 부르는데, 다음의 그림에서 볼 수 있는 것처럼 변색 범위가 pH jump가 일어나는 영역과 겹치면서 pK_a가 당량점의 pH와 일치하는 산-염기 지시약이 가장 이상적인 지시약이라 할 수 있다.

그러나 이러한 산-염기 지시약은 존재하지 않으며, 설사 존재한다 하더라도 그러한 지시약을 사용하여 얻은 종말점이 당량점과 정확히 일치하는 실험 결과를 얻기는 거의 불가능하다. 그리고 주어진 산-염기 적정에서 당량점에 도달하기도 전에 색 변화를 일으키는 지시약의 경우, 당량점을 결정하는 작업에서 그 어떤 도움도 제공할 수 없으므로 사용할 수 없다. 따라서 일반적인 산-염기 적정에서는 변색 범위가 pH jump 범위와 거의 일치하긴 하지만, 당량점을 통과하고 난 단계에서 관찰 가능한 실제 변색을 보여주는 지시약을 차선의 지시약으로 선택하여 사용한다.

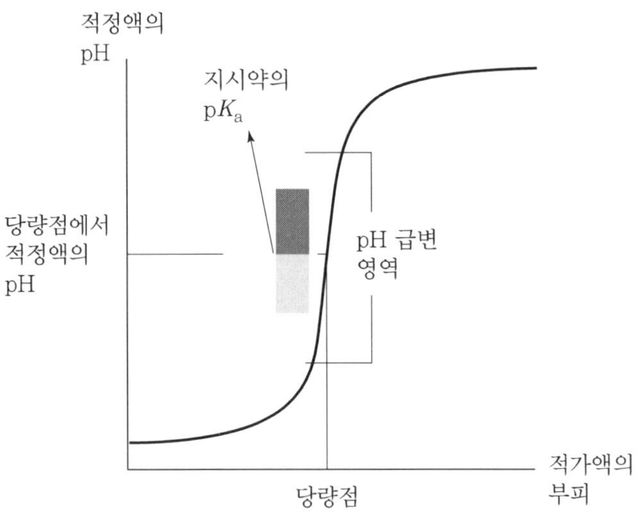

그림 8-1. 산-염기 적정 곡선(acid-base titration curve: 적가액의 첨가에 따른 적정액의 pH 변화를 나타낸 곡선)에서의 pH 급변 영역과 변색 범위가 정확히 일치하는 지시약

다음은 0.100 M HCl 수용액 35.0 mL에 0.100 M NaOH 수용액을 첨가하는 적정에서 얻어지는 산-염기 적정 곡선과 몇 가지 지시약들의 변색 범위들을 보여주면서 가장 바람직한 지시약의 선택에 관해 서술하고 있다.

산-염기 적정 곡선과 몇 가지 지시약의 변색 범위

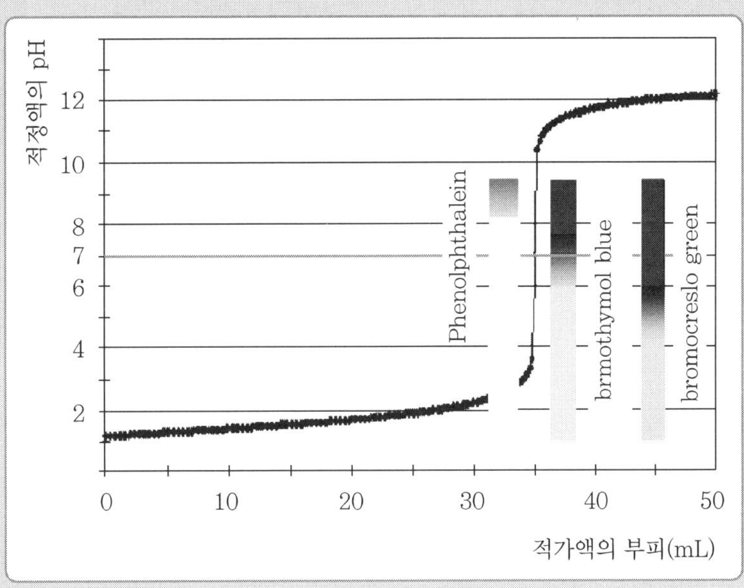

• bromocresol green

지시약의 역할이 적정의 단계가 당량점(pH = 7)을 지나면서 색의 변화를 통해 당량점을 지났다는 점을 알려주는 데에 있다는 점에 근거하면, 당량점에 도달하기 전에 색 변화를 일으키는(변색 범위: 3.8 ~ 5.4) 이 지시약은 당량점의 결정에 도움이 되지 못한다.

• bromothymol blue

변색 범위가 6.0 ~ 7.6이어서 당량점을 전후하여 색 변화를 일으키므로 가장 좋은 시약으로 생각할 수 있으나, 당량점을 전후한 pH의 변화가 너무나 급격하여 적정이 진행되는 동안 지시약의 색 변화(노란색 → 푸른색) 역시 급격하게 발생하므로, 당량점의 pH에 해당하는 적정액에서 지시약이 나타낼 청록색을 인지하여 종말점을 결정하는 것은 거의 불가능하다.

• phenolphthalein

변색 범위가 8.0 ~ 9.6이어서 당량점을 조금 지난 지점에서 색 변화를 일으키지만, 당량점을 지난 후 나타나는 적정액의 색 변화(무색 → 분홍색)를 관찰하기가 매우 쉽다는 장점을 가진다.

따라서 이 적정에서 가장 적절한 지시약은 phenophthalein이라 할 수 있다.

◎ 지시약의 농도가 적정에 미치는 영향

HCl 수용액에 NaOH 수용액을 첨가하는 적정을 예로 들어보자. 적정액에 NaOH 수용액이 첨가되면 강산인 HCl이 모두 다 NaOH와 반응하여 사라진 후 약산인 HIn이 NaOH와 반응하는 것이 가장 바람직한데, 그 이유는 종말점이 당량점과 일치하거나 당량점이후 바로 종말점이 나타날 수 있기 때문이다.

지시약의 농도가 너무 진한 경우(적정액에 과도하게 많은 양의 지시약을 첨가하는 경우), 종말점은 당량점을 훨씬 지나 나타나는 현상이 발생하게 된다. 반대로 지시약의 농도가 너무 묽은 경우(적정액에 너무 적은 양의 지시약을 첨가하는 경우) 종말점의 관찰이 불가능해진다.

다음의 그림을 살펴보자.

■ A의 경우 - 지시약의 농도가 과도하게 진한 경우

강산인 HCl과의 반응이 끝난 후에도 약산인 HIn과의 산-염기 반응을 위해 적지 않은 양의 NaOH가 첨가되어야 한다. 따라서 HIn에 의한 산-염기 적정 곡선이 뚜렷하게 나타나며, HIn의 경우 약산이므로 HIn/In^- 완충 용액 영역(적정 곡선의 초기 부분에서 pH 변화가 크게 발생하지 않는 영역)의 중간 부분에서 변색이 일어난다. 그 결과 HCl 적정의 당량점을 과도하게 지나친 부분에서 지시약의 변색이 일어나므로 적정 오차는 아주 커진다.

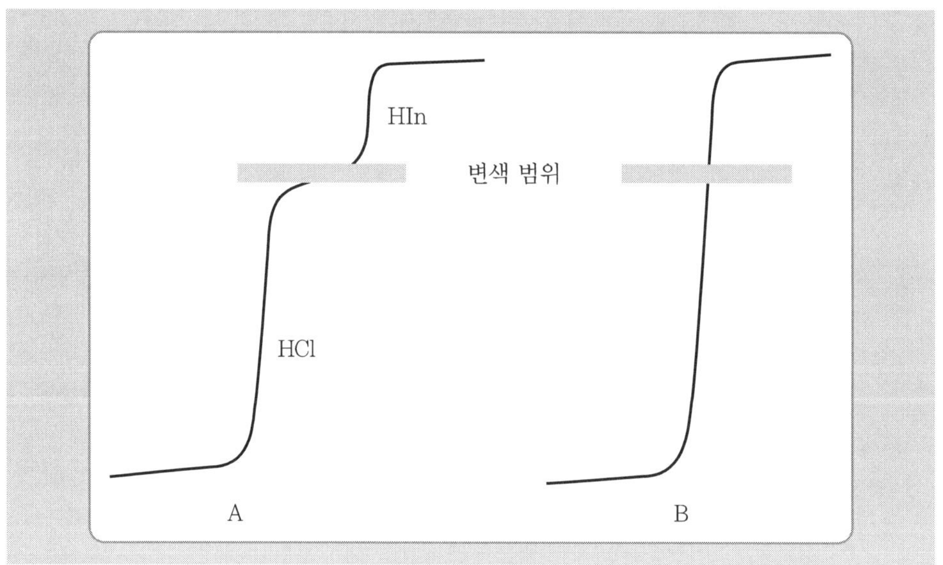

■ **B의 경우 - 지시약의 농도가 적절한 경우**

지시약의 적정 곡선은 따로 구분하기 불가능할 정도가 되고, 소량의 지시약에 의한 pH 변화가 강산인 HCl의 적정 곡선에 얹혀 발생한다. 따라서 종말점은 당량점 바로 뒤에 위치하게 된다.

8.2.4 몇 가지 산-염기 적정

강산 수용액에 강염기 수용액을 첨가하는 적정 산-염기 적정

적정액으로 0.100 M HCl 수용액 50.0 mL를 사용하고, 적가액으로는 0.100 M NaOH 수용액을 사용하는 산-염기 적정을 예로 들어 보자.

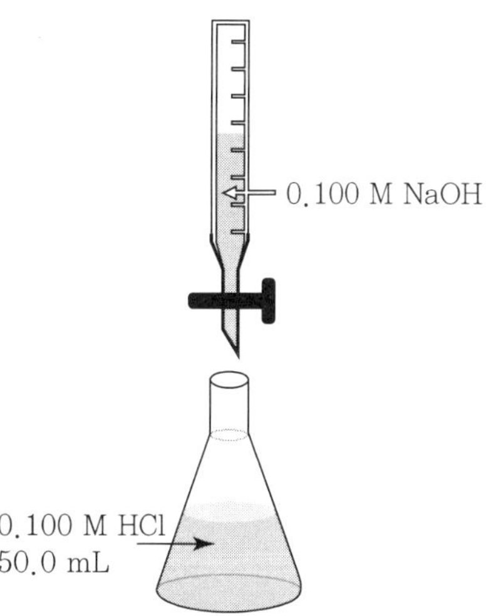

가. 이 적정의 당량점은 V_{NaOH} = 50.0 mL이다.

HCl 수용액에 NaOH 수용액이 첨가되면, HCl과 NaOH 사이에는 다음과 같은 산-염기 반응이 일어난다.

$$HCl + NaOH \rightarrow NaCl + H_2O$$

➜ 1 mol의 HCl이 함유된 용액에 1 mol의 NaOH가 들어오면 두 화학종들은 서로 완전히 반응하여 사라지면서 1 mol씩의 NaCl과 H_2O가 생겨난다.

따라서 이 적정의 당량점은 다음과 같이 구할 수 있다.

적정액에 함유되어 있는 HCl의 양 = 0.100 M × 50.0 mL = 5.00 mmol
= 필요한 NaOH의 양
= (NaOH 수용액의 농도) × (NaOH 수용액의 부피)

당량점에서 NaOH 수용액의 부피는 5.00 mmol ÷ 0.100 M = 50.0 mL이다.

나. 적정 단계별 적정액의 pH 구하기

■ **적정이 시작되기 전: 적가액의 첨가 부피 = V_{NaOH} = 0.0 mL**

적정액은 0.100 M HCl 수용액 그 자체이다. 따라서 다음과 같은 방법으로 적정액의 pH를 구할 수 있다.

$C_{HCl} \geq 10^{-6}$ M이 성립하므로,

$[H_3O^+]$ = HCl 수용액의 초기 농도 = C_{HCl} = 0.100 M

∴ pH = $-\log[H_3O^+] = -\log C_{HCl} = -\log(0.100) = 1.000$

■ **당량점에 도달하기 전 적가액의 첨가 부피(V_{NaOH})가 10.0 mL인 경우와 49.0 mL인 경우**

적가액을 첨가한 후, 당량점에 도달하기 전 영역에서 적정액의 pH를 구하는 방법은 동일하다.

• V_{NaOH} = 10.0 mL인 경우

	HCl	+ NaOH	→ NaCl	+ H_2O
반응 전	0.100 M×50.0mL = 5.00 mmol	0.100 M×10.0 mL = 1.00 mol	0	0
반응 후	4.00 mmol	0 mmol	1.00 mmol	1.00 mmol

반응 후 적정액 60.0 mL에는 4.0 mmol의 HCl이 남으므로, 적정액인 HCl 수용액의 농도는 0.067 M (☞ 4.00 mmol/60.0 mL)이다. HCl 수용액의 초기 농도(C_{HCl})가 10^{-6} M 이상이면, $[H_3O^+] = C_{HCl}$이므로, 적정액의 pH는 다음과 같이 얻어진다.

$[H_3O^+] = C_{HCl}$ = 0.0667 M ∴ pH = $-\log(0.0667)$ = 1.176

• V_{NaOH} = 49.0 mL인 경우

	HCl	+ NaOH	→ NaCl	+ H_2O
반응 전	0.100 M×50.0mL = 5.00 mmol	0.100 M×49.0 mL = 4.90 mol	0	0
반응 후	0.10 mmol	0 mmol	4.90 mmol	4.90 mmol

반응 후 적정액 99.0 mL에는 0.10 mmol의 HCl이 남으므로, 적정액인 HCl 수용액의 농도는 0.0010 M(☞ 0.10 mmol/99.0 mL)이다.

HCl 수용액의 초기 농도(C_{HCl})가 10^{-6} M 이상이면, $[H_3O^+] = C_{HCl}$의 관계가 성립하므로, 적정액의 pH는 다음과 같이 얻어진다.

$[H_3O^+] = C_{HCl}$ = 0.0010 M

∴ pH = $-\log(0.0010\text{ M})$ = 3.00

■ **당량점** = V_{NaOH} = 50.0 mL

당량점에서 적정액 속의 HCl와 첨가된 NaOH 사이의 산-염기 반응이 완결되므로,

적정액은 NaCl 수용액으로 바뀐다. 적정액의 pH는 다음과 같이 구한다.

	HCl	+ NaOH	→ NaCl	+ H_2O
반응 전	0.100 M×50.0mL = 5.00 mmol	0.100 M×50.0 mL = 5.00 mol	0	0
반응 후	0 mmol	0 mmol	5.00 mmol	5.00 mmol

적정액은 NaCl 수용액(농도: 5.00 mmol/100.0 mL = 0.0500 M)으로 변하며, NaCl 수용액은 중성 수용액이므로 pH = 7.00이다.

■ **당량점을 지난 후 적가액의 첨가 부피(V_{NaOH})가 51.0 mL인 경우와 60.0 mL인 경우**

당량점을 지난 영역에서 적정액은 과량으로 첨가된 NaOH를 함유하는 NaOH 수용액이 되며, 적정액의 pH를 구하는 방법은 다음과 같이 동일하다.

• V_{NaOH} = 51.0 mL인 경우

	HCl	+ NaOH	→ NaCl	+ H_2O
반응 전	0.100 M×50.0mL = 5.00 mmol	0.100 M×51.0 mL = 5.10 mol	0	0
반응 후	0 mmol	0.10 mmol	5.00 mmol	5.00 mmol

적정액에는 0.10 mmol의 NaOH가 남게 되고, 부피는 101.0 mL가 된다.

그러므로 NaOH 수용액의 농도는 9.9×10^{-4} M(☞ 0.10 mmol ÷ 101.0 mL)로 얻어진다. 그리고 NaOH 수용액의 농도가 10^{-6} M 이상이면, $[OH^-] = C_{NaOH}$가 성립하므로, pH는 다음과 같이 구할 수 있다.

$[OH^-] = C_{NaOH} = 9.9\times10^{-4}$ M pOH = $-\log(9.9\times10^{-4}$ M) = 3.00

$\therefore$ pH = pK_w − pOH = 14.00 − 3.00 = 11.00

• V_{NaOH} = 60.0 mL인 경우

	HCl	+ NaOH	→ NaCl	+ H_2O
반응 전	0.100 M×50.0mL = 5.00 mmol	0.100 M×60.0 mL = 6.00 mol	0	0
반응 후	0 mmol	1.00 mmol	5.00 mmol	5.00 mmol

반응 후 적정액 100.0 mL에는 1.00 mmol의 NaOH가 존재하므로, 적정액은 NaOH 수용액으로서 농도는 9.09×10^{-3} M(= 1.00 mmol/110.0 mL)가 된다. 따라서 적정액

(9.09 $\times 10^{-3}$ M NaOH 수용액)의 pH는 다음과 같이 구할 수 있다.

$[OH^-] = C_{NaOH} = 9.09 \times 10^{-3}$ M $pOH = -\log(9.09 \times 10^{-3}\ M) = 2.041$

$\therefore\ pH = pK_w - pOH = 14.00 - 2.041 = 11.96$

다. 적정 곡선: pH vs. V_{NaOH} 그래프

일반적으로 강산-강염기 적정의 경우에는 적정이 진행되면서 적정액의 pH가 서서히 증가하는 모습을 보이다가 당량점을 전후한 영역에서는 pH가 급격하게 증가한다. 당량점을 지난 영역에서는 과량의 NaOH가 첨가됨에 따라 적정액은 NaOH 수용액으로 변해가면서 pH가 서서히 증가하는 모습을 볼 수 있다.

그림 8-2는 0.100 M HCl 수용액 50.0 mL를 0.100 M NaOH 수용액으로 첨가하는 경우 얻어지는 산-염기 적정 곡선을 보여준다.

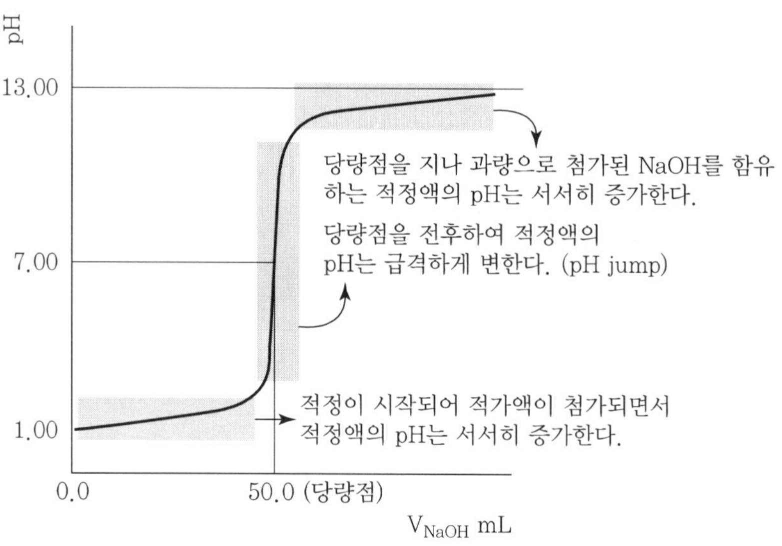

그림 8-2. 0.100 M HCl 50.0 mL vs. 0.100 M NaOH의 적정 곡선

라. 종말점

적정액이 강한 일양성자산인 HCl의 수용액이고 적가액은 강한 일양성자염기인 NaOH의 수용액을 사용하는 산-염기 적정에서 당량점의 pH는 7.00이다.

이러한 적정에서 사용하는 지시약은 변색 범위가 8.0(무색) ~ 9.6(붉은색)인 페놀프탈레인(phenolphthalein, phph)이고, 종말점은 적정액 전체가 무색에서 엷은 분홍색으로 변하여 그 색이 약 30초간 지속되는 지점으로 규정하고 있다.

그렇다면 왜 연한 분홍색이 30초 동안 지속되는 지점을 종말점으로 규정하는가?

HCl 수용액에 소량의 phph을 첨가한 후 적정을 진행하는 동안 당량점에 근접하게 되는 영역에 들어서면, 적정액 속의 HCl의 양이 매우 적어진다. 따라서 첨가되는 NaOH는 HCl을 만나 서로 산–염기 중화 반응을 진행하기 전에 phph와도 만날 수 있으며, 그림 8–3에서 볼 수 있는 것처럼 적정액이 국부적으로 일시적인 염기성을 나타낼 수 있다. 이로 인해 적정액은 부분적으로 phph의 분홍색을 나타낼 수도 있다. 그러나 당량점 이전에 관찰되는 이러한 부분적인 분홍색은 곧 사라지고, 적정액은 다시 무색으로 돌아온다.

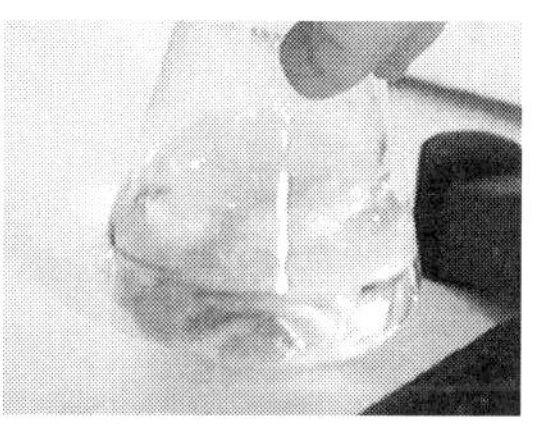

그림 8–3. 당량점 이전에서 적정액의 색 변화: 당량점 이전 적정액은 분홍색을 나타낼 수 있지만, 그 분홍색은 곧 사라져 버린다.

이렇게 적정액의 일부가 일시적으로 연한 분홍색으로 변한 후, 일정 시간이 지나면 다시 무색으로 돌아오는 현상은 적정이 당량점에 매우 근접한 영역에서는 그 정도가 보다 더 심하게 나타난다.

당량점 직후의 영역에서는 과량으로 첨가된 NaOH에 의해 염기성 용액으로 변한 적정액 전체에 걸쳐 연한 분홍색을 보이게 된다. 그러나 당량점 직후 적정액 전체에 걸쳐 나타나는 연한 분홍색 역시 오랫동안 지속하지 않고 사리지는 모습을 볼 수 있다. 그 이유는 적정액을 방치하는 동안 대기 중의 산성 기체(acidic gas, 예: 이산화 탄소 기체, $CO_2(g)$)가 염기성인 적정액에 쉽게 녹아 들어와 적정액의 pH를 다시 감소시켜 phph의 색을 무색으로 변화시켜 버리기 때문이다.

다시 말해 당량점 바로 전 영역에서 일어나는 적정액의 색 변화와 당량점 직후에 관찰되는 적정액의 색 변화는 분홍색으로 지속되는 시간만이 다를 뿐, 그 이외에는 서로 아주 큰 차이를 보여주지 않는다.

당량점을 과도하게 지난 영역에서는 적정액의 색이 진한 붉은색으로 변하면서, 적정의 진행 정도에 따른 붉은색의 농도 차이를 구분할 수 없게 된다. 따라서 이러한 모든 면들을 고려하여 적정액 전체에 걸쳐 연한 분홍색이 나타나고, 그 색이 약 30초 동안 지속되는 지점을 종말점으로 규정하는 것이다(그림 8–4).

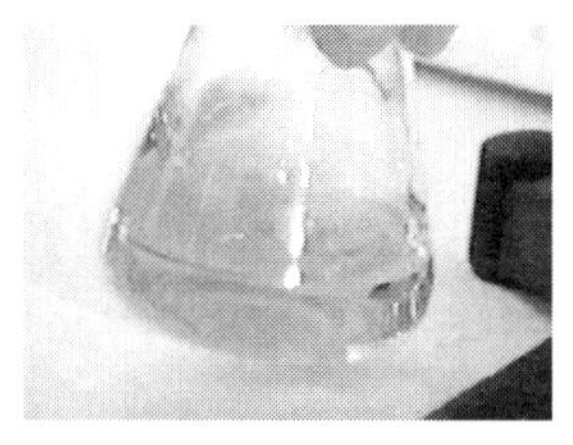

그림 8-4. 종말점에서 적정액의 색 변화: 적정액 전체에 걸쳐 분홍색이 약 30초간 지속되면, 종말점에 도달한 것이다.

그러나 실제 적정에서는 30초라는 시간에 너무 얽매일 필요는 없다. 적정액의 색이 완전히 붉은색으로 변하기 전의 단계에서 그 색이 일정 시간 동안(20 ~ 40초 정도) 지속되는 시점을 종말점으로 규정하면 될 것이다. 이후에 수행할 바탕 적정에서 같은 농도의 분홍색이 같은 시간 동안 지속되는 지점을 종말점으로 관측하면 별 문제가 없기 때문이다.

라. 바탕 적정 그리고 산 또는 염기 수용액의 농도 구하기

정확한 농도를 모르는 HCl 또는 NaOH 수용액의 농도를 알아내기 위해 phph를 지시약으로 사용하는「HCl 수용액 vs. NaOH 수용액」기본 적정을 수행하며, 이 적정에서 적가액으로 사용하는 NaOH 수용액은 정확한 농도가 알려진 표준 용액이다.

이러한 기본 적정을 사용하여 HCl 수용액의 농도를 알아내기 위해서는 당량점을 구해야 하고, 다음과 같은 과정에 당량점을 사용하여 HCl 수용액의 농도를 알아낼 수 있다.

당량점을 사용하여 산 또는 염기 수용액의 농도 알아내기

만일 농도가 x M인 HCl 수용액 50.0 mL를 적정액으로 사용하고, 0.100 M NaOH 수용액을 적가액으로 사용한 산-염기 적정에서 얻어진 당량점이 V_{NaOH} = 51.0 mL라면, 다음과 같은 과정을 통해 HCl 수용액의 농도를 알아낼 수 있다.

HCl과 NaOH 사이의 산-염기 반응식은 다음과 같다.

$$HCl + NaOH \rightarrow NaCl + H_2O$$

➜ 1 mol의 HCl과 1 mol의 NaOH가 반응하여 1 mol씩의 NaCl과 H_2O를 만들어 낸다.

당량점이란 적정액 속에 존재하는 모든 HCl과 반응하기 위해 필요한 NaOH를 첨가해주기 위해 필요한 NaOH 수용액의 부피이므로, 당량점에서는 다음과 같은 등식이 성립한다. 이 식을 사용하여 HCl 수용액의 농도를 구할 수 있다.

적정액 속 HCl의 mol수 = 첨가한 NaOH의 mol수

x M × 50.0 mL = 0.100 M × 51.0 mL

∴ HCl 수용액의 농도 = x M

= (0.100 M × 51.0 mL) ÷ 5.0 mL

= 0.102 M

그러나 기본 적정에서 알아낼 수 있는 것은 당량점이 아닌 종말점이며, 종말점은 당량점을 지나 발생하는 지시약의 색 변화를 근거로 결정한다. 따라서 기본 적정을 수행한 후, 바탕 적정을 통해 기본 적정에서의 당량점을 알아내어야 한다. 다음은 바탕 적정에 관련된 몇 가지 사항들을 소개한다.

• HCl 수용액 vs. NaOH 수용액 적정을 위한 바탕 적정이란

「HCl 수용액 vs. NaOH 수용액」 기본 적정에서 얻어진 종말점은 당량점을 지나 적정액 속의 지시약(phph)의 색이 변할 때까지 첨가한 NaOH 수용액의 부피이다.

다시 말해 기본 적정에서 당량점에 이르는 과정 동안 첨가된 NaOH 수용액은 적정액 속의 HCl을 NaCl로 변화시키는 데 사용되었지만, 당량점을 지나 과량으로 첨가된 NaOH 수용액의 경우에는 적정액 속 지시약의 색을 변화시키기 위해 사용되었다.

따라서 당량점을 지나 단순히 지시약(phph)의 색을 변화시키기 위해 첨가한 NaOH 수용액의 부피를(바탕 적정에서의 종말점을) 구하는 작업이 바로 바탕 적정이다.

• HCl 수용액 vs. NaOH 수용액 적정을 위한 바탕 적정의 방법

우선 0.100 M HCl 수용액 50.0 mL vs. 0.100 M NaOH 수용액 적정을 예로 들어본다. 이 적정의 경우 당량점에 이르면, 적정액은 농도가 0.0500 M이고 부피는 10.0 mL인 NaCl 수용액으로 변한다. 따라서 바탕 적정에서 사용할 적정액은 농도가 0.0500 M인 NaCl 수용액 100.0 mL이며, 그 적정액에 기본 적정에서 사용했던 지시약(phph)을 똑같은 양으로 첨가한다. 그리고 기본 적정에서 사용했던 적가액(0.100 M NaOH 수용액)을 사용하여 적정을 수행하여 종말점을 구한다.

그러나 만일 적정액과 적가액 중 한 가지 수용액의 농도를 모르는 적정의 경우에는 바탕 적정을 위한 적정액을 제조하는 방법은 무엇인가? 농도를 모르는 HCl 수용액의 농도를 알아내고자 NaOH 표준 용액을 적가액으로 사용하는 산-염기 기본 적정을 수행한 경우를 예로 들어보자.

이 경우 기본 적정에서 얻어지는 종말점에 근거하여 적정액 속 HCl의 양(mol수)을 추정할 수 있으며, HCl의 mol수와 같은 mol수의 NaCl을 함유하는 NaCl 수용액을 제조하여 적정액으로 사용할 수 있다. 물론 바탕 적정에서 적정액으로 사용할 NaCl 수용액의 부피는 기본 적정의 종말점에 도달하였을 때 관찰한 적정액의 부피와 동일하다.

이제 기본 적정에서 구한 종말점에서 바탕 적정에서 얻은 종말점을 빼어준 후, 다음과 같은 개념을 도입하여 얻어진 당량점을 이용하여 적정 계산을 수행한다.

> 원래 적정에서의 당량점 = 원래 적정에서의 종말점 − 바탕 적정에서의 종말점

다음의 예를 살펴보자.

예제 8-1

0.100 M HCl 수용액 50.0 mL를 적정액으로 농도를 모르는 NaOH 수용액을 적가액으로 사용한 산−염기 적정에서 얻어진 종말점은 V_{NaOH} = 50.09 mL이고, 0.0500 M NaCl 수용액 100.0 mL를 적정액으로 사용한 바탕 적정에서 얻은 종말점은 V_{NaOH} = 0.06 mL이다. NaOH 수용액의 몰농도를 구하시오.

풀이 원래 적정에서의 당량점
= 원래 적정에서의 종말점 − 바탕 적정에서의 종말점
= 50.09 mL − 0.06 mL = 50.03 mL

그리고 당량점에서 다음과 같은 등식이 성립한다.

HCl의 몰수 = 0.100 M × 50.0 mL = 5.00 mmol = NaOH의 몰수

따라서 NaOH 수용액의 몰농도를 구한다.

(NaOH 용액의 몰농도) × (당량점) = NaOH의 몰수 = 5.00 mmol
∴ NaOH 수용액의 몰농도 = 5.00 mmol ÷ 50.03 mL = 9.99×10^{-2} M

◉ 약산 수용액에 강염기 수용액을 첨가하는 적정

적정액으로 0.100 M CH_3COOH(K_a = 1.75×10^{-5}) 수용액 50.0 mL를 사용하고, 적가액으로는 0.100 M NaOH 수용액을 사용하는 산−염기 적정을 예로 들어 보자.

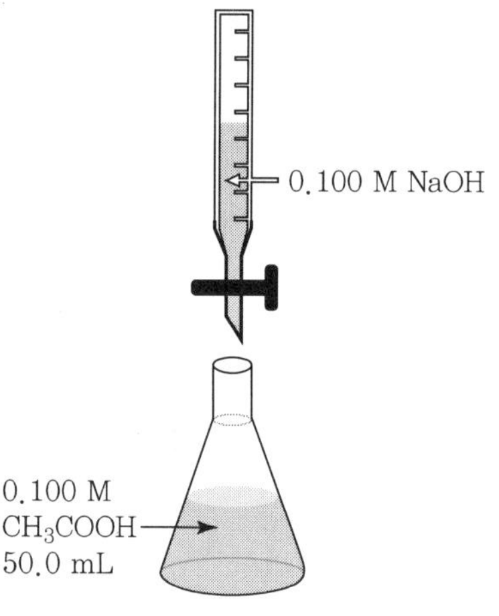

가. 당량점은 「V_{NaOH} = 50.0 mL」이다.

약한 일양성자산인 CH_3COOH과 강한 일양성자염기인 NaOH 사이의 산-염기 반응식 ($CH_3COOH + NaOH \rightarrow CH_3COONa + H_2O$)을 정량적으로 바라보면, 1 mol의 CH_3COOH를 함유하는 적정액에 1 mol의 NaOH를 함유하는 적가액을 첨가하는 경우 CH_3COOH와 NaOH는 서로 완전히 반응하여 사라지면서 1 mol씩의 CH_3COONa과 H_2O가 생겨남을 알 수 있다. 따라서 이 적정에서는 적정액에 5.00 mmol(= 0.100 M × 50.0 mL)의 CH_3COOH가 함유되어 있었으므로, CH_3COOH과 같은 몰수의 NaOH를 첨가하기 위해 필요한 NaOH 수용액의 부피가 당량점이 된다.

즉, 이 적정의 당량점은(5.00 mmol의 NaOH를 첨가하기 위해 필요한 0.100 M NaOH 수용액의 부피는) V_{NaOH} = 50.0 mL(☞ 5.00 mmol ÷ 0.100 M)이다.

나. 적정 단계별 적정액의 pH 구하기

■ V_{NaOH} = 0.0 mL

적정액은 0.100 M CH_3COOH($K_a = 1.75\times10^{-5}$) 수용액 그 자체이므로, 다음과 같은 평형 계산을 사용하여 적정액의 pH를 구한다.

	CH_3COOH	+ H_2O ⇄	CH_3COO^-	+	H_3O^+
초기 농도	0.100 M		0		0
평형 농도	(0.100 − x) M		x M		x M

$$K_a = \frac{[CH_3COO^-][H_3O^+]}{[CH_3COOH]}$$

$$= \frac{(x)(x)}{(0.100 - x)} = 1.75\times10^{-5}$$

⇒

$x = [H_3O^+] = 1.31\times10^{-3}$ M ∴ pH = 2.881

■ V_{NaOH} = 10.0 mL 그리고 V_{NaOH} = 25.0 mL

적정이 시작된 후 당량점에 도달하기 전의 영역은 CH_3COOH과 NaOH 사이의 산-염기 반응이 부분적으로만 일어나는 영역이다. 따라서 적정액은 NaOH와 반응 후 남아 있는 CH_3COOH와 NaOH와의 반응에서 생겨난 CH_3COOH의 짝염기인 CH_3COO^- 이온이 함께 CH_3COOH/CH_3COO^- 완충계를 이루는 완충 용액이다.

적정액의 pH는 다음과 같이 구한다.

• V_{NaOH} = 10.0 mL인 경우

	CH_3COOH +	NaOH →	CH_3COONa +	H_2O
반응 전	0.100 M×50.0 mL = 5.00 mmol	0.100 M×10.0 mL = 1.00 mol	0	0
반응 후	4.00 mmol	0 mmol	1.00 mmol	1.00 mmol

$$\begin{aligned} pH &= pK_a + \log\frac{[CH_3COO^-]}{[CH_3COOH]} \\ &= pK_a + \log\frac{[CH_3COONa]}{[CH_3COOH]} \\ &= -\log(1.75\times10^{-5}) + \log\left\{\frac{\frac{1.00\ mmol}{60.0\ mL}}{\frac{4.00\ mmol}{60.0\ mL}}\right\} \\ &= 4.757 - 0.602 = 4.155 \end{aligned}$$

• V_{NaOH} = 25.0 mL인 경우

	CH_3COOH +	NaOH →	CH_3COONa +	H_2O
반응 전	0.100 M×50.0 mL = 5.00 mmol	0.100 M×25.0 mL = 2.50 mol	0	0
반응 후	2.50 mmol	0 mmol	2.50 mmol	2.50 mmol

$$\begin{aligned} pH &= pK_a + \log\frac{[CH_3COO^-]}{[CH_3COOH]} \\ &= -\log(1.75\times10^{-5}) + \log(\frac{2.50\ mmol}{2.50\ mmol}) \\ &= 4.757 \end{aligned}$$

■ **당량점** = V_{NaOH} = 50.0 mL

당량점에 도달하면, CH_3COOH과 NaOH 사이의 산-염기 반응이 완결되고, 적정액은 적정액 속에 존재하던 모든 CH_3COOH으로부터 만들어진 CH_3COO^- 이온을 함유하는 수용액으로 변한다.

약한 일양성자산인 CH_3COOH의 짝염기인 CH_3COO^- 이온을 함유하는 적정액의 pH는 다음과 같이 구할 수 있다.

	CH_3COOH	+	NaOH	→	CH_3COONa	+	H_2O
반응 전	0.100 M×50.0 mL		0.100 M×50.0 mL				
	= 5.00 mmol		= 5.00 mol		0		0
반응 후	0 mmol		0 mmol		5.00 mmol		5.00 mmol

적정액은 0.0500 M CH_3COONa 수용액(초기 농도 = 5.00 mol/100.0 mL = 0.0500 M)이다. pH를 구하는 방법은 다음과 같다.

$$CH_3COONa \xrightarrow{H_2O} CH_3COO^- + Na^+$$

$$CH_3COO^- + H_2O \rightleftarrows CH_3COOH + OH^-$$

$$\begin{aligned} K_b &= \frac{[CH_3COOH][OH^-]}{[CH_3COO^-]} \\ &= \frac{K_w}{K_a} \\ &= (1.0\times10^{-14}) \div (1.75\times10^{-5}) \\ &= 5.7\times10^{-10} \end{aligned}$$

그런데 $C_{CH_3COO^-}$ = 0.0500 M이어서

$$\frac{C_{CH_3COO^-}}{K_b} = (0.0500) \div (5.7\times10^{-10}) \geq 10^4$$

이 성립하므로

$$\begin{aligned} [OH^-] &= (C_{CH_3COO^-} \times K_b)^{\frac{1}{2}} \\ &= \{(0.0500) \times (5.7\times10^{-10})\}^{\frac{1}{2}} \\ &= 5.3\times10^{-6}\ M \end{aligned}$$

가 얻어진다. 따라서 pH는 다음과 같이 구한다.

$$pOH = -\log(5.3\times10^{-6}) = 5.28$$

$$\therefore pH = pK_w - pOH = 14.00 - 5.28 = 8.72$$

■ **V_{NaOH} = 51.0 mL 그리고 V_{NaOH} = 60.0 mL**

적정이 당량점을 지나 과량의 NaOH 수용액이 첨가되는 영역에서 적정액은 약한 일양성자염기인 CH_3COO^- 이온과 강한 일양성자염기인 NaOH가 함께 존재하는 수용액으로 변한다. 이 경우 적정액은 강한 일양성자염기인 NaOH 수용액으로 취급하여 pH를 구한다.

• V_{NaOH} = 51.0 mL인 경우

	CH_3COOH	+	NaOH	→	CH_3COONa	+	H_2O
반응 전	0.100 M×50.0 mL		0.100 M×51.0 mL				
	= 5.00 mmol		= 5.10 mol		0		0
반응 후	0 mmol		0.10 mmol		5.00 mmol		5.00 mmol

101.0 mL의 적정액에는 0.10 mmol의 NaOH(강염기)가 남고 5.00 mmol의 CH_3COONa (약염기)이 함께 존재하는데, 이 용액은 NaOH 수용액으로 취급해도 무방하다. 적정액의 pH는 다음과 같이 구한다.
적정액(NaOH 수용액)의 농도는

$$[NaOH] = 0.10\ mmol \div 110.0\ mL = 9.9\times10^{-4}\ M$$

로 얻어지며, pH는 다음과 같이 구한다.
적정액 (NaOH 수용액)의 농도는

$$[NaOH] = 0.10\ mmol \div 110.0\ mL = 9.9\times10^{-4}\ M$$

로 얻어지며, pH는 다음과 같이 구한다.

$[OH^-]$ = NaOH 수용액의 초기 농도 = $C_{NaOH} = 9.9\times10^{-4}$ M
$pOH = -\log[OH^-] = -\log(9.9\times10^{-4}) = 3.00$
$\therefore pH = pK_w - pOH = 14.00 - 3.00 = 11.00$

• V_{NaOH} = 60.0 mL인 경우

	CH_3COOH	+	NaOH	→	CH_3COONa	+	H_2O
반응 전	0.100 M×50.0 mL		0.100 M×60.0 mL				
	= 5.00 mmol		= 6.00 mol		0		0
반응 후	0 mmol		1.00 mmol		5.00 mmol		5.00 mmol

적정액(NaOH 수용액)의 농도는

$$[NaOH] = (1.00\ mmol) \div (110.0\ mL) = 9.09\times10^{-3}\ M$$

로 얻어지며, pH는 다음과 같이 구한다.

$[OH^-]$ = NaOH 수용액의 초기 농도 = $C_{NaOH} = 9.09\times10^{-3}$ M
$pOH = -\log[OH^-] = -\log(9.09\times10^{-3}) = 2.041$
$\therefore pH = pK_w - pOH = 14.00 - 2.041 = 11.96$

다. 적정 곡선

그림 8-5에서 볼 수 있는 것처럼 일반적으로 「약산(CH_3COOH) vs. 강염기(NaOH)」 적정 곡선은 「강산 vs. 강염기」 적정 곡선의 모습과 다소 차이를 보인다.

「약산 vs. 강염기」 적정 곡선은 적정이 시작되는 순간, 적가액의 첨가에 따른 적정액의 pH 변화가 상대적으로 더 급격하게 나타난다.

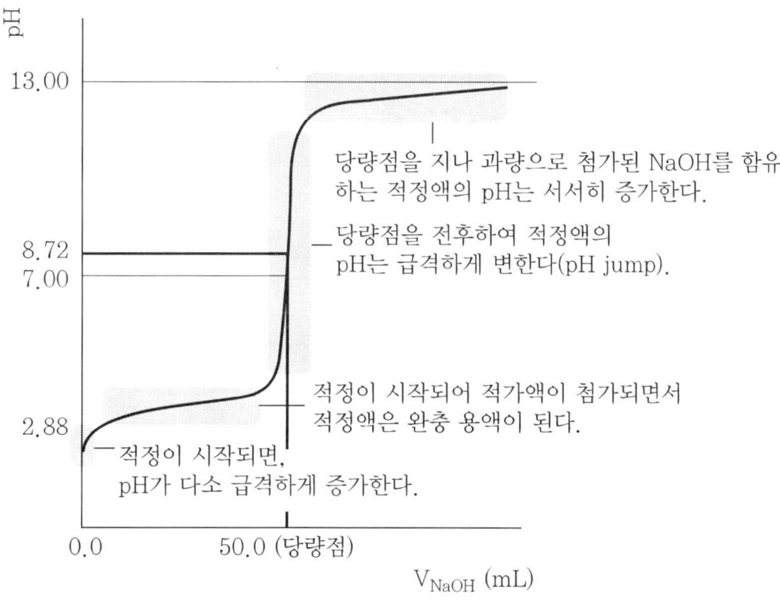

그림 8-5. 0.100 M CH_3COOH 50.0 mL vs. 0.100 M NaOH의 적정 곡선

그러나 적정이 진행되면서 적정액에는 CH_3COOH/CH_3COO^- 완충계가 형성되기 시작하고, 그에 따라 강염기의 첨가에도 적정액의 pH는 그리 크게 변하지 않는 모습을 보인다.

적정이 당량점에 근접해감에 따라 적정액의 완충계를 이루는 CH_3COOH의 양이 크게 감소함에 따라 적정액은 완충 능력을 상실하게 되고, 강염기의 첨가에 따른 pH 변화 폭도 커진다.

당량점에 도달하면 적정액은 CH_3COOH의 짝염기인 CH_3COO^- 이온 수용액(약한 염기성 수용액)이 되면서, pH는 7.00보다 다소 커진다.

당량점을 지나면, 과량으로 가해진 NaOH의 농도가 적정액의 pH를 좌우하며, 두 가지 적정에서 당량점을 지난 지점들에서 적정 곡선들은 NaOH 수용액의 첨가에 따른 적정액의 pH 변화 모습이 동일하다.

약염기 수용액에 강산 수용액을 첨가하는 적정

적정액으로 0.100 M NH_3 수용액 50.0 mL를 사용하고, 적가액으로는 0.100 M HCl 수용액을 사용하는 산–염기 적정을 예로 들어 보자.

NH_3와 HCl 사이에서 일어나는 산–염기 반응식 (NH_3 + HCl → NH_4Cl)에 따르면, 1 mol의 NH_3가 함유된 적정액에 1 mol의 HCl이 들어오면 두 화학종들은 서로 완전히 반응하여 사라지면서 1 mol씩의 NH_4Cl을 만들어낸다.

이 적정에서 적정액에는 5.00 mmol (☞ 0.100 M×50.0 mL)의 NH_3가 함유되어 있었으므로, NH_3와 같은 몰수의 HCl를 첨가하기 위해 필요한 HCl 수용액의 부피가 당량점이 된다.

따라서 이 적정의 당량점은 V_{HCl} = 50.0 mL (☞ 5.00 mmol ÷ 0.100 M)이다.

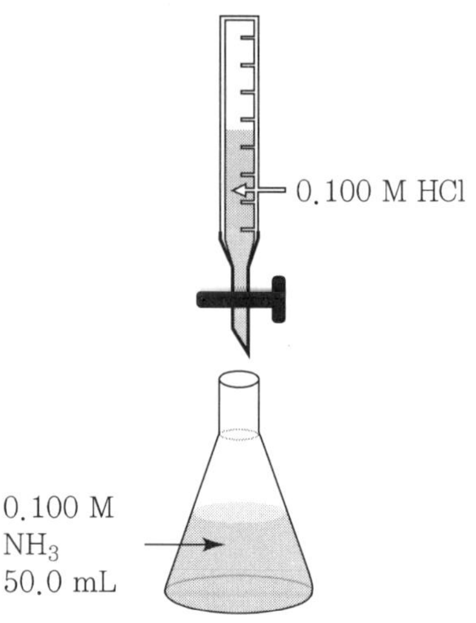

가. 적정 단계별 적정액의 pH 구하기

■ V_{HCl} = 0.0 mL

적정액은 약한 일양성자염기인 NH_3 수용액이며, 0.100 M NH_3(K_b = 1.8×10^{-5}) 수용액의 pH는 다음과 같이 구할 수 있다.

	NH_3	+	H_2O	⇄	NH_4^+	+	OH^-
초기 농도	0.100 M				0		0
평형 농도	(0.100 − x) M				x M		x M

$$K_b = \frac{[NH_4^+][OH^-]}{[NH_3]} = (x)(x) \div (0.100 - x) = 1.8\times10^{-5}$$

x = $[OH^-]$ = 1.3×10^{-3} M pOH = 2.88 ∴ pH = 11.12

■ V_{HCl} = 10.0 mL 그리고 V_{HCl} = 25.0 mL

적정이 시작된 후 당량점에 도달하기 전의 영역은 NH_3와 HCl 사이의 산–염기 반응이 부분적으로만 일어나는 영역이다. 그 결과 적정액은 HCl과 반응 후 남는 NH_3와 HCl과의 반응으로부터 만들어진 NH_3의 짝산인 NH_4^+ 이온이 함께 NH_4^+/NH_3 완충계를 이루는 완충 용액이다.

NH_4^+/NH_3 완충계를 가지는 완충 용액의 pH는 다음과 같이 구한다.

• V_{NaOH} = 10.0 mL인 경우

	NH_3	+	HCl	→	NH_4Cl
반응 전	0.100 M×50.0 mL		0.100 M×10.0 mL		
	= 5.00 mmol		= 1.00 mol		0
반응 후	1.00 mmol		0 mmol		1.00 mmol

적정액은 NH_4^+/NH_3 완충 용액이고, pH는 다음과 같이 구할 수 있다.

$$\begin{aligned} pH &= pK_a + \log\frac{[NH_3]}{[NH_4^+]} \\ &= pK_a + \log\frac{[NH_3]}{[NH_4Cl]} \\ &= -\log(1.0\times10^{-14} \div 1.8\times10^{-5}) + \log(4.00\ mmol \div 1.00\ mmol) \\ &= -\log(5.6\times10^{-10}) + \log(4.00) \\ &= 9.25 + 0.602 = 9.85 \end{aligned}$$

• V_{NaOH} = 25.0 mL인 경우

	NH_3	+	HCl	→	NH_4Cl
반응 전	0.100 M×50.0 mL		0.100 M×25.0 mL		
	= 5.00 mmol		= 2.50 mol		0
반응 후	2.50 mmol		2.50 mmol		2.50 mmol

적정액은 NH_4^+/NH_3 완충 용액이고, pH는 다음과 같이 구할 수 있다.

$$\begin{aligned} pH &= pK_a + \log\frac{[NH_3]}{[NH_4^+]} \\ &= -\log(5.6\times10^{-10}) + \log(\frac{2.50\ mmol}{2.50\ mmol}) \\ &= -\log(5.6\times10^{-10}) + 0 = 9.25 \end{aligned}$$

■ **당량점** = V_{HCl} = 50.0 mL

적정액은 다음과 같이 0.0500 M NH_4Cl 수용액(초기 농도 = 5.00 mol/100.0 mL = 0.0500 M)이 된다.

	NH_3	+	HCl	→	NH_4Cl
반응 전	0.100 M×50.0 mL		0.100 M×50.0 mL		
	= 5.00 mmol		= 5.00 mol		0
반응 후	0 mmol		0 mmol		5.00 mmol

$[NH_4Cl]_{초기}$ = $[NH_4^+]_{초기}$ = 5.00 mmol/100.0 mL = 0.0500 M

$$NH_4Cl \xrightarrow{H_2O} NH_4^+ + Cl^- \qquad NH_4^+ + H_2O \rightleftarrows NH_3 + H_3O^+$$

$$K_a = \frac{[H_3O^+][NH_3]}{[NH_4^+]}$$

$$= \frac{K_w}{K_b} = (1.0\times10^{-14}) \div (1.8\times10^{-5}) = 5.6\times10^{-10}$$

	NH_4^+	+	H_2O	⇄	NH_3	+	H_3O^+
초기 농도	0.0500 M				0		0
평형 농도	(0.0500 − x) M				x M		x M

$$K_a = \frac{(x)(x)}{(0.0500 - x)} = 5.6\times10^{-10}$$

x = $[H_3O^+]$ = 5.3×10^{-6} M ∴ pH = 5.28

■ V_{HCl} = 51.0 mL 그리고 V_{HCl} = 60.0 mL

NH_3와 HCl은 다음과 같은 반응을 일으키며, 반응 전과 후 용액 속 화학종들의 종류와 농도는 다음과 같이 구한다. 반응 후 101.0 mL의 적정액에는 0.10 mmol의 HCl(강산)이 남고 5.00 mmol의 NH_4Cl(약산)이 함께 존재하는데, 이 용액은 HCl 수용액(농도 = 0.10 mmol ÷ 110.0 mL = 0.00099 M)으로 취급하여 pH를 구한다.

• V_{NaOH} = 51.0 mL인 경우

	NH_3	+	HCl	→	NH_4Cl
반응 전	0.100 M×50.0 mL = 5.00 mmol		0.100 M×51.0 mL = 5.10 mol		 0
반응 후	0 mmol		0.10 mmol		5.00 mmol

$[H_3O^+]$ = $[HCl]_{초기}$ = 0.00099 M ∴ pH = 3.00

• V_{NaOH} = 60.0 mL인 경우

	NH_3	+	HCl	→	NH_4Cl
반응 전	0.100 M×50.0 mL = 5.00 mmol		0.100 M×60.0 mL = 6.00 mol		 0
반응 후	0 mmol		1.00 mmol		5.00 mmol

$[H_3O^+]$ = [HCl] = 0.00909 M ∴ pH = 2.041

다. 적정 곡선

그림 8-6은 0.100 M NH_3 수용액 50.0 mL를 0.100 M HCl 수용액으로 적정하여 얻어지는 적정 곡선을 보여준다.

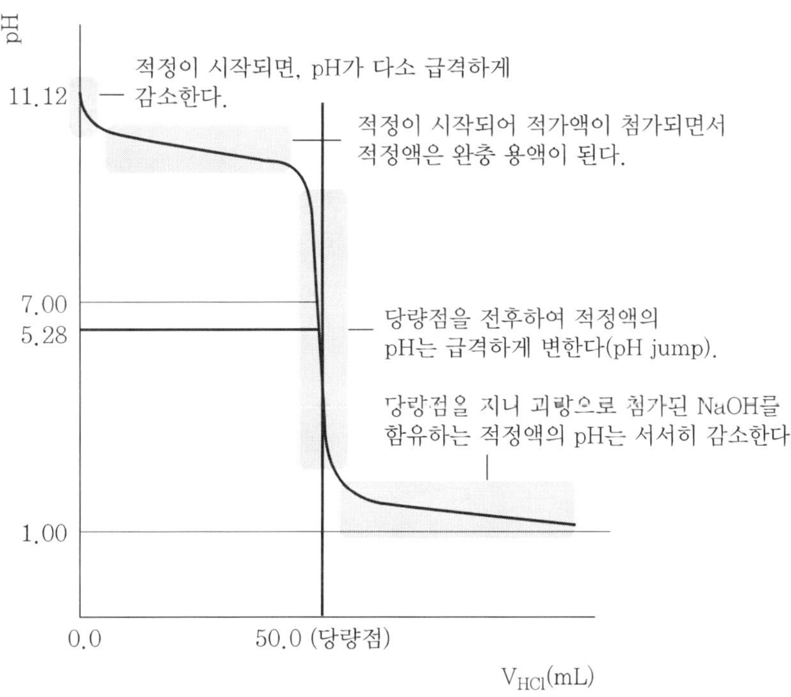

그림 8-6. 0.100 M NH_3 50.0 mL vs. 0.100 M HCl의 적정 곡선

일반적으로 약염기(NH_3) vs. 강산(HCl) 적정 곡선의 경우에는 강염기 vs. 강산 적정 곡선의 모습과 다소 차이를 보이다.

약염기 vs. 강산 적정 곡선은 적정이 시작되면서 적가액의 적가에 따른 적정액의 pH 변화가 상대적으로 급격하게 나타난다.

적정이 진행되면서 적정액에는 NH_4^+/NH_3 완충계가 형성되기 시작하고 그에 따라 강산의 첨가에도 적정액의 pH는 그리 크게 변하지 않는 모습을 보이는 것이다.

적정이 당량점에 근접해감에 따라 적정액의 완충계를 이루는 NH_3의 양이 크게 감소함에 따라 적정액은 완충 능력을 상실하게 되고 강산의 첨가에 따른 pH 변화 폭도 커진다.

당량점에 도달하면 적정액은 약염기 NH_3의 짝산인 NH_4^+ 이온 수용액(약한 산성 수용액)이 되면서 pH는 7보다 다소 작아진다.

당량점을 지나면 과량으로 가해진 강산(HCl)의 농도가 적정액의 pH를 좌우한다.

◎ HCl 수용액의 농도를 알아내기 위한 표준화 적정

일반적으로 실험실에서 0.100 M 근처의 농도로 정확한 수치의 농도를 가지는 HCl 수용액 500.0 mL를 제조해야 할 필요가 있을 경우, 다음과 같은 방법을 사용한다.

우선 해당 실험실에 0.100 M보다 진한 농도의 HCl 수용액이 존재하고 그 농도 값이 정확하다면, 그 용액을 적절히 묽혀 0.100 M 근처의 HCl 표준 용액 500.0 mL를 제조할 수 있다. 그러나 보다 진한 농도의 HCl 수용액이 없는 경우에는 상업적으로 판매하는 진한 HCl 수용액을 사용하여 대략 0.100 M 근처의 농도를 가지는 HCl 수용액을 제조한 후, 그 HCl 수용액의 정확한 농도를 알아내기 위해 염기 표준 용액인 Na_2CO_3 수용액을 사용하는 산-염기 적정을 수행한다.

이러한 산-염기 적정을 HCl 수용액의 정확한 농도를 알아내기 위한 표준화 적정(standardization titration, 줄여서 '표정'이라고 부름)이라 한다.

여기서는 두 가지 종류의 지시약들(페놀프탈레인(phph)과 브로모크레졸그린(bcg))을 사용하고, 0.100 M Na_2CO_3 수용액 40.0 mL를 적정액으로, 그리고 0.100 M HCl 수용액을 적가액으로 사용하는 HCl 수용액의 표정을 예로 들어 그에 관련된 내용들을 알아보기로 한다.

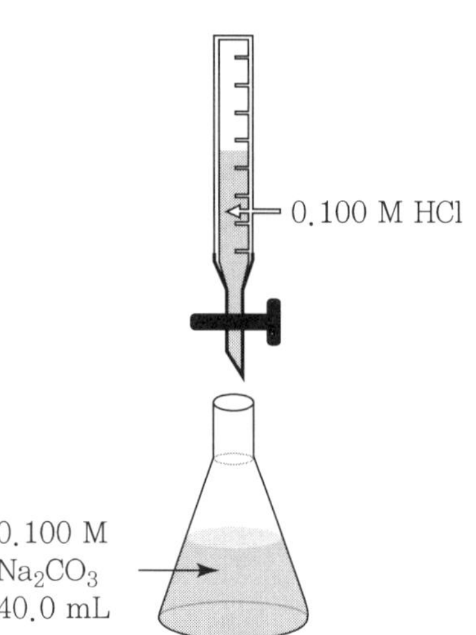

HCl 수용액의 표정을 위한 Na_2CO_3 표준 용액 vs. HCl 수용액 적정에서는 두 곳의 당량점들이 존재한다.

1차 당량점은 적정액 속의 Na_2CO_3가 모두 $NaHCO_3$로 바뀌는 지점까지 첨가해 준 HCl 수용액의 부피(V_{HCl} = 40.0 mL)이며, 2차 당량점은 적정액 속의 $NaHCO_3$가 모두 H_2CO_3로 바뀌는 지점까지 첨가해 준 HCl 수용액의 부피(V_{HCl} = 80.0 mL)이다.

- 1차 당량점: $Na_2CO_3 + HCl \rightarrow NaHCO_3 + NaCl$와 같은 산-염기 반응이 완료되는 지점까지 첨가해 준 적가액(HCl 수용액)의 부피

  1차 당량점에서는 Na_2CO_3의 mol수 = HCl의 mol수이므로

  1차 당량점: $V_{HCl} = x$ mL 라면,

  $0.100\ M \times 40.0\ mL = 0.100\ M \times x, \qquad x = 40.0\ mL$

- 2차 당량점: $NaHCO_3 + HCl \rightarrow H_2CO_3 + NaCl$와 같은 산-염기 반응이 완료되는 지점까지 첨가해 준 적가액(HCl 수용액)의 부피

  2차 당량점에서는 $NaHCO_3$의 mol수(= 초기 $Na_2(CO_3$의 mol 수) = HCl의 mol수이므로

2차 당량점: V_{HCl} = y mL라면,

(Na_2CO_3의 mol수) + ($NaHCO_3$의 mol수) = 0.100 M × y

= 4.00 mmol + 4.00 mmol = 0.100 M × y

∴ y = 80.0 mL

⇒ 적정액 속 모든 Na_2CO_3가 $NaHCO_3$로 바뀌는 지점까지 첨가해 준 HCl 수용액 부피(40.0 mL) + 적정액 속 모든 $NaHCO_3$가 H_2CO_3로 바뀌는 지점까지 첨가해 준 HCl 수용액 부피(40.0 mL)

HCl 수용액의 농도가 대략 어느 정도의 값을 가지는가를 알고 있는 경우에는 1차 당량점이나 2차 당량점의 위치들에 대한 짐작이 가능하므로, 1차 당량점에 관한 정보를 얻을 필요가 없이(1차 당량점을 전후하여 변색을 하는 지시약을 사용할 필요 없이) 2차 당량점을 전후하여 변색을 일으키는 지시약만을 사용해도 무방하다 하겠다. 그러나 여기서는 두 가지 지시약들을 모두 사용하는 적정을 살펴본다.

가. 적정단계별 적정액의 pH 구하기

■ **적정이 시작되기 전:** V_{HCl} = 0.0 mL

적정액은 0.100 M Na_2CO_3 용액이고, pH는 다음과 같이 구한다.

$$Na_2CO_3 \xrightarrow{H_2O} 2Na^+ + CO_3^{2-}$$

$C_{Na_2CO_3}$ = Na_2CO_3 용액의 초기 농도 = CO_3^{2-} 이온의 초기 농도 = $C_{CO_3^{2-}}$

	CO_3^{2-}	+	H_2O	⇄	HCO_3^-	+	OH^-
초기 농도	0.100				0		0
평형 농도	0.100 − x				x		x

$$K_{b1} = \frac{[HCO_3^-][OH^-]}{[CO_3^{2-}]}$$

$$= \frac{K_w}{K_{a2}} = (1.0\times10^{-14}) \div (4.7\times10^{-11}) = 2.1\times10^{-4}$$

$$\Rightarrow \frac{(x)(x)}{(0.100 - x)} = 2.1\times10^{-4}$$

$\Rightarrow x = [OH^-] = 4.6\times10^{-3}$ M pOH = 2.34 ∴ pH = 11.66

■ **1차 당량점에 도달하기 전: V_{HCl} = 10.0 mL 그리고 V_{HCl} = 30.0 mL**

다음은 이 영역에서 일어나는 산-염기 반응의 정량적인 취급 결과를 보여준다.

• V_{NaOH} = 10.0 mL인 경우

	Na_2CO_3 +	HCl →	$NaHCO_3$ +	NaCl
반응 전	0.100 M×40.0 mL = 4.00 mmol	0.100 M×10.0 mL = 1.00 mmol	0	0
반응 후	3.00 mmol	0 mmol	1.00 mmol	1.00 mmol

이 반응에 근거하면, 이 지점에서 적정액은 $NaHCO_3/Na_2CO_3$ 완충 용액으로 취급하여 다음과 같이 pH를 구할 수 있다.

$$pH = pK_{a2} + \log\frac{[Na_2CO_3]}{[NaHCO_3]}$$

$$= -\log(4.7\times10^{-11}) + \log(\frac{3.00}{1.00}) = 10.81$$

• V_{NaOH} = 30.0 mL인 경우

	Na_2CO_3 +	HCl →	$NaHCO_3$ +	NaCl
반응 전	0.100 M×40.0 mL = 4.00 mmol	0.100 M×30.0 mL = 1.00 mmol	0	0
반응 후	1.00 mmol	3.00 mmol	3.00 mmol	3.00 mmol

이 반응에 근거하면, 이 지점에서 적정액은 여전히 $NaHCO_3/Na_2CO_3$ 완충 용액으로 취급하여 다음과 같이 pH를 구할 수 있다.

$$pH = pK_{a2} + \log\frac{[Na_2CO_3]}{[NaHCO_3]}$$

$$= -\log(4.7\times10^{-11}) + \log(\frac{1.00}{3.00}) = 9.85$$

■ **1차 당량점 = V_{HCl} = 40.0 mL**

1차 당량점에 도달한 적정액에서는 다음과 같은 반응이 일어나므로

	Na_2CO_3 +	HCl →	$NaHCO_3$ +	NaCl
반응 전	0.100 M×40.0 mL = 4.00 mmol	0.100 M×40.0 mL = 4.00 mmol	0	0
반응 후	0.00 mmol	0 mmol	4.00 mmol	4.00 mmol

적정액은 초기 농도가 0.0500 M(= 4.00 mmol ÷ 80.0 mL)인 $NaHCO_3$ 수용액이 된다. $NaHCO_3$는 H_2CO_3의 짝염기이며, 동시에 CO_3^{2-} 이온의 짝산이다. 따라서 0.0500 M 수용액의 pH는 다음과 같이 구할 수 있다.

$NaHCO_3$ 용액의 pH는 다음과 같은 식을 사용하여 pH를 구한다.

$$[H_3O^+] = \{\frac{(K_{a1}K_{a2}[NaHCO_3]_{초기} + K_{a1}K_w)}{([NaHCO_3]_{초기} + K_{a1})}\}^{\frac{1}{2}}$$

$NaHCO_3$의 초기 농도는 0.0500 M이다.

$$[NaHCO_3]_{초기} = \frac{(4.00\ mmol)}{(80.0\ mL)} = 0.0500\ M$$

그리고 $K_{a1} = 4.4\times10^{-7}$, $K_{a2} = 4.7\times10^{-11}$이므로

$$[H_3O^+] = 4.6\times10^{-9}\ M \qquad \therefore\ pH = 8.34$$

■ **1차 당량점과 2차 당량점 사이의 영역**: V_{HCl} = 50.0 mL **그리고** V_{HCl} = 60.0 mL

이 영역에서 적정액의 pH는 다음과 같이 구한다.

• V_{HCl} = 50.0 mL인 경우

	Na_2CO_3	+ HCl	→ $NaHCO_3$	+ $NaCl$
반응 전	0.100 M×40.0 mL = 4.00 mmol	0.100 M×50.0 mL = 5.00 mmol	0	0
반응 후	0.00 mmol	1.00 mmol	4.00 mmol	4.00 mmol

	$NaHCO_3$	+ HCl	→ H_2CO_3	+ $NaCl$
반응 전	4.00 mmol	1.00 mmol		
반응 후	3.00 mmol	0 mmol	1.00 mmol	1.00 mmol

이 반응 결과에 근거하면, 이 지점에서 적정액은 $H_2CO_3/NaHCO_3$ 완충 용액이 되므로, 다음과 같이 pH를 구할 수 있다.

$$pH = pK_{a1} + \log\frac{[NaHCO_3]}{[H_2CO_3]}$$

$$= -\log(4.4\times10^{-7}) + \log(\frac{3.00}{1.00}) = 6.84$$

• V_{NaOH} = 60.0 mL인 경우

	Na_2CO_3	+	HCl	→	$NaHCO_3$	+	NaCl
반응 전	0.100 M×40.0 mL = 4.00 mmol		0.100 M×60.0 mL = 6.00 mmol		0		0
반응 후	0.00 mmol		2.00 mmol		4.00 mmol		4.00 mmol

	$NaHCO_3$	+	HCl	→	H_2CO_3	+	NaCl
반응 전	4.00 mmol		2.00 mmol				
반응 후	2.00 mmol		0 mmol		2.00 mmol		2.00 mmol

이 반응 결과에 근거하면, 이 지점에서 적정액은 $H_2CO_3/NaHCO_3$ 완충 용액이 되므로, 다음과 같이 pH를 구할 수 있다.

$$pH = pK_{a1} + \log\frac{[NaHCO_3]}{[H_2CO_3]}$$
$$= -\log(4.4\times10^{-7}) + \log(\frac{2.00}{2.00}) = 6.36$$

■ **2차 당량점:** V_{HCl} = 80.0 mL

이 지점에서 적정액의 pH는 다음과 같이 구한다.

	Na_2CO_3	+	HCl	→	$NaHCO_3$	+	NaCl
반응 전	0.100 M×40.0 mL = 4.00 mmol		0.100 M×80.0 mL = 8.00 mmol		0		0
반응 후	0.00 mmol		4.00 mmol		4.00 mmol		4.00 mmol

	$NaHCO_3$	+	HCl	→	H_2CO_3	+	NaCl
반응 전	4.00 mmol		4.00 mmol				
반응 후	0.00 mmol		0 mmol		4.00 mmol		4.00 mmol

반응 결과 적정액은 초기 농도가 0.0333 M(= 4.00 mmol ÷ 120.0 mL)인 H_2CO_3 수용액이 된다. H_2CO_3는 약한 이양성자산이며, 다음은 0.0333 M H_2A 수용액의 pH를 구하는 과정을 소개한다.

H_2CO_3는 약한 일양성자산으로 취급이 가능하고

$$[H_2CO_3]_{초기} \div K_{a1} = 3.33\times10^{-2} \div 4.4\times10^{-7} \geq 10^4$$

와 같은 조건이 성립하므로, 다음과 같이 pH를 구할 수 있다.

$$[H_3O^+] = \{([H_2CO_3]_{초기})(K_{a1})\}^{\frac{1}{2}} = \{(3.33\times10^{-2}) \times (4.4\times10^{-7})\}^{\frac{1}{2}} = 1.2\times10^{-4}\ M$$
$$\therefore pH = 3.92$$

■ **2차 당량점 이후의 영역: V_{HCl} = 81.0 mL 그리고 V_{HCl} = 90.0 mL**

2차 당량점을 지난 지점에서는 적정액이 과량으로 첨가된 HCl과 약한 이양성자산인 H_2CO_3가 섞여 있는 수용액으로 변한다. 이러한 경우 약한 이양성자산(H_2CO_3)으로부터 생겨나는 H_3O^+ 이온의 농도는 무시할 수 있으므로, 다음과 같이 주어진 지점에서 HCl 수용액의 농도를 구하여 pH를 계산한다.

• V_{NaOH} = 81.0 mL인 경우

	Na_2CO_3 +	HCl →	$NaHCO_3$ +	NaCl
반응 전	0.100 M×40.0 mL = 4.00 mmol	0.100 M×81.0 mL = 8.10 mmol	0	0
반응 후	0.00 mmol	4.10 mmol	4.00 mmol	4.00 mmol

	$NaHCO_3$ +	HCl →	H_2CO_3 +	NaCl
반응 전	4.00 mmol	4.10 mmol		
반응 후	0 mmol	0.10 mmol	0.10 mmol	0.10 mmol

여분으로 남은 HCl의 농도는 다음과 같이 구할 수 있으므로

$$[HCl]_{초기} = (0.10 \text{ mmol}) \div (121.0 \text{ mL}) = 8.3\times10^{-4} \text{ M}$$

적가액의 pH는 다음과 같이 구한다.

$$[H_3O^+] = [HCl]_{초기} = 8.3\times10^{-4} \text{ M}$$

$$\therefore \text{pH} = 3.09$$

• V_{NaOH} = 90.0 mL인 경우

	Na_2CO_3 +	HCl →	$NaHCO_3$ +	NaCl
반응 전	0.100 M×40.0 mL = 4.00 mmol	0.100 M×90.0 mL = 9.00 mmol	0	0
반응 후	0.00 mmol	5.00 mmol	4.00 mmol	4.00 mmol

	$NaHCO_3$ +	HCl →	H_2CO_3 +	NaCl
반응 전	4.00 mmol	5.00 mmol		
반응 후	4.00 mmol	1.00 mmol	1.00 mmol	1.00 mmol

여분으로 남은 HCl의 농도는 다음과 같이 구할 수 있다.

$$[HCl]_{초기} = (1.00\ mmol) \div (130.0\ mL) = 7.69\times10^{-3}\ M$$

적가액의 pH는 다음과 같이 구한다.

$$[H_3O^+] = [HCl]_{초기} = 7.69\times10^{-3}\ M$$

$$\therefore\ pH = 2.114$$

다. 적정에서의 유의 사항

앞에서와 같이 HCl 용액의 농도를 결정하기 위한 산-염기 적정(Na_2CO_3 표준 용액에 대한 미지 농도의 HCl 용액의 적가)에서 2차 당량점에 해당하는 pH는 3.92이다. 그리고 2차 당량점의 위치를 알아내기 위해 사용하는 지시약은 변색 범위가 5.4(청색) ~ 3.8(노란색) bromocresol green(bcg)이다. 즉, 2차 당량점을 전후하여 적정액은 청색에서 노란색으로 변하게 되고, 그러한 색 변화를 관측하는 지점을 2차 종말점으로 정할 수 있다.

그러나 노란색이 관찰되는 지점을 2차 종말점으로 정하는 것은 과다한 적정 오차가 유발되거나 적정의 재현성이 결여될 수 있다. 왜냐하면 2차 당량점을 조금 지난 지점에서 적정액의 색과 과도하게 지난 지점에서 용액의 색이 모두 비슷한 노란색을 나타내기 때문에 적정을 수행하는 사람에 따라, 또는 같은 사람이 적정을 반복할 때마다 2차 종말점의 위치를 다르게 정할 가능성이 높아지기 때문이다.

따라서 실제의 적정에서는 적정액이 연두색으로 변하는 지점을 2차 종말점으로 정한다. 그렇지만 2차 종말점의 관측에는 아직 어려움이 있는데, 그 이유는 Na_2CO_3의 K_{b2}값(2.3×10^{-8})이 그리 크지 않기 때문이다. Na_2CO_3의 K_{b2}값이 크지 않다는 것은 HCO_3^- 이온의 염기도가 다소 낮다는 의미이며, H_2CO_3의 농도는 아주 높은 반면, HCl과 반응하는 HCO_3^- 이온의 농도는 아주 낮아지는 2차 당량점 부근에서 HCl 용액의 적가에 의한 적정액의 pH 변화는 그 폭이 크지 않게 된다.

결국 2차 당량점에 접근하는 영역에서 지시약인 bcg의 색 변화는 그림 8-7에서 볼 수 있는 것처럼 그리 선명하게 진행되지 않는다는 것을 의미한다.

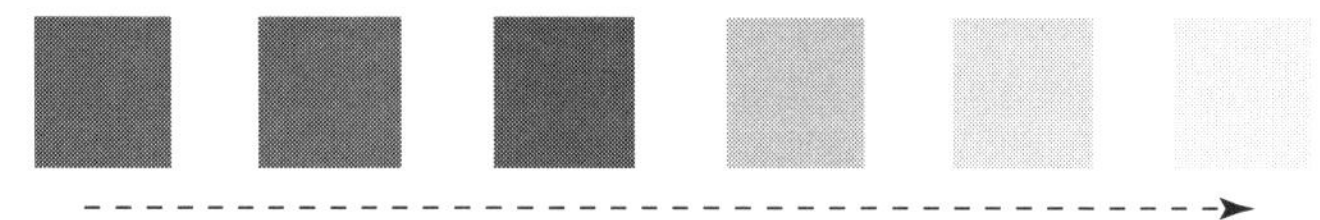

그림 8-7. 2차 당량점을 전후한 적정액의 색 변화

이렇게 적정액의 색 변화가 서서히 진행되는 상황에서 적정액의 색이 연한 연두색으로 변한 지점을 정확하게 찾아내기는 힘들다. 따라서 실제 적정에서는 다음과 같은 보완 작업을 수행한다.

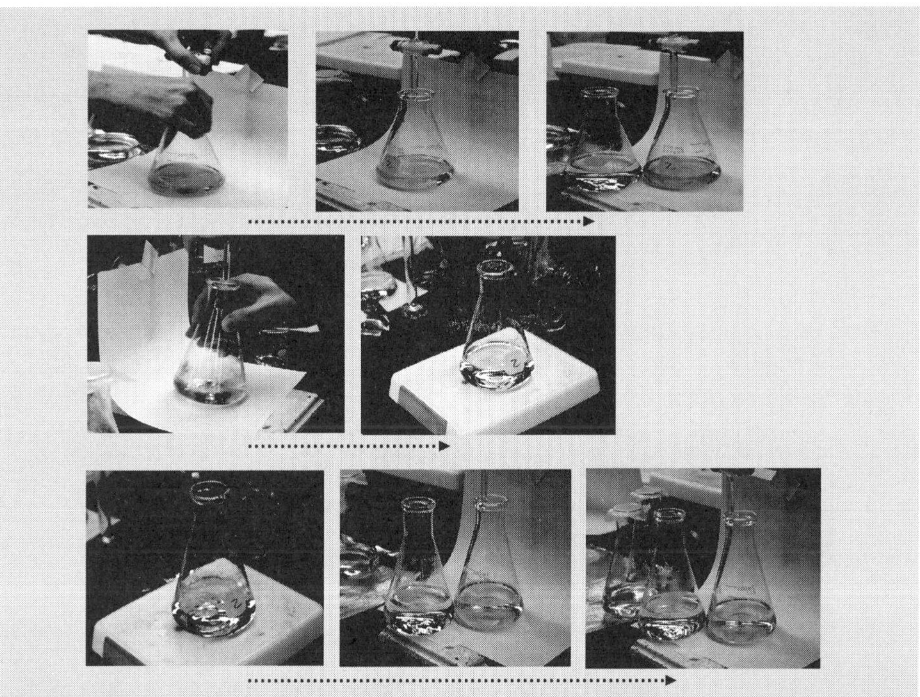

적정액이 연한 녹색(또는 진한 연두색)을 나타내는 지점에서 HCl 용액의 적가를 잠시 멈춘 후 적정액을 가열해 준다.

적정액을 가열하기 전 적정액에는 H_2CO_3가 주도적으로 많이 존재하고 $NaHCO_3$는 소량만 포함되어 있으며, 적정액을 가열하면 용액 속의 H_2CO_3는 모두 CO_2 기체의 형태로 제거된다.

적정액은 결국 $NaHCO_3$ 수용액으로 변하면서(H_2CO_3/HCO_3 완충계는 소멸됨) pH가 증가하고, 적정액은 다시 청색으로 환원된다.

이 용액에 대한 HCl 수용액의 첨가를 계속하면 적정액의 색이 연한 연두색으로 변하는 것을 비교적 선명하게 관측(청색 → 녹색 → 연한 연두색)할 수 있고, 결국 2차 종말점의 위치를 보다 손쉽게 정할 수 있다.

실제 적정에서는 앞에서 이미 언급한 바와 같이 2차 종말점의 확인은 아주 중요하기 때문에 주어진 적정에서 2차 종말점의 정확한 인식을 이루기 위해서는 미리 수행한 바탕 적정으로부터 얻어진 바탕 용액(2차 종말점에서 용액이 나타내어야 할 색을 보여주는 용액)을 준비하여 활용하는 것이 바람직하다.

라. 적정 곡선

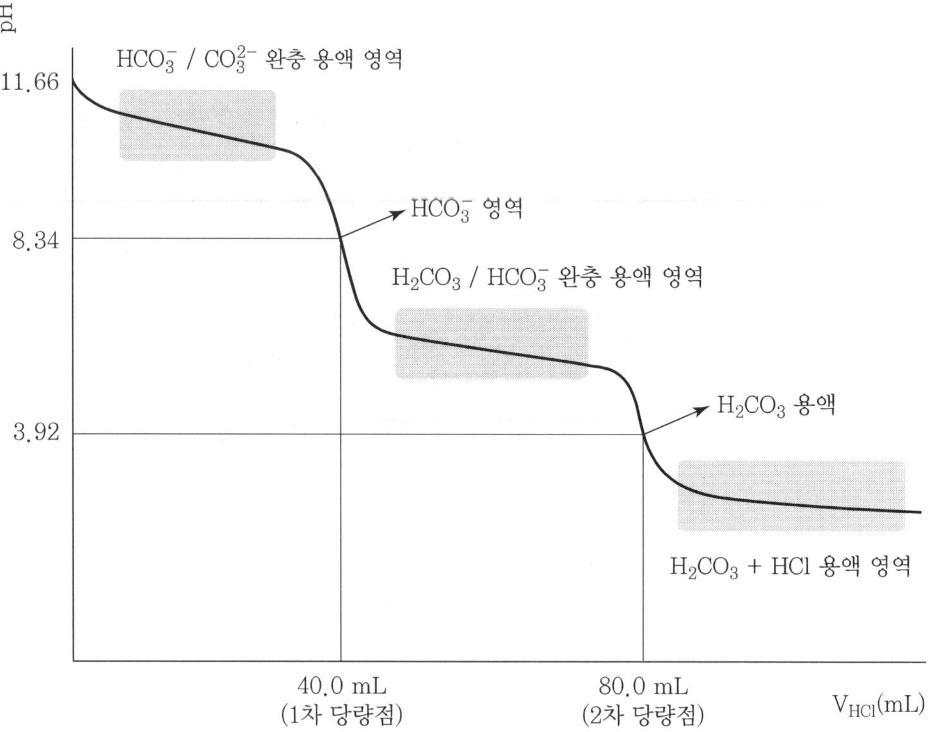

그림 8-7. 0.100 M Na_2CO_3 40.0 mL vs. 0.100 M HCl 적정 곡선

그림 8-7은 Na_2CO_3 표준 용액을 사용한 HCl 수용액의 표준화 적정 곡선의 모습을 보여주면서 적정의 각 단계별로 적정액의 종류를 나타내었다.

적정 시약이 첨가되면서 적정액 속의 CO_3^{2-} 이온들은 HCO_3^- 이온들로 바뀌기 시작한다.

적절한 양의 CO_3^{2-} 이온들이 HCO_3^- 이온들로 바뀌면 적정액은 HCO_3^-/CO_3^{2-} 완충 용액으로 변하면서 적정 시약의 첨가에 따라 적정액의 pH가 완만하게 감소한다.

1차 당량점의 반에 해당하는 지점에 도달하면, CO_3^{2-} 이온과 HCO_3^- 이온의 농도가 같아지면서 적정액은 완충 용량이 최대인 HCO_3^-/CO_3^{2-} 완충 용액으로 변한다.

이후 적정 시약의 첨가가 지속되면서 생성되는 HCO_3^- 이온의 농도가 CO_3^{2-} 이온의 농도보다 더 커지면서 HCO_3^-/CO_3^{2-} 완충 용액의 완충 용량이 감소하여 적정액의 pH는 급격하게 감소하기 시작한다.

1차 당량점에서는 모든 CO_3^{2-} 이온들이 이온으로 변하여, 적정액은 HCO_3^- 이온 수용액으로 변한다.

1차 당량점을 지나 첨가되는 적정 시약은 적절한 양의 HCO_3^- 이온들을 H_2CO_3들로 변화시키면서 적정액은 H_2CO_3/HCO_3^- 완충 용액으로 변하고, pH는 완만하게 감소한다.

1차 당량점과 2차 당량점의 반에 해당하는 지점에 도달하면, HCO_3^- 이온과 H_2CO_3의 농도가 같아지면서 적정액은 완충 용량이 최대인 H_2CO_3/HCO_3^- 완충 용액으로 변한다.

이후 적정 시약의 첨가가 지속되면 생성되는 H_2CO_3의 농도가 HCO_3^- 이온의 농도보다 더 커지면서 H_2CO_3/HCO_3^- 완충 용액의 완충 용량이 감소하여 적정액의 pH는 급격하게 감소하기 시작한다.

2차 당량점에 이르면 적정액은 H_2CO_3 수용액으로 변한다. 2차 당량점 이후의 영역에서는 약한 이양성자산인 H_2CO_3와 강한 일양성자산인 HCl이 섞여 존재하는 수용액으로 변한다.

마. 바탕 적정과 HCl 수용액의 농도 계산

다음은 HCl 수용액의 표준화 적정을 위한 바탕 적정을 소개하고 있다.

0.100 M Na_2CO_3 용액 40.0 mL를 0.100 M HCl 용액으로 적가하는 경우 2차 당량점은 V_{HCl} = 80.00 mL에서 발생하며, 그 시점에서 적정액에는 0.0667 M의 NaCl과 0.0333 M의 H_2CO_3가 함유되어 있다. 따라서 바탕 적정을 위해서는 다음과 같은 작업을 수행한다.

① 0.0667 M NaCl 용액 60.0 mL를 준비한다.
원래 적정에서 사용한 bromocresol green 지시약을 가한다. 용액을 가열하여 용액 속에 녹아 있는 CO_2 기체를 모두 방출한다. (용액이 푸른색으로 변한다.)

> 원래 적정에서 종말점을 관측하였던 용액을 잘 보관하여 바탕 적정에서의 색 변화와 비교하는 것이 좋다. 이를 위해서 원래 적정에서 적정이 완료된 용액이 담긴 용기의 입구를 적절히 막아 외부로부터 CO_2 기체가 녹아들어오는 것을 방지해야 한다. 만일 외부로부터 CO_2 기체가 녹아들어오면 용액의 pH가 감소하면서 용액의 색이 노랗게 변한다.

② 가해진 HCl 용액의 부피를 측정하여 기록한 후, 원래의 종말점(V_{HCl})에서 빼준다.

8.3 침전 적정

8.3.1 침전 적정분석법

침전 적정분석법이란 시료 용액 속 양이온이나 음이온과 신속하고 완전하게 진행하는 화학량론적 침전 반응을 일으키는 침전제(precipitant) 수용액을 정량적으로 첨가하는 적정을 통하여, 시료 용액 속 양이온 또는 음이온의 농도를 구하는 분석법이다.

8.3.2 Mohr법, Volhard법 그리고 Fajans법

일반적으로 널리 사용하고 있는 침전 적정분석법들로는 Mohr법, Volhard법 그리고 Fajans법이 있다.

Mohr법

가. Mohr법은 시료 용액 중 Cl^- 이온의 정량을 위한 침전 적정분석법이다.

Mohr법

- Mohr법에서는 Ag^+ 이온 표준 용액을 적가액으로, 그리고 지시약으로는 크로뮴산 이온(chromate ion, CrO_4^{2-}) 용액을 사용한다.
- 당량점(equivalence point)을 지나 과량으로 가해진 적가액 성분이 지시약 성분과 반응하여 붉은색의 난용성 침전 입자(Ag_2CrO_4)들을 형성하면서 종말점(end point)에 도달한다.

다음 그림에서 볼 수 있는 것처럼 Mohr법에서의 종말점은 용액 전체에 걸쳐 분홍색 입자들(흰색 AgCl 입자들 사이에 붉은색 Ag_2CrO_4 입자들이 섞여 나타남)이 나타나 30~60초 정도 지속되는 지점까지 첨가해 준 적가액(Ag^+ 이온 표준 용액)의 부피이다.

Mohr법 침전 적정에서 적정액의 색 변화

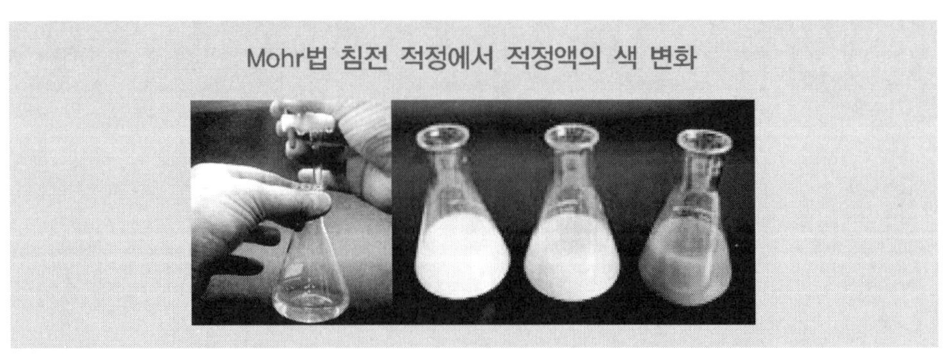

- Cl^- 이온을 함유한 시료 용액(적정액)에 소량의 지시약(Ag_2CrO_4 이온 용액)을 가하면, 적정액은 투명한 노란색 용액이 된다.
- 이 용액에 Ag^+ 이온 용액(적가액)을 첨가하기 시작하면, 용액은 흰색 염화 은(AgCl) 입자들의 생성으로 불투명한 노란색을 나타낸다.
- 적가액의 첨가가 지속되어 흰색 AgCl 입자들의 양이 크게 증가하면, 용액은 거의 흰색만을 나타내게 된다.
- 적정이 당량점에 근접하면서 적정액 속의 지시약 성분인 CrO_4^{2-} 이온이 일시적으로 Ag^+ 이온과 반응하여 붉은색 크로뮴산 은(Ag_2CrO_4) 침전 입자들을 형성하기 시작하여, 용액의 색이 부분적으로 옅은 분홍색을 나타낸다.
- 종말점에서는 과량으로 가해진 Ag^+ 이온이 CrO_4^{2-} 이온과 반응하게 되어 용액은 적갈색으로 보인다.

나. 적정액의 pH 조절: 6.5 < pH < 9

Mohr법 적정에서는 종말점에서 지시약이 명확한 색 변화를 일으키기 위해 적정액의 pH 조절이 필요하다.

적정액을 너무 산성으로 만드는 경우, 다음과 같은 반응에 의해 CrO_4^{2-} 이온이 Ag^+ 이온과 반응하지 않는 $HCrO_4^-$ 이온(크로뮴산 수소 이온, hydrogen chromate)과 $Cr_2O_7^{2-}$ 이온(중크롬산 이온, dichromate)으로 변한다.

$$2CrO_4^{2-}(aq) + 2H^+(aq) \rightleftarrows 2HCrO_4^-(aq) \rightleftarrows Cr_2O_7^{2-}(aq) + H_2O(l)$$

하지만 CrO_4^{2-} 이온의 형태를 유지하기 위해 적정액을 너무 염기성으로 만드는 경우에는, 과도한 염기성 적정액 속에 다량으로 존재하게 되는 OH^- 이온들이 첨가되는 Ag^+ 이온들과 반응하여 AgOH(s)으로 변하므로, 첨가되는 Ag^+ 이온은 분석 대상 성분인 Cl^- 이온 그리고 지시약 성분인 CrO_4^{2-} 이온과 반응하기 힘들어진다.

따라서 Mohr법 적정에서는 시료 용액(적정액)의 pH를 적절하게 조절(6.5 < pH < 9)해 주어야 하는데, 이러한 pH 조건을 만족시켜주기 위해서 약 25 mL 정도의 적정액에 약 1.0 g에 상당하는 양의 $NaHCO_3$를 녹여준다.

다. 지시약의 농도

Moh법에서도 사용하는 지시약의 농도가 과도하게 진한 경우 첨가하는 Ag^+ 이온과 시료 용액 속 Cl^- 이온 사이의 반응이 당량점에 도달하기 전에 Ag^+ 이온이 지시약 성분인 CrO_4^{2-} 이온과 반응하여 종말점과 유사한 색 변화를 나타낼 수 있다. 또한, 적정액 자체의 색이 진한 노란색이 되어 종말점의 색 변화를 선명하게 감지하기가 쉽지 않다.

반대로 지시약의 농도가 과도하게 묽은 경우, Ag^+ 이온과 Cl^- 이온 사이의 반응이 완결된 후에도 과량으로 가해진 Ag^+ 이온과 CrO_4^{2-} 이온 사이의 반응이 제대로 진행되지 않아 적정액의 색 변화를 관찰하기가 쉽지 않다.

다음은 적절한 지시약 농도를 알아내는 과정이다.

$AgCl$과 Ag_2CrO_4의 K_{sp}가 각각 1.8×10^{-10}과 1.2×10^{-12}이라면 지시약(K_2CrO_4)은 어느 정도의 농도를 가져야 하는가?

당량점에서 Ag^+ 이온의 농도는

$$[Ag^+] = (1.8\times10^{-10})^{\frac{1}{2}} = 1.34\times10^{-5}\ M$$

가 되고, 당량점에 도달한 후 Ag_2CrO_4 침전이 형성되기 위해서 필요한 CrO_4^{2-} 이온의 농도는

$$[CrO_4^{2-}] = (1.2\times10^{-12}) \div (Ag^+)^2 = (1.2\times10^{-12}) \div (1.34\times10^{-5})^2 = 6.7\times10^{-2}\ M$$

보다 커져야 한다.

즉, 사용할 지시약의 농도는 적어도 6.7×10^{-2} M 정도가 되어야 한다는 의미이다. 그러나 이런 농도의 지시약 용액은 적정액의 색을 진하게 변화시켜 종말점에서의 색 변화 감지를 어렵게 할 수 있으므로 실제로는 이보다 낮은 2×10^{-3}~5×10^{-3} M 정도의 농도가 될 수 있도록 사용한다.

⇒

당량점에서 CrO_4^{2-} 이온의 농도가 5.0×10^{-3} M 정도가 되게 하려면, 당량점에서 용액의 부피가 100 mL인 경우 적정의 초기에 1.0 M K_2CrO_4 용액 0.5 mL 정도를 적정액에 첨가한다.

라. Mohr법은 I^- 이온이나 SCN^- 이온의 정량에는 사용할 수가 없다.

I^- 이온이나 SCN^- 이온의 정량에 Mohr법을 사용하는 경우 지시약 성분인 CrO_4^{2-} 이온이 침전 반응의 생성물인 AgI 또는 AgSCN의 표면에 강하게 흡착하게 되어 잘못된 종말점을 찾거나 종말점에서의 색 변화가 분명하지 못하게 되므로, 이들 이온들에 대하여는 Mohr법 적정을 수행하지 않는다.

마. 적정 계산

0.100 M Cl^- 이온 수용액 20.0 mL를 적정액으로, 0.100 M $AgNO_3$ 수용액을 적가액으로 사용하는 Mohr법 적정의 적정 곡선(pCl vs. V_{AgNO_3} 그래프)에 대하여 알아보기로 한다.

당량점

적정액: 0.100 M Cl^- 이온 수용액 20.0 mL

적정액 속 Cl^- 이온의 양
= 0.100 M × 20.0 mL = 2.00 mmol
= Cl^- 이온들과 화학량론적 반응($Cl^- + Ag^+ \rightleftarrows AgCl$)을 일으키기 위해 필요한 Ag^+ 이온의 양
= Ag^+ 이온 수용액(적가액)의 농도 × 당량점
= 0.100 M × 당량점

∴ 당량점 = 20.0 mL

■ **적정 시작 전: V_{AgNO_3} = 0.0 mL**

적정액은 0.100 M Cl^- 이온 수용액이고 $AgNO_3$ 수용액을 첨가하기 전이므로 적정액 속 Cl^- 이온의 농도는 0.100 M이다.

$$\therefore \ pCl = -\log[Cl^-] = -\log(0.100) = 1.000$$

■ **적정 시작 후 당량점에 도달하기 전: V_{AgNO_3} = 10.0 mL**

이 지점에서 적정액의 pCl은 다음과 같이 구할 수 있다.

	Cl^-	+	Ag^+	$\rightleftarrows$	AgCl
반응 전	0.100 M × 20.0 mL = 2.00 mmol		0.100 M × 10.0 mL = 1.00 mmol		
반응 후	1.00 mmol		0 mmol		1.00 mmol

Cl^- 이온과 Ag^+ 이온이 1 : 1로 반응하여 만들어지는 AgCl 침전은 불용성 염이 아닌, 난용성 염이다. 즉, 생성된 AgCl 중 일부는 다시 녹아 Cl^- 이온과 Ag^+ 이온들로 돌아온다. 만일 AgCl 침전이 녹아 만들어진 Cl^- 이온과 Ag^+ 이온의 양을 각각 x mmol이라 한다면 적정액에서는 반응하지 않고 남아 있는 Cl^- 이온과 Ag^+ 이온들과 생성된 AgCl 침전 사이에는 다음과 같은 동적 평형이 성립한다.

평형	1.00 + x mmol		x mmol		1.00 − x mmol

적정액 중 Cl^- 이온의 농도는

$$\frac{(1.00 + x)\ \text{mmol}}{30.0\ \text{mL}} \fallingdotseq \frac{1.00\ \text{mmol}}{30.0\ \text{mL}} = 0.0333\ \text{M}$$이므로,

(∵ 공통 이온 효과에 의하면, x가 너무 작아 $1 \gg x$)

$pCl = -\log[Cl^-] = -\log(0.0333) = 1.478$이 얻어진다.

■ **당량점**: V_{AgNO_3} = 20.0 mL

당량점에 도달한 시점에서 적정액의 pCl은 다음과 같이 구할 수 있다.

	Cl^- +	Ag^+ ⇄	AgCl
반응 전	0.100 M × 20.0 mL = 2.00 mmol	0.100 M × 20.0 mL = 2.00 mmol	
반응 후	0 mmol	0 mmol	2.00 mmol

Cl^- 이온과 Ag^+ 이온이 1 : 1로 반응하여 만들어지는 AgCl 침전은 불용성 염이 아닌, 난용성 염이다. 즉, 생성된 AgCl 중 일부는 다시 녹아 Cl^- 이온과 Ag^+ 이온들로 돌아온다. 만일 AgCl 침전이 녹아 만들어진 Cl^- 이온과 Ag^+ 이온의 양을 각각 x mmol이라 한다면 적정액에서는 반응하지 않고 남아 있는 Cl^- 이온과 Ag^+ 이온들과 생성된 AgCl 침전 사이에는 다음과 같은 동적 평형이 성립한다.

평형	x mmol	x mmol	2.00 − x mmol

이 경우 적정액의 pCl은 다음과 같이 구한다.

$[Ag^+][Cl^-]$ = AgCl의 $K_{sp} = 1.8\times10^{-10}$, 당량점에서는 $[Ag^+] = [Cl^-]$이므로

$$[Ag^+] = [Cl^-] = (K_{sp})^{\frac{1}{2}} = (1.8\times10^{-10})^{\frac{1}{2}} = 1.3\times10^{-5}\ M$$

$$\therefore\ pCl = -\log(1.3\times10^{-5}) = 4.89$$

■ **당량점을 지난 시점**: V_{AgNO_3} = 30.0 mL

당량점을 지난 이 지점에서 적정액의 pCl은 다음과 같이 구할 수 있다.

	Cl^- +	Ag^+ ⇄	AgCl
반응 전	0.100 M × 20.0 mL = 2.00 mmol	0.100 M × 30.0 mL = 3.00 mmol	
반응 후	0 mmol	1.00 mmol	2.00 mmol

Cl^- 이온과 Ag^+ 이온이 1 : 1로 반응하여 만들어지는 AgCl 침전은 불용성 염이 아닌, 난용성 염이다. 즉, 생성된 AgCl 중 일부는 다시 녹아 Cl^- 이온과 Ag^+ 이온들로 돌아온다. 만일 AgCl 침전이 녹아 만들어진 Cl^- 이온과 Ag^+ 이온의 양을 각각 x mmol이라 한다면 적정액에서는 반응하지 않고 남아 있는 Cl^- 이온과 Ag^+ 이온들과 생성된 AgCl 침전 사이에는 다음과 같은 동적 평형이 성립한다.

평형	x mmol	1.00 + x mmol	2.00 − x mmol

적정액의 pCl은 다음과 같이 구한다.

$$[Ag^+][Cl^-] = \text{AgCl의 } K_{sp} = 1.8\times10^{-10}$$

$$[Cl^-] = \frac{K_{sp}}{[Ag^+]} = \frac{(1.8\times10^{-10})}{\dfrac{(1.00 + x \text{ mmol})}{50.0 \text{ mL}}}$$

$$\fallingdotseq \frac{(1.8\times10^{-10})}{(\dfrac{1.00}{50.0 \text{ mL}})}$$

(∵ 공통 이온 효과에 의하면, x가 너무 작아 $1 \gg x$)

$$= \frac{(1.8\times10^{-10})}{(0.0200 \text{ M})} = 9.0\times10^{-9} \text{ M}$$

$$\therefore \text{pCl} = -\log(9.0\times10^{-9}) = 8.05$$

■ **당량점을 지난 시점**: V_{AgNO_3} = 40.0 mL

당량점을 지난 이 지점에서 적정액의 pCl은 다음과 같이 구할 수 있다.

	Cl^-	+ Ag^+	⇄ AgCl
반응 전	0.100 M × 20.0 mL = 2.00 mmol	0.100 M × 40.0 mL = 4.00 mmol	
반응 후	0 mmol	2.00 mmol	2.00 mmol

Cl^- 이온과 Ag^+ 이온이 1 : 1로 반응하여 만들어지는 AgCl 침전은 불용성 염이 아닌, 난용성 염이다. 즉, 생성된 AgCl 중 일부는 다시 녹아 Cl^- 이온과 Ag^+ 이온들로 돌아온다. 만일 AgCl 침전이 녹아 만들어진 Cl^- 이온과 Ag^+ 이온의 양을 각각 x mmol이라 한다면 적정액에서는 반응하지 않고 남아 있는 Cl^- 이온과 Ag^+ 이온들과 생성된 AgCl 침전 사이에는 다음과 같은 동적 평형이 성립한다.

평형	x mmol	2.00 + x mmol	2.00 − x mmol

적정액의 pCl은 다음과 같이 구한다.

$$[Ag^+][Cl^-] = \text{AgCl의 } K_{sp} = 1.8\times10^{-10}$$

$$[Cl^-] = \frac{K_{sp}}{[Ag^+]} = \frac{(1.8\times10^{-10})}{\dfrac{(2.00 + x \text{ mmol})}{50.0 \text{ mL}}}$$

$$\fallingdotseq \frac{(1.8\times10^{-10})}{(\dfrac{2.00}{50.0 \text{ mL}})}$$

(∵ 공통 이온 효과에 의하면, x가 너무 작아 $1 \gg x$)

$$= \frac{(1.8\times10^{-10})}{(0.0400 \text{ M})} = 4.5\times10^{-9} \text{ M}$$

$$\therefore \text{pCl} = -\log(4.5\times10^{-9}) = 8.35$$

바. 적정 계산으로 시료 용액 중 Cl^- 이온의 농도 구하기

다음의 예를 살펴보자.

예제 8-2

농도를 모르는 Cl^- 이온 시료 용액 20.0 mL에 대하여 Mohr법 적정을 수행(적가액: 0.100 M $AgNO_3$)한 결과 얻어진 종말점은 22.0 mL이다. 시료 용액 중의 몰 농도를 구하시오.

풀이 이 적정에서 Cl^- 이온과 Ag^+ 이온은 다음과 같이 화학량론적으로 반응한다.

$$Cl^- + Ag^+ \rightleftarrows AgCl$$

따라서 적정액 속 Cl^- 이온의 농도는 다음과 같이 구할 수 있다.

당량점까지 첨가된 Ag^+ 이온의 양
= 0.100 M × 22.0 mL = 2.20 mmol
= 적정액 속 Cl^- 이온의 양
= (Cl^- 이온의 농도, M) × (적정액의 부피, mL)
= (Cl^- 이온의 농도, M) × 20.0 mL
⇒
∴ Cl^- 이온의 농도 = 0.110 M

Volhard법

가. Volhard법은 시료 용액 중 Ag^+ 이온을 정량하는 침전 적정분석법이다.

Volhard법

- Volhard법에서는 SCN^- 이온(싸이오사이안산 이온, thiocyanate) 표준 용액을 적가액으로 사용하고, 지시약으로는 Fe^{3+} 이온(ferric ion) 용액을 사용한다.
- 당량점을 지나 과량으로 가해지는 적가액의 성분이 지시약의 성분과 반응하여 붉은색을 나타내는 $Fe(SCN)^{2+}$ 착이온을 형성하는 지점까지 첨가해 준 적가액(SCN^- 이온 표준 용액)의 부피가 종말점이다.

다음은 Volhard법 침전 적정에서 관찰하는 적정액의 색 변화이다.

Volhard법 적정에서 적정액의 색 변화

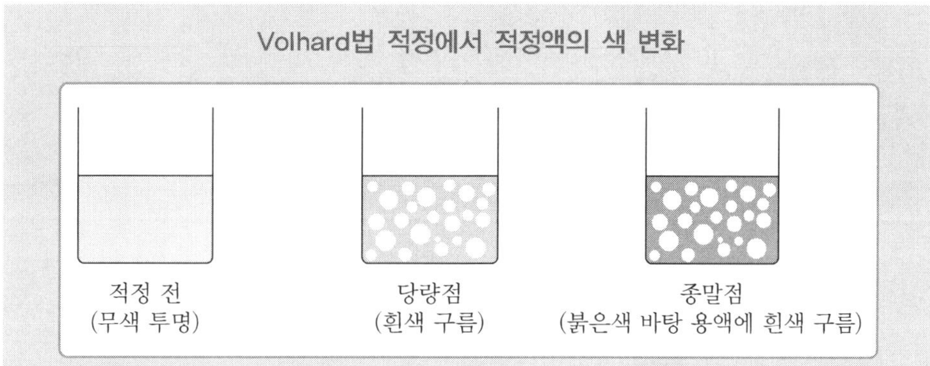

- 적정이 시작되기 전 무색투명한 적정액은 SCN^- 용액이 적가되면서 흰색 AgSCN(싸이오사이안산 은, silver thiocyantae) 입자들이 형성된다.
- 종말점에서는 과량의 SCN^- 이온이 지시약 성분인 Fe^{3+} 이온과 반응하여 붉은색 $FeSCN^{2+}$ 착이온을 형성하면서, 용액은 전반적으로 분홍색을 나타낸다.

나. 역적정

Volhar법에 근거한 역적정 기법을 사용하면 시료 용액 속 Cl^-, Br^-, 그리고 I^- 이온의 정량이 가능해진다.

Cl^- 이온의 시료 용액에 과량의 Ag^+ 이온 표준 용액을 가하면 시료 용액 속의 Cl^- 이온과 반응하고 남은 Ag^+ 이온들이 존재하게 되며, 이들 과량의 Ag^+ 이온에 대하여 Volhard법 적정을 수행하는 것이다.

이렇게 과량의 Ag^+ 이온에 대한 Volhard법 정량을 수행하기 전에 얻어진 AgCl 침전은 용액으로부터 걸러내어야 한다. 그러나 과량의 Ag^+ 이온이 가해 준 시점에서는 AgCl 침전 입자들이 콜로이드 상태에 있고 이들 입자들의 표면에는 Ag^+ 이온들이 많이 흡착되어 있다. 따라서 이 용액을 끓여 주어 콜로이드 입자들을 서로 엉기게 하면서 표면에 흡착되어 있던 Ag^+ 이온들을 떼어낸 후 식혀진 침전을 거른다.

예제 8-3

Br^- 이온을 함유한 시료 용액 50.0 mL에 0.100 M $AgNO_3$ 용액 10.0 mL를 가하여 AgBr의 침전을 얻은 후, 0.100 M KSCN 용액으로 역적정을 수행하였다. 그 결과 소비된 KSCN 용액의 부피가 5.0 mL라면, 원래 시료 용액 중 Br^- 이온의 농도를 구하시오.

풀이 Ag^+ 이온과 SCN^- 이온 사이의 침전 형성 반응은 다음과 같다.

$Ag^+(aq) + SCN^-(aq) \rightleftarrows AgSCN(s)$

따라서 소비된 SCN^- 이온의 양

= 0.100 M × 5.0 mL

= 0.50 mmol

= 용액 중 Ag^+ 이온의 몰수(Br^- 이온과 반응하고 남은 Ag^+ 이온의 몰수)

원래 용액에 가해준 Ag^+ 이온의 양 = 0.100 M × 10.0 mL = 1.00 mmol이므로

Br^- 이온과 반응한 Ag^+ 이온이 mol수

= 전체 Ag^+ 이온의 mol수 − 반응 후 남은 Ag^+ 이온의 mol수

= 1.00 mmol − 0.50 mmol = 0.50 mmol

($\because$ $Br^-(aq) + Ag^+(aq) \rightleftarrows AgBr(s)$)

이며, 이는 원래 용액 중 Br^- 이온의 mol수와 같다. 따라서 시료 용액 중 Br^- 이온의 몰농도는 다음과 같이 구한다.

시료 용액 중 Br^- 이온의 농도 = 0.50 mmol ÷ 50.0 mL = 0.010 M

Fajans법

가. Fajans법은 시료 용액 중 Cl^- 이온의 정량을 위한 침전 적정분석법이다.

Fajans법

- Ag^+ 이온의 표준 용액을 적가액으로 사용하고 지시약으로 플루오레신(Fluorescein)과 같은 흡착 지시약(adsorption indicator)을 사용한다.
- 당량점을 지나 과량으로 가해지는 Ag^+ 이온들이 이미 형성된 AgCl 침전 입자들의 표면에 흡착하면 지시약의 음이온 성분들이 정전기적 인력에 의해 AgCl 표면에 붙어 있는 Ag^+ 이온과 결합하며 흡착하면서 침전 입자들의 색이 변할 때까지 첨가해 준 적가액의 부피가 종말점이다.

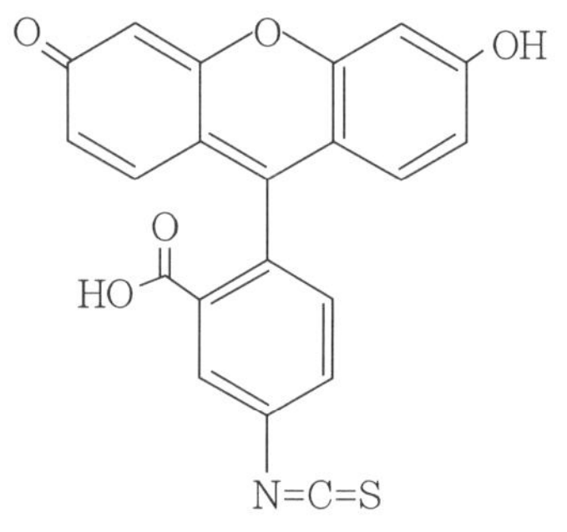

O OH O HO O N=C=S

다음에서 볼 수 있는 것처럼 지시약의 음이온 성분들이 자유롭게 존재할 때 용액의 색은 초록색을 띠는 노란색(greenish yellow)이며, 지시약이 흡착되면 침전 입자들의 색은 분홍색으로 변하면서 종말점(end point)을 보여준다.

Fajans법 적정에서 적정액의 색 변화

- 적정이 시작되기 전 투명한 연한 초록색 적정액은 Ag^+ 이온 용액이 적가되면, 흰색 AgCl 입자들이 형성되어 뿌옇게 변한다.

- 종말점에서는 과량의 Ag^+ 이온이 침전 입자들의 표면에 흡착하게 되고, 다시 그 표면 위에 지시약의 음이온 형태가 흡착하면서 침전 입자들은 분홍색으로 변한다.

8.4 EDTA 적정

EDTA 적정분석은 EDTA와 금속 양이온 사이의 착물화 반응을 적용하면서 pH가 적절히 조절된 일정 부피의 금속 양이온 시료 용액(금속 양이온의 농도를 모르는 수용액)을 적정액으로, 그리고 EDTA 표준 용액을 적가액으로 사용하는 적정분석 기법이다.

EDTA 적정에서도 적절한 지시약을 사용하여 적정의 종말점을 찾아야 하는데, EDTA 적정분석에서 사용하는 지시약은 착물화 분석 지시약(complexometric indicator) 또는 금속착색 지시약(metallochromic indicator)이라고 부른다.

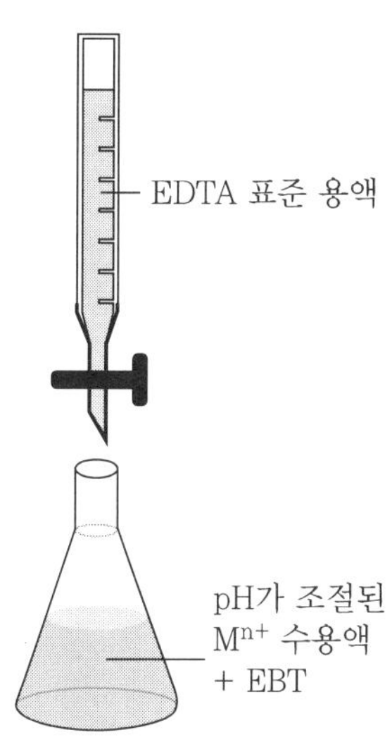

금속착색 지시약은 금속 양이온과의 착물화 반응을 통해 그 색이 변하는 성질을 가지고 있다. EDTA 적정에서 주로 사용하는 금속착색 지시약으로는 Ca^{2+} 이온, Mg^{2+} 이온 그리고 Al^{3+} 이온 등의 EDTA적정을 위한 에리오크롬 블랙 T(eriochrome Black T, EBT) 그리고 Cu^{2+} 이온의 EDTA 적정을 위한 훼스트 설폰 블랙(Fast Sulphon Black) 등을 들 수 있다.

8.4.1 Eriochrome Black T(EBT)

EBT의 K_a와 색

EBT는 약한 삼양성자산(H_3In)으로 행동할 수 있다. EBT는 수용액에서 H_3In, H_2In^- 이온, HIn^{2-} 이온 그리고 In^{3-} 이온의 형태들이 가능하며, 각 형태는 독특한 색을 나타낸다.

EBT의 K_a

$K_{a1}(H_3In \rightleftarrows H_2In^- + H^+)$: 크다.
$K_{a2}(H_2In^- \rightleftarrows HIn^{2-} + H^+)$: 5.0×10^{-7}
K_{a3} $(HIn^{2-} \rightleftarrows In^{3-} + H^+)$: 2.5×10^{-12}

H_2In^- 이온은 설폰산(sulfonic acid) 작용기($-SO_3H$)로부터 H^+ 이온이 떨어져 나간 형태이다. EBT 수용액의 제조에는 소듐염을 사용한다.

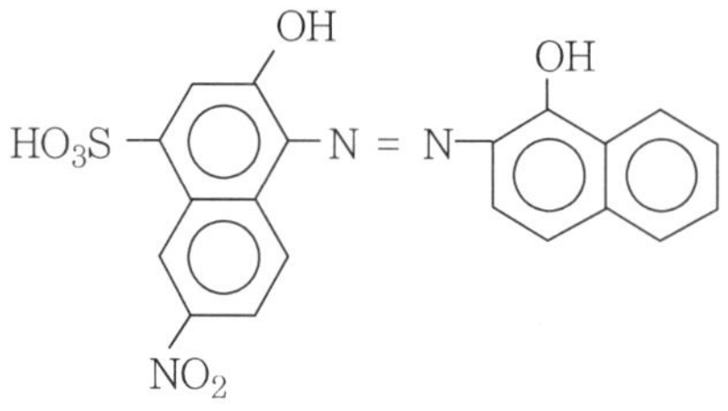

EBT (H_3In)

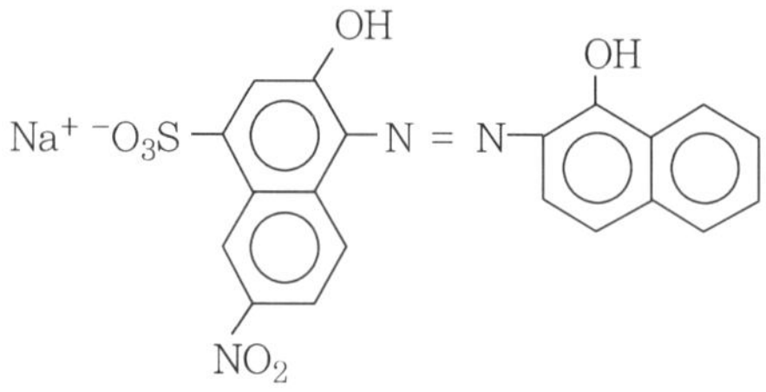

EBT의 소듐염 ($Na^+H_2In^-$)

EBT의 색

H_2In^-: 붉은색　　HIn^{2-}: 푸른색　　In^{3-}: 오렌지색

→ $7.3 \leq pH \leq 10.6$인 수용액에서 EBT는 푸른색을 나타낸다.

M^{n+} 이온과의 착물화 반응에 의한 EBT의 색 변화

수용액의 pH가 $7.3 \leq pH \leq 10.6$ 영역의 값을 가지는 수용액에서 푸른색이던 EBT는 금속 양이온과 결합하여 착이온을 형성하면서 붉은색을 나타낸다.

다음의 그림은 이러한 색 변화를 수반하는 착물화 반응을 보여준다.

MIn^{n-3} 이온의 형성에 따른 EBT의 색 변화

$$M^{n+} + HIn^{2-} \rightleftarrows MIn^{n-3} + H^{+}$$

(푸른색) **(붉은색)**

EBT (pH가 7.3 이상인 수용액에서 연한 청색)

M^{n+}-EBT 착이온 (붉은색)

금속 양이온을 함유하는 적가액에 소량의 EBT를 첨가하면, 적정액 속 금속 양이온들 중 일부가 EBT와 결합하여 MIn^{n-3} 착이온으로 변하면서 붉은색을 나타내므로, 적정액은 연한 붉은색을 보여준다.

적가액인 EDTA 표준 용액이 첨가되면서 EBT와 결합하지 않은 금속 양이온들이 EDTA와 반응하여 MY^{n-4} 착이온들로 바뀐다.

당량점에 근접하여 첨가되는 EDTA가 MIn^{n-3} 착이온에 참여한 금속 양이온들과 반응하면 MIn^{n-3} 착이온들로부터 지시약 성분(HIn^{2-} 이온)이 떨어져 나오면서 푸른색을 나타내므로 적정액은 보라색을 나타낸다.

적정액 속에 존재하던 모든 MIn^{n-3} 착이온들로부터 지시약 성분(HIn^{2-} 이온)들이 떨어져 나오면, 적정액은 연한 푸른색을 보이며 종말점에 도달했다는 사실을 알려주는 것이다.

EBT의 역할을 차단(방해)하는 금속 양이온들

어떤 금속 양이온들은 EBT와의 결합 능력이 매우 강하다.

EBT와의 결합 능력이 강한 금속 양이온을 함유하는 수용액에 지시약인 EBT를 소량 첨가한 후 적가액인 EDTA 표준 용액을 첨가하는 경우, EBT와 강하게 결합하여 MIn^{n-3} 착이온으로 변해버린 일부 금속 양이온들은 MIn^{n-3} 착이온으로부터 벗어나 EDTA와 결합하는 반응을 일으키지 못하므로, 적정액의 색 변화가 일어나지 않는다.

이와 같이 EBT와의 결합 능력이 강하여 EBT의 지시약으로서의 역할을 방해하는 금속 양이온들(예: Cu^{2+}, Co^{2+}, Cr^{3+}, Fe^{3+}, Al^{3+} 이온들)을 차단 이온(blocking ion)이라 부른다. 따라서 이러한 금속 양이온들의 경우 일반적인 EDTA 적정 기법으로 정량할 수 없으므로 역적정(back titration) 기법을 사용한다.

8.4.2 몇 가지 EDTA 적정분석법

다음은 몇 가지 EDTA 적정분석법들을 소개하고 있다.

◎ 역적정

분석 대상 금속 양이온을 함유하는 주어진 부피의 시료 용액에 EDTA 표준 용액을 과량 첨가(분석 대상 금속 양이온의 몰수보다 충분히 더 많은 몰수의 EDTA를 첨가)하여, 시료 용액 중 모든 분석 대상 금속 양이온들을 MY^{n-4} 착이온들로 변화시킨다.

이제 MY^{n-4} 착이온들과 과량의 EDTA(분석 대상 금속 양이온과 반응 후 남은 EDTA)를 함유하는 시료 용액을 적정액으로 사용하고 두 번째 금속 양이온의 표준 용액을 적가액으로 사용하는 적정을 수행하여, 시료 용액 중 분석 대상 금속 양이온과 반응 후 남은 EDTA의 양을 알아낸다.

이러한 역적정 기법은 다음과 같은 경우에 적용한다.

역적정법을 적용하는 경우

- 분석 대상 금속 양이온과 EDTA 사이의 반응이 느린 경우
- 금속 양이온이 수산화 금속 침전을 이루는 경우
- 지시약이 특정 금속 양이온들(예: Cu^{2+}, Co^{2+}, Cr^{3+}, Fe^{3+}, Al^{3+} 이온들)과의 반응성이 강하여 지시약과 결합한 금속 양이온이 EDTA와 반응하지 못하는 경우

단, 역적정 기법에서 사용하는 두 번째 금속 양이온의 경우 분석 대상 금속 이온과 결합하고 있는 EDTA와는 반응을 하지 않아야 한다. 다음은 역적정 기법의 과정에 대한 설명을 하고 있다.

역적정법

① 주어진 금속 양이온을 함유하는 일정 부피의 시료 용액에 EDTA 표준 용액을 일정 부피 첨가한다.

첨가된 EDTA의 몰수는 시료 용액 속 금속 양이온의 몰수보다 더 많아야 한다. 즉, 시료 용액에는 첨가된 EDTA와 금속 양이온이 1 : 1로 반응한 후, 적절한 양의 EDTA가 남아 있어야 한다.

② 금속 양이온과 반응하고 남은 EDTA에 대한 적정분석을 수행한다.

EDTA를 과량으로 첨가한 시료 용액은 적정액이고, 적가액으로는 Mg^{2+} 이온 표준 용액을 사용한다. 지시약은 EBT를 사용하며, 시료 용액의 pH는 염기성(약 pH = 9.0 정도)으로 조절해 준다. 이 적정에서는 시료 용액의 색이 연한 푸른색을 보이다가 연한 붉은색으로 변하는 지점이 종말점이 된다.

③ 적정 결과를 사용하여 원래 시료 용액 중에 함유되어 있던 금속 양이온의 농도를 구한다.

○ 치환 적정

치환 적정(displacement titration)의 내용은 다음과 같다.

분석 대상 금속 양이온(M_1^{n+} 이온)을 함유하는 시료 용액에 일정량의 M_2Y^{n-4} 착이온(두 번째 금속 양이온과 EDTA가 결합하여 이루어진 착이온) 표준 용액을 첨가하면, M_1^{n+} 이온은 M_2Y^{n-4} 착이온에 참여하고 있던 EDTA와 반응하여 M_1Y^{n-4} 착이온을 형성하면서, M_2Y^{n-4} 착이온으로부터 M_2^{n+} 이온을 유리시킨다.

이제 EDTA 적정을 통해 유리되어 나온 M_2^{n+} 이온의 양을 알아내게 되며, 이 적정에서 알아내는 M_2^{n+} 이온의 양은 바로 시료 용액에 함유되어 있던 M_1^{n+} 이온의 양과 같다.
이러한 치환 적정 기법은 분석 대상 금속 양이온인 M_1^{n+} 이온의 EDTA 적정분석에 사용할 적절한 지시약이 없는 경우 유용하게 사용될 수 있으며, 이 경우 M_1^{n+} 이온과 EDTA와의 결합력이 M_2^{n+} 이온과 EDTA와의 결합력에 비해 월등하게 더 강해야 한다.
일반적으로 M_2Y^{n-4} 착이온 표준 용액으로는 MgY^{2-} 착이온 표준 용액을 사용한다.

○ 간접 적정

간접 적정(indirect titration)은 다음과 같이 진행된다.

특정 금속 양이온(예: Ba^{2+} 이온)과 침전 반응을 일으킬 수 있는 음이온(예: SO_4^{2-} 이온)을 함유하는 시료 용액에 양이온(예: Ba^{2+} 이온)을 첨가하여, 음이온(예: SO_4^{2-} 이온)을 모두 다 침전(예: $BaSO_4\downarrow$)으로 바꾸어 준다.

얻어진 침전(예: $BaSO_4\downarrow$)을 거르고 씻어준 후, pH를 조절해 준 과량의 EDTA 표준 용액에 넣어 끓여 주면, 침전(예: $BaSO_4\downarrow$)을 이루고 있던 금속 양이온(예: Ba^{2+} 이온)이 EDTA와 반응하여 MY^{n-4}(예: BaY^{2-}) 착이온으로 변한다.
반응 후 남은 EDTA를 Mg^{2+} 이온으로 적정하여 금속 이온(예: Ba^{2+} 이온)과 반응한 EDTA의 양을 알아낸다. 알아낸 EDTA의 양은 바로 음이온(예: SO_4^{2-} 이온)과 반응한 금속 양이온(예: Ba^{2+} 이온)의 양과 같으며, 또한 시료 용액 중 음이온(예: SO_4^{2-} 이온)의 양과 동일하므로 시료 용액 중 음이온(예: SO_4^{2-} 이온)의 농도를 알 수 있다.

8.4.3 보조 착화제와 가림제

보조 착화제

앞에서 이미 언급한 바와 같이 금속 양이온이 녹아 있는 시료 용액에 대한 EDTA 적정에서는 금속 양이온과 EDTA 사이의 반응성을 높이기 위하여 pH의 조절이 필요하다.

예를 들어 Zn^{2+} 이온의 경우 $K_f = 10^{16.50}(= 3.2\times10^{16})$이므로, $K_f' = K_f \times \alpha_{Y^{4-}} \geq 10^6$와 같은 조건을 만족시켜 주기 위해서는 $\alpha_{Y^{4-}} \geq 3.2\times10^{-11}$이 되어야 한다.

이를 위해서는 용액의 pH를 pH ≥4.0으로 조절해 줄 필요가 있다. 즉, Zn^{2+} 이온을 함유한 시료 용액에 대한 EDTA 적정에서는 적정에 앞서 용액의 pH를 최소 4.0 이상으로 조절해 주는데, Zn^{2+} 이온과 EDTA 사이의 반응성이 바람직한 수준에 도달하기 위해서는 4.0보다 훨씬 더 높은 pH로 조절해 주는 것이 좋다.

그러나 Zn^{2+} 이온의 경우 용액의 pH가 높아짐에 따라 용액 속의 OH^- 이온과의 반응을 통하여 $Zn(OH)_2(s)$을 형성할 수 있다.

다음은 시료 용액 중 Zn^{2+} 이온의 농도가 0.10 M인 경우에 Zn^{2+} 이온이 $Zn(OH)_2(s)$로 침전되기 위해 필요한 OH^- 이온의 농도를 구하고 그에 해당하는 pH를 구해본 것이다.

$$Zn(OH)_2(s) \rightleftarrows Zn^{2+}(aq) + 2OH^-(aq)$$

$$K_{sp} = [Zn^{2+}][OH^-]^2$$

$$= 3.0\times10^{-16}$$

이므로 $Zn(OH)_2(s)$ 침전이 생기기 위한 조건은 다음과 같다.

$$[OH^-] > (K_{sp} \div [Zn^{2+}])^{\frac{1}{2}}$$

$$= \{(3.0\times10^{-16}) \div (0.10)\}^{\frac{1}{2}}$$

$$= 5.5\times10^{-8}\ M$$

$$\Rightarrow pOH < 7.26 \qquad \therefore pH > (14.00 - 7.26 = 6.74)$$

즉, Zn^{2+} 이온과 EDTA 사이의 반응성을 높이기 위해 시료 용액의 pH를 6.74 이상으로 조절한다면, Zn^{2+} 이온은 OH^- 이온과 반응하여 수산화 아연 침전으로 변해버리기 때문에 Zn^{2+} 이온과 EDTA와의 반응이 불가능해지는 것이다.

이와 같이 주어진 금속 양이온 시료 용액의 pH를 조절하는 작업 때문에 시료 용액 속 금속 양이온이 수산화물 침전의 형태로 변하게 되는 것을 방지하기 위해(금속 이온을 OH^- 이온으로부터 보호하기 위해), NH_3와 같은 보조 착화제를 사용한다.

NH_3는 시료 용액의 pH를 증가시킴과 동시에 금속 양이온과는 착이온들(예: $Zn(NH_3)_x^{2+}$ 여기서 x = 1, 2, 3 …)을 형성하여, 금속 양이온이 OH^- 이온과 반응하는 것

을 방지해 준다. 여기서 금속 양이온과 NH_3가 이루는 $M(NH_3)_x^{n+}$ 착이온들은 금속 양이온과 EDTA 사이에서 형성되는 MY^{n-4} 착이온에 비해 안정도가 더 낮다.

따라서 차후 EDTA 수용액이 첨가되면 $M(NH_3)_x^{n+}$ 착이온에 참여하고 있던 금속 양이온은 $M(NH_3)_x^{n+}$ 착이온으로부터 벗어나(유리되어) EDTA와 반응하므로 NH_3는 금속 양이온과 EDTA 사이의 착이온 형성 반응에는 아무런 영향을 끼치지 않는다.

◎ 가림제

한 가지 이상의 금속 양이온들이 함유되어 있는 주어진 시료 용액에 적절한 시약(가림제, masking agents)을 첨가하여 특정 금속 양이온(들)을 EDTA나 지시약과 반응하지 못하는 형태로 바꾸어 줌으로써, 그 시료 용액 중에 함유된 특정 금속 양이온에 대한 분리·정량이 가능해질 수 있다.

다음과 같은 가림제들을 사용한다.

가. CN^- 이온

Cd^{2+}, Zn^{2+}, Hg^{2+}, Cu^{2+}, Co^{2+}, Ni^{2+} 그리고 Ag^+ 이온과 안정한 착화합물을 형성한다. 따라서 Mg^{2+} 이온이 이러한 금속 양이온들과 혼합되어 있는 시료 용액의 경우, 그 용액에 KCN 용액을 과량으로 첨가한 후 EDTA 적정을 수행함으로써, 시료 용액 중 Mg^{2+} 이온에 대한 정량이 가능하게 된다.

나. F^- 이온

Al^{3+}, Fe^{3+}, Sn^{2+} 이온 등에 대한 가림제로 사용할 수 있다.

8.4.4 EDTA 적정 계산

EDTA 적정분석에서의 계산 과정을 이해하기 위해서 pH를 10.00으로 조절한 0.10 M Ca^{2+} 이온 시료 용액 20.0 mL에 대한 EDTA 적정(적가액: 0.10 M EDTA 수용액)의 과정에 관련된 적정 계산을 수행해 보자.

적정 계산에서는 0.10 M EDTA 수용액의 첨가에 따라 일어나는 적정액 속의 Ca^{2+} 이온의 농도 변화를 pCa로 나타낸다. 단, K_f for CaY^{2-} = 5.0×10^{10}이고, pH = 10.00에서 α_4 = 0.35이다.

◎ 당량점에 도달하기 전

당량점 이전은 적정 시작 전과 적정 시작 후로 구분하여 각 지점에서 적정액의 pCa를 구할 수 있다.

가. 적정 시작 전: V_{EDTA} = 0.0 mL

적정이 시작되기 전 적정액은 0.10 M Ca^{2+} 이온 시료 용액 20.0 mL이므로 pCa는 다음과 같이 구한다.

$$pCa = -\log[Ca^{2+}] = -\log(0.10) = 1.00$$

나. 적정 시작 후: V_{EDTA} = 10.0 mL

적정이 시작되면 다음과 같이 첨가된 EDTA의 양만큼 적정액 속 Ca^{2+} 이온의 양이 감소한다.

	Ca^{2+}	+	Y^{4-}	$\rightleftarrows$	CaY^{2-}
반응 전	0.10 M×20.0 mL		0.10 M×10.0 mL		
	= 2.0 mmol		= 1.0 mmol		0
반응 후	1.0 mmol		0 mmol		1.0 mmol

따라서 적정액의 pCa는 다음과 같이 구한다.

$$[Ca^{2+}] = (1.0\ mmol) \div (30.0\ mL) = 0.033\ M$$

$$\therefore\ pCa = -\log[Ca^{2+}] = -\log(0.033) = 1.48$$

◉ 당량점: V_{EDTA} = 20.0 mL

이 적정에서 당량점이란 적정액 속의 Ca^{2+} 이온은 모두 다 CaY^{2-} 착이온으로 바뀌는 지점이다. 그러나 CaY^{2-} 착이온의 형성은 평형 반응이므로 실제로는 Ca^{2+} 이온이 모두 다 CaY^{2-} 착이온으로 바뀌는 것은 아니다. 그렇다면 적정액 속에서 CaY^{2-} 착이온으로 바뀌지 않고 남아 있는 Ca^{2+} 이온의 양은 어떻게 알아내는가?

다음과 같이 우선 Ca^{2+} 이온이 모두 다 CaY^{2-} 착이온으로 바뀌었다고 가정한 후, CaY^{2-} 착이온의 해리 반응으로부터 생겨나는 Ca^{2+} 이온의 양을 알아낼 수 있다.

Ca^{2+} 이온과 EDTA 사이의 반응을 정량적으로 취급하면 다음과 같다.

	Ca^{2+} +	Y^{4-} ⇄	CaY^{2-}
반응 전	0.10 M×20.0 mL = 2.0 mmol	0.10 M×20.0 mL = 2.0 mmol	0
반응 후	0 mmol	0 mmol	2.0 mmol

이제 CaY^{2-} 착이온의 해리 반응을 다음과 같이 정량적으로 취급한다.

	CaY^{2-} ⇄	Ca^{2+} +	EDTA
해리 전	2.0 mmol ÷ 40.0 mL = 0.050 M	0 M	0 M
해리 후	$(0.050 - x)$ M	x M	x M

이 해리 반응에서 CaY^{2-} 착이온으로부터 유리되어 나오는 초기 EDTA 형태는 Y^{4-} 이온이지만, Y^{4-} 이온은 주어진 조건(pH = 10.00)에 따라 여러 가지 EDTA 형태들로 바뀐다. 따라서

$[Ca^{2+}] = [Y^{4-}] = x$ M

와 같은 등식이 성립하지 않는다. 그러므로 CaY^{2-} 착이온의 해리 반응의 경우 CaY^{2-} 착이온으로부터 유리되어 나오는 Y^{4-} 이온은 EDTA의 모든 형태들을 대변하기 위해 EDTA로 바꾸어 써 주어야 하며, 이 경우에만

$[Ca^{2+}] = [EDTA] = x$ M

와 같은 관계가 성립한다. 이제 다음과 같은 과정을 거쳐 적정액 속에 남아 있는 Ca^{2+} 이온의 pCa값을 구한다.

CaY^{2-} 착이온의 해리 반응의 평형 상수

$$= \frac{1}{K_f}$$

$$= \frac{[Ca^{2+}][Y^{4-}]}{[CaY^{2-}]}$$

$$= \alpha_{Y^{4-}} \times [Ca^{2+}][EDTA][CaY^{2-}] \ (\because \alpha_{Y^{4-}} = \frac{[Y^{4-}]}{[EDTA]})$$

$$\Rightarrow \frac{1}{(K_f \times \alpha_{Y^{4-}})} = \frac{[Ca^{2+}][EDTA]}{[CaY^{2-}]}$$

$$1 \div \{(5.0\times10^{10}) \times 0.35\} = (x)(x) \div (0.050 - x)$$

$$x = [Ca^{2+}] = 1.7\times10^{-6}\ M \quad \therefore pCa = 5.77$$

◎ 당량점 이후

당량점 이후의 지점은 CaY^{2-} 착이온이 과량으로 첨가된 EDTA와 섞여 존재하는 용액이다.

가. V_{EDTA} = 25.0 mL

이 지점에서 용액 속 Ca^{2+} 이온의 농도와 pCa는 다음과 같이 구한다.

	Ca^{2+}	+	Y^{4-}	⇄	CaY^{2-}
반응 전	0.10 M×20.0 mL		0.10 M×25.0 mL		
	= 2.0 mmol		= 2.5 mmol		0
반응 후	0 mmol		0.5 mmol		2.0 mmol

$$\frac{1}{(K_f \times \alpha_{Y^{4-}})} = \frac{[Ca^{2+}][EDTA]}{[CaY^{2-}]}$$

$$\frac{1}{\{(5.0\times10^{10}) \times 0.35\}}$$

$$= \frac{(x)(0.50\ \text{mmol} \div 45.0\ \text{mL})}{(2.0\ \text{mmol} \div 45.0\ \text{mL})}$$

$x = [Ca^{2+}] = 2.3\times10^{-10}$ M $\quad\therefore$ pCa = 9.64

나. V_{EDTA} = 30.0 mL

이 지점에서 용액 속 Ca^{2+} 이온의 농도와 pCa는 다음과 같이 구한다.

	Ca^{2+}	+	Y^{4-}	⇄	CaY^{2-}
반응 전	0.10 M×20.0 mL		0.10 M×30.0 mL		
	= 2.0 mmol		= 3.0 mmol		0
반응 후	0 mmol		1.0 mmol		2.0 mmol

$$\frac{1}{(K_f \times \alpha_{Y^{4-}})} = \frac{[Ca^{2+}][EDTA]}{[CaY^{2-}]}$$

$$\frac{1}{\{(5.0\times10^{10}) \times 0.35\}}$$

$$= \frac{(x)(1.0\ \text{mmol} \div 50.0\ \text{mL})}{(2.0\ \text{mmol} \div 50.0\ \text{mL})}$$

$x = [Ca^{2+}] = 1.1\times10^{-10}$ M $\quad\therefore$ pCa = 9.94

| 저자 소개 |

황 훈

고려대학교 화학과 졸업
미국 Texas Tech University 분석화학 석사
미국 Texas Tech University 분석화학 박사
현 : 강원대학교 화학과 교수

기초분석화학

| 저 자 황 훈
| 발행인 김지영
| 발행처 자유아카데미
| 주 소 경기도 파주시 회동길 37-42
파주출판도시
| 전 화 031-955-1321
| 팩 스 031-955-1322
| 홈페이지 www.freeaca.com
| 전자우편 main@freeaca.com(대표)
editor@freeaca.com(편집)
crm@freeaca.com(영업)
| 등 록 제406-2003-017호, 1980. 7. 12
| 제1판1쇄 2013년 1월 10일 발행
| 제1판9쇄 2023년 1월 31일 발행
| 정 가 20,000원

저자와의
협의하에
인지생략

ISBN 978-89-7338-970-4 93430